JN297476

Hiroshi Honda

Takashi Horie

Ariyoshi Ogawa

Manami Suzuki

Kenji Akimoto

Takayuki Onai

Hajime Ono

Hiroaki Watanabe

Susumu Takahashi

Toshio Hatayama

Yukifumi Takeuchi

脱原発の比較政治学

本田 宏・堀江孝司 編著

法政大学出版局

目次

序　章　比較政治学の視角　本田　宏　1

第Ⅰ部　日本の事例を見る視点

第1章　リスク社会　小川有美　19
第2章　国際体制　鈴木真奈美　35
第3章　核燃料サイクル　秋元健治　54
第4章　政治の構造　本田　宏　71
第5章　世論　堀江孝司　90
第6章　熟議民主主義　尾内隆之　109

第Ⅱ部　世界の動き

第7章　対立と対話――ドイツ　本田　宏　131
第8章　連立と競争――ドイツ　小野　一　152
第9章　政党主導――スウェーデン　渡辺博明　171
第10章　国民投票――イタリア　高橋　進　190
第11章　翼賛体制――フランス　畑山敏夫　210
第12章　開発と抵抗――インド　竹内幸史　226

あとがき　247
巻末資料　252
参考文献　255
索　引　267

（2012年7月29日国会前。撮影：midorisyu. Flickr で公開）

ヨーロッパ諸国

- フィンランド 4
- スウェーデン 10
- イギリス 16
- オランダ 1
- ベルギー 7
- チェコ 6
- ドイツ 9
- ウクライナ 15
- フランス 58
- ルーマニア 2
- ブルガリア 2
- スペイン 8
- スイス 5
- スロベニア 1
- スロバキア 4
- ハンガリー 4

- ロシア 33
- イラン 1
- 中国 18
- 日本 50
- 韓国 23
- 台湾 6
- インド 20
- パキスタン 3
- アルメニア 1
- 南アフリカ 2

注1：2013年8月22日時点。国際原子力機関（IAEA）調べによる。
注2：IAEAは長期的な稼働停止や廃炉になっていないものは稼働中と見なしている。停止中の原子炉も稼働中とされる。
出典：沖縄タイムス，2013年9月12日掲載の図をもとに作成。

世界で稼働中の発電用原子炉 434 基

カナダ 19

アメリカ 100

メキシコ 2

ブラジル 2

アルゼンチン 2

日本との原子力協定
批准済み：アメリカ，フランス，イギリス，カナダ，オーストラリア，中国，欧州原子力共同体，韓国，カザフスタン，ベトナム，ヨルダン，ロシア
署名済み：トルコ，アラブ首長国連邦，サウジアラビア
交渉中：南アフリカ，ブラジル，インド

序章

比較政治学の視角

本田 宏

　福島原発の事故によって原子力の安全神話や経済性神話が崩壊したにもかかわらず、原発回帰が進められている。自民党・公明党の連立政権は、2013年6月に閣議決定した成長戦略に「原発の活用」を盛り込んだ。安倍晋三首相は頻繁に外遊を行い、紛争地域に近い中東諸国や地震国トルコ、核兵器保有国インドとの原子力協力を推進している。

　2012年6月に国会で成立した「原発事故子ども・被災者支援法」も骨抜きにされようとしている。子どもを守るために自主避難した住民や、国による支援が手薄だった地域の住民に対して、定期的な健康診断や医療の確保、移動の支援や移動先での住宅確保施策などを盛り込んだ画期的な法律である。ところが具体的な施策の決定が放置され、ようやく2013年8月に復興庁が発表した基本方針案は、医療支援の対象地域を狭く限定した。福島県内の会津地方や、「汚染状況重点調査地域」（土壌の除染を実施）に定められている茨城県や栃木県、千葉県なども外された。住民説明会は福島市と東京都内で2回しか開催されず、パブリックコメントの募集期間はわずか15日間に設定された（その後、25日間に延長）。約130の地方自治体が同法に関する意見書を採択し、その多くが対象地域の限定に異議を唱えていた（岡田2013）。しかし、そうした意見を反映しないまま、政府は基本方針を10月に閣議決定した。

　政府の新しいエネルギー基本計画案（2014年2月）も、「ベースロード電源」としての原子力の活用や、核燃料サイクルの着実な推進、高レベル放射性

廃棄物の最終処分に対する国の関与の強化をうたった。

こうした状況には危機感を覚えずにいられない。本書は，福島第一原発事故が投げかける問題を民主主義への挑戦ととらえ，政治学的視点から応えようとするものである。

1　これまでの社会科学的研究

では政治学的な視点とは何か。その意義を理解してもらうために，これまでの主要な社会科学的研究について概観しておこう。メディアが現在進行形の出来事のフォローや歴史的エピソードの発掘に重点を置くのに対し，政治学を含めた社会科学は，繰り返し現れてくる行動パターンや根深い要因を構造としてあぶり出そうとする。福島原発事故以前は，日本では主に原子力推進を前提とした自然科学の研究が中心で，社会科学，なかでも日本の政治学者のほとんどは原子力に関心を持ってこなかった。しかし原発問題は優れて政治的な現象であり続けているゆえ，政治学による分析が必要である。

従来の社会科学的な議論は，主に3つの対象に関心を置いてきた。第1に，原子力の開発利用や政策決定を主導する一群のアクター（主体）で構成される権力構造である。権力集団を確定しようとする視角はパワー・エリート論と呼ばれる。1950年代末に米国のドワイト・アイゼンハワー大統領が退任の際に軍産複合体の危険性を指摘したのは有名な話だが，彼が提唱した原子力「平和利用」こそ，軍産学複合体による核兵器開発の副産物だった。日本では，科学史の吉岡斉 (1999) が，原子力複合体を「二元体制的サブガバメント」と表現した[1]。彼によると，省庁が縦割りの日本の行政では，内閣による統合的な意思決定ではなく，通商産業省（通産省）と電力業界の利益連合と，科学技術庁・特殊法人の利害調整が，原子力政策を規定してきた。しかし原子力事業の商業利用が進み，科学技術庁の許認可権限の多くが通産省（後の経済産業省）に奪われるにつれ，吉岡の議論の焦点は「国策民営」論に移っていく（吉岡 2012）。これは省庁が国策を電力会社に民営事業として代行させる面に注目したものだった。

第2に，環境経済学は，社会的費用を国民や自治体に転嫁する制度に注目してきた。電源三法に関する福島大学の清水修二（1999）の研究が代表的である。また発送配電の地域独占を特色とする9電力体制や，電気料金制度も焦点となった。この視点は大島堅一（2011）による実証分析へと発展している。

　原子力の経済性神話は，政府が発表する1kWhの発電に要する費用を根拠としていた。2004年，総合資源エネルギー調査会の電気事業分科会コスト等検討小委員会は，業界団体の電気事業連合会（電事連）の資料に基づき，原子力が最も安いと発表した。しかしこれは実績値ではなく，最善の条件を原子力に当てはめた架空のモデルに基づいていた。例えば，これには発電のために会社が直接必要とする費用（資本費，燃料費，保守費など）しか含まれていないが，それ以外にも国民が税などの形で負担している「社会的費用」がある。まず高速増殖炉や核燃料サイクルの技術開発費用と立地対策費用（電源開発促進税）がある。どちらも政府が原子力を推進する上で不可欠となっている。大島は，発電に直接かかる費用とこれら政策誘導費用の実績値を調べ，原子力は最も高いことを明らかにした[2]。このほかにも発電が引き起こす環境破壊により，市民や自治体が負担する環境費用（健康被害や浄化，損害賠償，事故収束，廃炉など）がある。福島の事故は賠償費用だけで10兆円を超えることは間違いなく，放射能汚染を止める目途も立たない。さらに，19兆円と試算された使用済み核燃料の再処理や高レベル放射性廃棄物の処分にかかる費用もどこまで膨らむか不透明だが，その一部は，すでに電気料金に転嫁されている。

　しかし福島の事故の後，電気料金の根拠が見直されるようになった。電力会社が広告料や寄付，関連団体への支出などを営業費用に含め，さらにそこから計上することを許されている利益を過大に見積もり，合わせて料金原価を膨らませていたことが明るみに出た。停止中でも原発は多額の維持費がかかり，これも電気料金に転嫁されていることも明らかになった（朝日新聞経済部 2013）。2011年10月，民主党政権は国家戦略会議の下にコスト等検証委員会を設置して試算をやり直した。

　最後に，環境社会学では，原子力施設が地域社会にもたらす緊張や権力構造，反対運動が形成される（されない）理由に関心を置いてきた（長谷川 2003；舩

橋ほか 2012 を参照)。事故に備えて原発は大都市から離れた場所に建設されるが，発電された電気の大半は送電線で大都市や工業地域に運ばれる。こうして便益の享受とリスクの負担が不平等に分布する構造は「受益圏と受苦圏」と呼ばれるが，これは客観的実体というより，当事者の認識によって変化しうる。例えば電源三法交付金によって，「受苦圏」の住民の多くは自らを「受益者」と捉え直す。一方，大都市の住民は，放射線が目に見えず，原子力技術が複雑なことから，事故が起きない限り，原発問題に対して当事者意識を持ちにくい。しかし事故や不祥事の発覚をきっかけに，住民意識も変化し，反原発運動の動員に結びつくことがある。チェルノブイリ原発事故後の主婦層や生活協同組合を担い手とする運動や，自営層を担い手とする巻町（現在は新潟市に合併）の住民投票運動が，環境社会学の焦点となった。

2　政治学の視点

先行研究に共通するのは，誰がどのように原子力を選択してきたのか，誰が脱原子力を求め，その声がなぜ政策に反映されないのか，という問いである。これは政治学が伝統的に投げかけてきた問いでもある。ロバート・ダールの『統治するのはだれか』(原著1961年) 以来の「決定する権力」や，新しい争点の表面化を握りつぶす「非決定権力」(バクラック・バラッツ 2009；原著1962年)，権力構造，権力資源動員，社会認識の操作 (ルークス 1995 のいう三次元的権力) の考察に他ならない。(脱)原子力の選択は政治的決定であり，そこには権力が作用しており，そうした政治的決定を助長あるいは制約する社会制度もまた，過去の権力作用の結果，形成されたものである。このように政治的(非)決定における権力作用を明確に意識するのが政治学的視点の特色である。

政治学は原子力複合体がいかに形成され，その権力がいかなる制度や利害関係によって維持されてきたのかを分析できる。国際比較をすれば，制度や構造，文化の違いが，原子力政策の展開や帰結，大事故の政治的影響，反原発運動の動員力に違いをもたらすことを明らかにできる。本書はこの比較政治学の視点を特に意識している。

欧米の比較政治学は，新しい課題を提起しようとする社会運動が，政治過程にどの程度影響を及ぼしうるのかを政治的機会（構造）という概念を使って分析してきた（タロー 2006）。例えば分権的・開放的な政治制度で構成される国では，市民が政策決定過程に意見を反映させるための回路が多い。こうした国の方が，市民の間に反原発運動が盛り上がったときに，政府も脱原発政策に転換しやすい。また政権与党や労働組合など，ある程度の権力資源を持つアクターが，次第に市民運動に共鳴することもある。このような政治的要因が，社会運動の発展に転機をもたらすというのが，政治的機会構造論である。

　以上のような議論は，政治体制の「民度」，つまり民主主義の充実度を問う視点にもつながる。例えばレイプハルト（2005）は，民主主義諸国の政治体制を制度やその背景にある政治文化に注目して，多数決型（英仏型）とコンセンサス型（仏を除く大陸欧州型）に分類している。この二分法は日米の位置づけに難点もあるが，2大勢力間の対決と集権的な政治制度を特徴とする前者に原子力大国が多いのに対し，多元的な勢力間の交渉と分権的な政治制度を特徴とする後者には脱原子力を決めた国々が多い。しかし民主主義は制度によって完全に規定されるのではなく，政治過程における無数のせめぎ合いのなかで，充実することもあれば形骸化することもある。

　デモクラシーの原義は政治社会の構成員による自己統治である。しかし自己統治を実質化しようとする努力がなければ，代表制民主主義は形骸化する。大政党に議席のボーナスを与える小選挙区制や，多額の供託金を要求する公職選挙法は，脱原発を求める新しい政党の参入に障害となっている。また市民による判断に欠かせない意思決定過程の情報公開は不十分で，「知る権利」が保障されていない。政府が取り組むべき課題（アジェンダ）の設定は官が独占し，市民運動からの対案は無視されてきた。市民が納得した上で選択をするために必要な熟議の場も保障されず，行政はアリバイづくりの場しか設定してこなかった。政治・経済権力の独走を牽制して個人の権利や社会の自治を守るための仕組み（政権交代，司法権の独立，地方分権，直接民主制，企業・労組・学校・大学など中間団体における自治）も弱く，むしろ行政効率を重視したトップダウン式の改革がもてはやされている。さらに，定期点検時や事故時の被曝

労働において，回復困難な疾病のリスクを負う，多くが非正規の原発労働者には生存権さえも十分に保障されていない。そのような社会的排除は，民衆の自己統治の名に値するだろうか。日本の民主主義の欠陥は，とりわけ原発問題を通じて露呈しているのである[3]。

3　被害の認定をめぐる政治

　本書の各章の内容紹介に入る前に，福島の事故以来，原子力に関して新しいせめぎ合いが生じていることに触れておきたい。事故の被害と責任の線引きをめぐる政治である。

　放射線の基準が依拠する国際放射線防護委員会（ICRP）の勧告は，特に広島・長崎の被爆者の疫学調査に基づいているが，そこには限界もある[4]。そのため，年間100ミリシーベルト（SV）以下の線量域における健康被害を統計的に証明するには至らないものの，放射線量に比例して健康影響が増加すると推定する「閾値なし直線線量増大」（LNT: Linear Non-Threshold）モデルを採用している（津田 2013: 3）。

　福島原発事故後，最初に問題となったのは，事故収束に当たる労働者の放射線基準である。原発労働者の基準値は5年間で100ミリSV，かつ年間50ミリSV，女性は3カ月で5ミリSV未満となっていた。また緊急時は年間100ミリSV未満とされていた[5]。ところが2011年3月15日，厚生労働省は，がんの発生率の増大が明らかであるにもかかわらず年間250ミリSVとすることを決めた。これに対しては市民運動団体やNGOから批判の声が上がった。

　住民の避難区域も年間20ミリSVを目安に設定された[6]。これは平時の一般市民の基準の20倍，平時の原発労働者の5年間100ミリSVと同じ水準である。ICRPは，緊急時に汚染地域に居住し続ける場合，あらゆる防護策を講じることを前提に，1～20ミリSVの間で，できるだけ低い値とするよう推奨している。

　文部科学省は2011年4月19日，子どもの生活環境である幼稚園・保育園・学校の利用判断の目安を年間20ミリSV，校庭において毎時3.8マイクロSV

に設定した[7]。子どもの放射線への感受性の高さ（成長期なので遺伝子損傷のリスクが高い）や，飲食や呼気を通じた内部被曝は考慮されなかった。これに対しては福島県の子どもを持つ親から強い反発の声が上がった。市民団体やNGOは，この基準の撤回を求める署名を世界61カ国の1,074団体および5万3,000人以上から集めた。5月には，FOE（地球の友）や「福島老朽原発を考える会」（フクロウの会）などのNGO・市民団体が，厚生労働省や文部科学省，原子力安全委員会と交渉し，国会議員への働きかけも行った。当時は脱原発を宣言した菅直人首相に対する風当たりが，民主党内の小沢派と野党・自民党や経済界の両方から高まっており，「20ミリSV問題」は「菅降ろし」に新たな火種を提供した。批判の高まりを受け，文科省は5月27日，学校等において児童生徒が受ける線量を今後できる限り減らし，当面1ミリSVを目指す旨発表した（藤岡・中野 2012: 103-108）[8]。

　その後は，避難区域に当たらないが年間数ミリ〜20ミリSVという比較的高い線量を示す地域で，子どもを抱え，自主避難すべきか悩む市民たちから，「避難の権利」を求める運動が広がっていく。原子力損害賠償法に基づいて文科省に設置された原子力損害賠償紛争審査会は，東電が行うべき賠償の範囲について8月に「中間指針」をまとめたが，政府の指定した避難区域以外から自主避難した人は考慮されていなかった。しかし市民運動の広がりに応えて，紛争審査会は12月，限定的ながら自主避難者と在留者への賠償を中間指針の「追補」に盛り込んだ。こうした「避難の権利」運動の成果が，冒頭で述べた「原発事故子ども・被災者支援法」なのである（藤岡・中野 2012: 112-115）。

　一方，被曝医療の専門家からは，あたかもがん発症に100ミリSVの敷居があるかのような発言が繰り返され，政府や福島県の政策判断の基礎にされた（津田 2013: 2-3）。これらの専門家は，福島県民健康管理調査も主導している。これは福島第一原発による健康影響を調べるための唯一の網羅的な調査で，福島県が福島県立医大に委託して2011年6月から実施している。ところが検査方法について助言し結果を評価する「検討委員会」の公開会合の前に，福島県と県立医大は毎回秘密裏に検討委員たちを集め，「どこまで検査データを公表するか」「どのように説明すれば騒ぎにならないか」「見つかった甲状腺がんと

被曝との因果関係はない」などと，毎回摺り合わせをしていた（日野 2013）。

想起されるのは，チェルノブイリ事故の影響を調査した国際原子力機関（IAEA）の国際諮問委員会の報告（1991年）である。現地の医療機関や科学者が訴えるさまざまな健康被害を無視して，報告書は住民の健康を脅かしているのが「放射能恐怖症」だと結論づけた。IAEA は 1996 年，放射性ヨウ素以外に原因の考えられない小児甲状腺がんのみについて因果関係を認めたが，それ以外のがんや心疾患などの疾病については否定している。

厚生省による広島・長崎の原爆被害者認定問題との連続性も考えられる。認定は放射線被曝に起因する健康被害に限定され，しかも被害者側が因果関係を立証しなければならない。国側の専門家は，不十分な疫学調査を盾にとり，多くの被害者の認定を却下してきた（直野 2011）。

さらに日本の行政全般に広く見られる意思決定過程の不透明性や「やらせ」が指摘できる。2011 年施行の公文書管理法は「経緯も含めた意思決定に至る過程」の文書作成義務を定めているが，会議の議事録を作成・公開しないという態度は，行政全般に蔓延している。情報非公開は 2013 年 12 月の特定秘密保護法案可決により，一層強まることが懸念される。

4　事故の責任をめぐる政治

原発事故後，東電を倒産させ，資産を売却して賠償資金を捻出するとともに，国有化して発送電を分離すべきとの意見もあった[9]。しかし経済界の意向を受けて政府が決定し，2011 年 8 月に国会で可決された損害賠償スキームは，東電に債務超過させないことを重視し，東電の経営責任や株主・金融機関の投資責任を不問に付した。このスキームでは，政府が「交付国債」を発行し，原子力損害賠償支援機構を通じて東電に 5 兆円まで賠償資金を出す。東電の経営に余裕ができるまでは，沖縄電力を除く 9 電力，および日本原子力発電と青森県六ヶ所村の日本原燃が毎年，「一般負担金」を支払っていく。いずれも国民が払う電気料金につけが回されている（朝日新聞経済部 2013: 14-16）。

東電は 2011 年 10 月，支援機構と共同で作成した最初の総合特別事業計画を

政府に提出したが，その策定過程には国民の意見を反映させる機会がなかった（大島 2011: 77-78）。東電は 2012 年 4 月に同計画の全面変更を申請したが，これは柏崎刈羽原発の 7 基の順次再稼働を前提に，黒字化目標を掲げていた。しかし同原発 2～4 号機は 2007 年の中越沖地震以来動いておらず，原子力規制委員会の新しい規制基準も未決定だったことから，再稼働は非現実的だった。2013 年度も赤字だと 3 期連続となり，債務超過に陥ることを恐れ，政府は 2012 年 7 月，原子力損害賠償支援機構から 1 兆円を出資して東電の株式の過半数を取得し，実質国有化した。政府はまた東電に，9 月から家庭向け電気料金を平均 8.46％ 値上げすることを認めた。東電はすでに 4 月から，政府の認可がいらない企業向け料金を値上げしている（朝日新聞経済部 2013: 30-31）[10]。

事故の責任をめぐる政治は事故調という形態もとった。最も早く活動を開始した政府事故調は，炉心溶融に至った主因を津波に求め，政府への提言も具体性を欠いた。

最も早く結論を出したのは民間事故調である。米政界との広いパイプのある船橋洋一・元朝日新聞主筆が，一般財団法人「日本再建イニシアティブ」を設立して，事故調を立ち上げた。福島原発事故が日米間の原子力協力に及ぼす影響に関心を持ち，報告書の 3 つの章を国際核体制や日米関係に当てている。また東電関係者への聞き取りが拒否されたこともあり，主に首相官邸の危機管理に焦点を定め，トップダウンの必要性を指摘したが，地震や津波という直接の事故原因については十分検討していない（塩谷 2013）。

「憲政史上初」の国会事故調は，福島原発事故以前から原発震災の危険性に警鐘を鳴らしていた地震学者を含む陣容だった。他の事故調と異なり，津波が来る前に地震で原発の重要機器が破損した疑いを提起した。また原子力規制組織の透明性を確保するため，①意思決定過程の開示と利害関係者の排除（ノーリターン・ルールなど），②定期的な国会への報告義務，③交渉・折衝などについての議事録の作成・原則公開を提言した。これを受け，2012 年 8 月には「国会事故調の提言を実現・法制化する超党派議員連盟」が設立されたが，活動は休止状態になっている（日本科学技術ジャーナリスト会議 2013）。

東電自らが設置した事故調は，責任逃れに終始したと批判されている。しか

し他の3事故調が検証に用いた基礎データは全て東電の提供によるものだった。「公的な調査・検証組織の手に委ねられるべき事故現場の管理・保存が，今もって当該責任企業の東京電力の手中にある」（塩谷 2013: 4）ことは，事故調の限界を示している。

事故調の限界は，日本の全原発のリスク評価や核燃料サイクル政策を議題から外したことにも見られる。原発再稼働にかかわりそうな論点は，原子力規制委員会に丸投げされ，過去の原子力政策の不備（立地点の選定，地震・津波対策，過酷事故対策など）の責任は明確にされなかった。また文部科学省や福島県は「パニックの恐れ」を理由に事故時の放射能拡散予測（SPEEDI）データを公開しなかったが，情報隠しも検証されるべきである。

事故調以上に，大手マスコミは，事故の進展に決定的な影響を与えたとは思われない首相官邸からの介入に追求の矛先を向け，本筋である東電や原子力行政の責任から目を逸らした。官から提供される情報を批判的に検討するには科学技術的な専門知識を必要とするのに対し，取材ルートの確立している首相や官邸の動向は，報道しやすい（塩谷 2013: 136-137）。3.11後の報道については，山田健太（2013）が以下の問題を指摘している。①官庁の発表情報の信頼度を上位に置く権威主義，②デモを肯定的に「伝えない」選択，③「脱原発依存」「冷温停止状態」といった曖昧な「当局コトバ」の垂れ流し，④原子力広報活動への関与，⑤東電から提供される専門情報を咀嚼する態勢の不備，⑥水素爆発後に住民を置き去りにした記者の自主退避である。

5　本書の構成

第Ⅰ部は，理論と日本に関わる章が収められている。第1章は，ドイツの社会学者ウルリッヒ・ベックが示した「リスク社会論」を検討する。原子力事故のように確率的に誰にでもふりかかるリスクが国境や貧富の差を越えて拡大しており，ここに「不安からの連帯」が生まれる可能性があるという。ただし彼の議論は，政治権力によって「不安」が見えなくされる面を十分論じてはいない。これに対し，むしろ政治学では「危機からの政治」の方向喪失が議論され

ている。重大な危機が起きると，責任回避の行動や，メディアによる責任問題の単純化も起きる。リスクをどう認識するかによって，個々人の間にはさまざまな分断が生じうるし，それを権力が利用することもある。ベックはまた，リスク社会では，社会を作り変えるような重大な決定を大企業の理事会や実験室が行っているとして，それに対抗する市民社会の力に期待している。しかし機能不全に陥っている民主政治の改革もやはり必要である。特に政府の暴走を横からチェックする「水平的アカウンタビリティ」の確保である。

　第2章は，原子力民生利用を推進する国際体制の形成と展開を概説する。米国の核の「平和利用」政策の主要な目的は，核武装国の新たな出現を防ぐとともに，同盟国や途上国への影響力を強めることにあった。しかし民生利用技術の移転は核兵器製造能力の拡散につながりうるため，ときに深刻な矛盾を示している。「平和利用」はまた，核物質・技術の民営化と原子力産業の育成を通じて追求された。原子力企業に対する事故時の免責条項や，製造企業が運転まで一括して請け負う契約方式の採用は，福島原発事故への東電の対応能力の欠如や，低すぎる損害賠償額，製造企業への責任追及の欠如につながっている。

　第3章は，日本の核燃料サイクル政策を概観する。有限なウランを燃料とする軽水炉だけでは他のエネルギー源より優位とはいえない。そこで使用済み核燃料のなかにわずか1%程度発生したプルトニウムを再処理工場で取り出し，高速増殖炉用の燃料に再利用する目標が掲げられてきた。技術的困難や構造的弱点，巨額の費用のため，欧米諸国は軒並み開発から撤退したが，日本はこれに固執している。高速増殖炉開発や再処理工場建設の行き詰まりに直面して，政府は，在庫が増え続けるプルトニウムを通常の軽水炉で消費する「プルサーマル計画」という弥縫策を選択し，後に爆発する福島第一原発3号機でもこれを実施した。莫大な費用がかかる国策に電力業界が協力している背景には，費用を電気料金に転嫁して回収できるほか，通産省が原発の許認可権限を盾にとり，再処理を民営事業として行うよう電力業界に強制したからである。

　第4章は，戦後日本政治と原子力との密接なかかわりを俯瞰する。1970年代初めまでに，自民党長期政権が日米同盟に担保された原子力開発を推進し，野党第一党の社会党が反原発運動を支援する構図が確立した。その過程で，原

子力複合体の側では国民につけを回す利害調整様式が形成され，野党・労組においては原子力の是非をめぐる対立が先鋭化していった。民間大企業労組が労働界再編を，また大企業労使の連合に基盤を置く民社党や自民党の一部が政界再編を主導していくなかで，原子力推進派が与野党問わず優勢となる。しかし福島原発事故が起き，世論の大勢も脱原発やむなしとなると，民主党政権は，脱原発への方向転換を模索し，幾つかの成果も残した。これは政権交代後も原発再稼働を遅らせる要因になっている。

第5章は，原発をめぐる世論と政治を多面的に考察する。福島の事故は日本の世論に大きな影響を与えたが，世論調査の質問次第で矛盾した結果も現れている。それどころか調査自体が世論をつくってしまう面がある。原発問題をどのような構図で描くのかという「フレーミング」は世論調査の結果に影響するので，政治に関与する主体は自らに好都合な構図を広めようとする。メディアが「平和のための核」というストーリーを長年受け入れてきたことは，福島原発事故の背景をなしている。世論はさらに原発立地地域と大都市で異なり，曖昧さも示す。このため世論を考慮しすぎることへの批判も聞かれる。しかしエリートや専門家に任せてきた結果が今回の事故を招いたともいえる。

第6章は，熟議民主主義の実践を考察する。熟議民主主義論は，代表民主制やテクノクラシーへの批判のなかから登場した。代表民主制は，個人や集団からの要求はあらかじめ経済的利害に基づいて決まっており，それを選挙や議会で集計するのが政治であるとの前提で動いている。しかし，そこでは議論のプロセスが軽視されている。熟議民主主義論は，主張や利害を異にする他者との議論を通して合意を形成すること，議論を通して人々が選好を変化させる可能性を重視する。また専門的な問題については，少数の専門家や行政機関の判断にまかせるのが合理的だという考え方は，原発事故によって疑問視されている。すべての市民が影響を受ける当事者だとすれば，専門性の高い問題といえども市民の参加と熟議を保障すべきである。

第Ⅱ部は，日本との比較対象として重要な示唆を含む幾つかの国の事例を紹介する。まず第7章は，経済大国でありながら脱原発を決めたドイツにおいて，そこに至るまでの長期にわたる政治過程を再構成し，民主主義の機能の仕

方を浮き彫りにする。具体的には，反原発運動の攪乱行動が，政治エリート（政府・政党）や有力団体（労組・企業など）の内部対立や，裁判所の積極的な司法判断を誘発し，結果的に原子力計画の縮小をもたらしたことに注目する。同時に，「政策対話」の5つの主要事例を概観する。政策対話とは，原子力反対派に賛成派との討議の場を特別に保障する試みを指す11)。

　第8章は，ドイツで脱原発政策が政府のアジェンダに設定され，決定される過程を分析している。この過程は，州レベルで社会民主党（SPD）と緑の党が連立していく試みから始まっている。1998年に連邦レベルで赤緑政権が誕生し，脱原発政策は電力業界にかなりの譲歩をしながらも合意に至った。その後成立したキリスト教民主・社会同盟（CDU/CSU）主導の保守政権は，電力業界の意をくんで原発の運転期間延長を決定した。しかし福島原発事故後，州議会選挙で緑の党の躍進に直面したメルケル首相は，政策の再転換を主導し，その裏付けを「安全なエネルギー供給に関する倫理委員会」に求めたのである。

　第9章はスウェーデンの事例を分析する。この国でも1970年代に反原発運動が活発化したが，政党政治の反応の速さと影響力の強さが特徴である。共産党のほか，農民政党の流れをくむ中央党が，反原発の立場を鮮明にした。これに対し，長らく政権についていた社会民主党は，原発が主要争点となった選挙で議席を減らし，野党に転落した。代わって中央党主導の政権が誕生するが，連立相手の保守党や自由党が原子力推進路線を変えなかったため，建設中の原発の運転開始を阻止できなかった。しかしスリーマイル島原発事故後，反原発の世論の高まりを受け，主要政党は原子力政策の方向性を国民投票で決めることに合意した。ところが国民投票の選択肢を策定する際，主要政党の思惑が入り込み，現状維持に近い政策が，原発の早期廃止よりもわずかに多くの票を集めた。その後の紆余曲折の末，2基の原発が廃止されたものの，原発の建て替えにも道を開く法案が可決された。

　第10章で取り上げるイタリアは，国民投票で原発廃止を決めている。1980年代に入って，日本の電源三法に似た制度を導入すると同時に，原発立地に関する基礎自治体や州の同意権を奪う法律が制定された。しかしこれは自治体の反発を招いた。また環境保護運動が活発化し，労組や政党の底辺でも原発批判

が広がり始めていた。こうしたなか，チェルノブイリ原発事故が起き，イタリアにも及んだ放射能汚染に政府の対応は後手に回って不信感を広げた。1987年の国民投票の結果，政府は原発の建設中止に加え，全原発の閉鎖を余儀なくされた。それから15年以上を経て，ベルルスコーニ政権が原子力施設の立地を決める権限を再び中央政府に与える法律を制定する。あらためて国民投票運動が開始されたところに福島第一原発事故が起きる。国民投票の結果は原発関連法の廃止に賛成する票が多数を占めたのである。

　第11章は，原子力大国フランスの事例を概観する。フランスでは核兵器開発の過程で強固な原子力複合体が形成された。民生利用についても議会や世論では議論されず，推進言説が支配的となった。1970年代には反原発運動が盛り上がったものの，1980年代に誕生した社会党主導の政権に裏切られ，収束していった。その後，緑の党が登場し，ジョスパン政権やオランド政権では社会党との連立に参加している。しかし，緑の党の議席は少なく，原子力政策の見直しは限定的である。

　第12章はインドの事例を扱っている。インドは核不拡散条約に加盟せずに1974年に核実験に踏み切ったため，その後しばらく国際的な原子力協力を得られず，独自に開発を進めるかたわら，旧ソ連から原発建設の協力を受ける。チェルノブイリ原発事故や，1998年に核実験を行ったことで米国などから経済制裁を受けたものの，ロシアとの原子力協力は止まなかった。このためフランスや米国は，インドによる核の軍事利用を黙認し，原子力協力へと転換した。この流れに日本政府も乗ろうとしている。インドも地震や津波の影響を免れないため，国内世論に開発への批判が聞かれるようになった。また地域間の経済格差に対する不満や民族主義が住民運動を後押ししている。これに政府は立地地域への利益誘導で応じたが，情報公開法の制定や裁判所の司法積極主義，事故時の賠償責任を製造企業にも求める原子力損害賠償法が，反対運動に追い風となっている。

注
1) 原子力複合体の同義語として，2000年頃から自然エネルギー推進運動の文脈で「原

子力ムラ」の語が徐々に浸透し，福島の事故後に人口に膾炙した。ただそこでは特殊日本的な「ムラ社会」論が連想される。しかし米ソの秘密都市での原爆開発に始まる原子力複合体の本質的閉鎖性（高木 1981）に留意する必要がある。

2) 大島はこのほか，原子力の運転年数 40 年，設備利用率 80％ という想定の恣意性を指摘する。火力と比べ，燃料費の割合が低く，発電所建設費など資本費の割合が高い原子力は，運転年数を長く，設備利用率を低く設定すれば，安く見える。また原発は，頻繁に出力を変化させると核燃料が破損する危険があり，深夜の電力需要の底に合わせた「ベースロード電源」として 1 日中稼働させるので，設備利用率は上がるが，それでもトラブルのため，実績は平均 70％ 程度にすぎない。これに対し，出力調整が容易な火力は，電力需要が増大する時間帯，特にピーク時の電源として使われるので設備利用率を抑えているが，80％ に上げることも可能である。

3) 民主主義の構成要素についてはダール（2001）を参照。

4) 100 ミリ SV 以下の被曝をした者の少なさ（津田 2013: 96），台風での降水による残留放射線の低下（矢ヶ﨑 2010），入市被曝者（救助などのために被爆地に入り，被曝した者）や内部被曝の無視などが指摘される（直野 2011: 185-186）。被爆者の調査を行った米軍主導の原爆傷害調査委員会（ABCC，1946 年設立）は被爆者を治療せず，実験・調査の対象として扱ったと批判されている。その後身として，1975 年に日米共同出資の財団法人，放射線影響研究所（放影研）が設立された。

5) 原発労働により白血病を発症した場合の労災認定基準は年間 5 ミリ SV × 作業従事年数である。

6) 第一原発から半径 20 km は警戒区域とされたが，半径 20～30 km の「計画的避難区域」（1 カ月程度での立ち退き）や，それ以外の地域でホットスポットのある「特定避難勧奨地点」（住民への注意喚起と避難支援）は年間被曝量 20 ミリ SV を目安としていた。

7) 毎時 3.8 マイクロ SV を年間に換算すると 3.8×24 時間×365 日＝33.29 ミリ SV に当たる。文科省は，子どもが屋外に 8 時間しかいないと仮定し，20 ミリ SV と同等と主張した。

8) 瓦礫の広域処理を強行する環境省の方針も，ゴミ焼却に伴う放射性物質の拡散への懸念から，全国で市民の強い反発を呼んだ。

9) 原子力損害賠償法（原賠法）は，事故被害者の保護と原子力事業の健全な発達という 2 目的の達成のため，次の 4 原則を置いている。①無過失責任，②運転事業者への賠償責任の集中，③無限責任（事業者には民間の「損害賠償責任保険」の契約と，国との「損害賠償補償契約」の締結が義務づけられる），④国の援助（限度額で収まらなかった場合）である。福島の事故は地震や津波の際の免責に相当し，責任保険からは保険金が支払われない。そこで事業者が補償契約に基づき（国に小額を補償料として納付），賠償額を政府に請求する。しかし 1 地点あたり 1,200 億円（2009 年の法改正時）の支払い限度があり，10 兆円以上の賠償には全く足りない。賠償限度額を超える

場合，英米仏では事業者責任は有限とされているが，ドイツやスイスでは事業者に無限責任を負わせ，国の援助も定めていない。1985年に採用されたドイツの無限責任原則は，原子力産業がもはや保護を必要とせず，被害者保護に重点を置くべきという考えに基づく。

10)　2013年12月に経済産業省に提出された東電の新しい総合特別事業計画は，①交付国債の無利子融資枠を5兆円から9兆円に拡大，②除染で出た汚染土など，放射性廃棄物の中間貯蔵施設の建設・運営費を東電ではなく国が負担し，除染費には機構が保有する東電株の売却益を使う，③柏崎刈羽原発の順次再稼働による収支改善などを要点としている。

11)　西欧8カ国の原子力政治過程を比較したヘレーナ・フラムの研究は，政府が特別に設置する討議の場を①（一方的な）技術的広報キャンペーン，②（政治エリートや専門家中心の）「無効化可能な発言」（voidable voice）アリーナ，③（市民社会に参加・討議を求める）対論（contestation）アリーナの3種類に区別している（Flam 1994）。本書では②と③を一括して政策対話と呼ぶ。

第Ⅰ部　日本の事例を見る視点

福島第一原発4号機原子炉建屋への放水準備作業
(2011年4月5日。写真提供:東京電力)

第 1 章

リスク社会

小川有美

1 「リスク社会」と組織された無責任

　原子力，遺伝子工学，国際金融をはじめとする高度な技術が急速に世界を変える時代に，われわれの社会や政治は対応できるのか[1]。ドイツの社会学者ウルリッヒ・ベックの示した「リスク社会論」——のちには「世界リスク社会」論——は，新しい見方を与えてくれた。ベックはチェルノブイリ（現ウクライナ）原発事故の起こる 1986 年，『リスク社会』（邦題『危険社会』）を発表して，原子力や高度医療技術・生命科学などのもたらす見えない根本的影響を考えるべきであると論じていた。「リスク社会論」はいう。近代が進むにつれ産業社会自体，とりわけ科学技術がリスクをつくり出すことになった。だが 19 世紀までに確立した枠組み——国民国家や代議制民主主義——は，そうしたリスクにもはや対処しきれない。われわれは不安を共有しながらも，政治の枠が外れた「政治的真空」（ベック 1998: 72–73）のなかにいるのだ，と[2]。

　ベックのいうリスクとは，高度化した近代が自らに招いた予測・制御しきれない危機の可能性である。われわれは原子力の世界的拡大の中で，現実に日本でも大事故が起こることを知った。そのため科学技術を含め，今の政治と経済が自らつくり出した問題を解決できるのか，不安を深めている。豊かさと科学技術発展を一方向的に推し進めてきた社会は，方向転換することができるのだ

ろうか。

　2011年の福島第一原子力発電所事故は，原発の巨大なリスクを世界中に示した。それを受け，ドイツの政府・議会が驚くほど速やかに脱原発政策に再転換したことがよく知られている（第8章参照）。その際，メルケル首相は「安全なエネルギー供給に関する倫理委員会」に諮問した。この倫理委員会のメンバーの一人がベックであり，委員会の報告にも彼のリスク社会論の考え方が援用されていた。この報告では，日本のようなハイテク国家において原発事故が生じた以上，原発事故は起こりえないことではないということ，最終的な損害規模や被災地域の確定は困難であること，想定不可能で国境を越えるリスクの下では人々はいわば運命共同体であること，といった認識の転換が示されていた（安全なエネルギー供給に関する倫理委員会 2013）。

　2011年の「フクシマ」事故の後，ベックは次のようにインタビューで語っている。「この大災害は一方で，人がつくり出したものだ。だが他方で，地理的にも社会的にも時間軸のなかでも，限界がない。限界をもたないのだ。普通の事故は，自動車事故が思い浮かぶように，あるいはおそらく何千人もが亡くなるもっと大きな事故であっても，特定の場所，特定の時間，特定の社会集団に限られる。しかし原子力大事故の結果である大災害は，空間的，時間的，社会的に限界がない。新しい種類のリスクなのだ。われわれは原子力とかかわりをもつだけでなく，気候変動，グローバル金融危機，テロリズム問題，その他の多数の事例のように，ますますこの種のリスクに直面している。フクシマは現代のリスクのとても象徴的な事例なのだ」[3]。

　ベックに対しては，リスク社会という世界観がもっぱら特殊ドイツ的なもの，あるいは森の枯死を憂慮するバイエルン人ゆえのものではないか，との疑いが向けられることがある。これに対しベックは，「緑」を愛することはたしかにドイツ人のアイデンティティの一部であるが——食品の安全問題をみてもわかるように——今やどの国民も否応なくリスク問題に巻き込まれているではないか，と反論している（Adam, Beck and van Loon 2000）。「リスク社会論」が国民国家を超える社会理論であろうとする以上，そのような反論は当然であろう。

　これまでの政治は，国民国家にせよ国家間同盟にせよ階級にせよ，自分たち

と他者を区分する枠組みに頼るものであった。しかしリスク社会においてはそのような枠組みでは対処できない。リスクは国境や貧富の格差を超えるからである。ベックはそこに対立とコンセンサスの新しい源がある，という。広がる不安は人々を不合理に，極端にするかもしれない。一方で「不安からの連帯」が，人々をして利己的な利害計算を乗り越えさせるかもしれない。それゆえにこそ，「世界社会」が理想ではなく，むしろ現実的な急務になっているのである（ベック 1998: 69-76）。

　では，一見制御できないように見えるリスク社会に対し，社会による決定，すなわち政治には何ができるのだろうか。今日では各国政府や国際協定により環境への法規制も導入されているにもかかわらず，現実には環境破壊の進行が止まることはない。リスク社会において，誰がどのように責任を負うのだろうか。これについてベックの「世界リスク社会論」は，「組織された無責任」という状況を指し示している。「組織された無責任」とは，一企業による組織ぐるみの隠蔽のような狭い範囲を指すのではない。現在の社会の科学―政治―法の枠組みでは，①誰が危険性を決定するのか，誰が責任を負うのか（リスク発生者か，受益者か，影響を被る人々自身か，公的機関か），②どんな知識やエビデンス（証拠）が用いられるのか，③被災者への補償を誰が決めるのか，将来の被害をどうコントロールし，規制するのか，といった問題に応えきれない，ということを指している（Beck 1999: 148-150）。先ほどのインタビューでも，ベックは次のように述べている。「そして私たちは，組織された無責任のシステムをもっている。誰もそれらの結果に本当には責任を負わない。私たちは組織された無責任のシステムをもっていて，このシステムは変わらなければならないのだ」。

　福島原発事故を生み出した政治と経済の現実が示すのは，「世界社会」による解決よりも，「組織された無責任」であるように見える。だが一方でベックは，リスク社会を，再帰的／反省的近代化（reflexive Modernisierung）の時代としても位置づけている。再帰的／反省的近代化とは，近代社会が予期しなかった危険を自らにもたらしているという面とともに，自己との対決，自己批判を迫られているという面をもつ。民主主義は近代化の反省に立ち，リスク社会の危

機に真に取り組むことができるだろうか。

2　危機からの政治

これまで危機の政治といえば、主に国家体制そのものへの脅威（革命、クーデタ、戦争）や、社会全体に及ぶ経済危機（大恐慌、ハイパーインフレーションなど）が想定されていた。しかし現在の危機の政治の姿は、それらの古典的な危機とは異なり、前例のないさまざまなタイプの危機にそのつど対応を迫られる性質のものであろう。そのような危機が起こった際、政治は合理的、組織的に対応することができるのだろうか。決してそうではない。政治学者たちの研究は、危機からの政治（crisis-induced politics）の方向喪失について、次のような指摘を行っている。

1. 重大な危機が起こると、誰を信頼し、誰に従い、誰を非難すべきか、何をなすべきか、が自明ではなくなり、権威、責任の体系、問題処理のルールと手続きがゆらいでしまう（政治的な「脱臼」状態）。
2. 危機からの政治においては、「何が危険／安全なのか」、「誰に責任があるのか」といった意味づけ——これを「フレーミング」という——が争われる。政府と野党はしばしば互いに責任転嫁や非難回避に走るが、ときにはリーダーが自ら主導する姿勢を示そうとする場合もある。だが非難回避もリーダーシップの誇示もうまくいかず、世論の信頼を失うこともある。
3. メディアは情報の提供にとって不可欠な存在である一方、情報の偏在や責任問題の単純化（「ヒーローと悪玉」）を招く危うさをはらんでいる。またメディアは危機に際して、トップに注目してスポットライトを当てようとするが、実際の危機の下ではトップダウンではなく、ネットワークを通じた情報や対応がより有効である状況も少なくない。それにもかかわらず、政治のメディア化が問題の焦点をずらしてしまう場合がある。
4. 今日の世界の重大災害・事故に際しては、それを検証する調査委員会が設置されることが常であり、その座長には（法律家をはじめとする）専門

家，知的権威が指名される。このような調査委員会は限られた期間内に，限られた提出資料をもちいて一定の結論を出すことが求められ，中立性と独立性が尊重される反面，政治的な効果は限られる。

（Boin, McConnell and 'tHart 2008 esp. chap. 1, 11; Hajer 2011）

つまり，危機からの政治のなかでは，非難回避，責任転嫁，今後の安全性の論争などが交錯する。その結果として，リーダー個人の責任追及という形に終わる場合もあれば，政策の微調整（従来とあまり変わらない），政策の改革（穏健），さらには政策のパラダイム転換（根本的だが稀有）までさまざまな可能性がある（Boin, McConnell and 'tHart 2008: 16-17）。原発事故のような重大な「事件」，危機が起こったからといってパラダイム転換が起こる保障はない（本田 2005）。このように，現実の危機の政治は，しばしば場当たり的で，「完全情報」からも，「最適な選択」からも程遠く見える。そこでは何が看過されてしまうのだろうか。それを知るためには，政治における空間的・時間的視野を広げなければならない。

3　リスクをめぐる空間の政治

まず，空間的な政治の問題を取り上げよう。ベックは，原子力大事故のような新しいリスクは，空間的，時間的，社会的に限界づけられない，と論じていた。しかし，現実に福島原発事故が起こった後，同じ日本のなかでも，人々がおかれるリスクにはあまりにも大きな違いがあることが明らかとなった。原発の安全性を信じてきた立地地域あるいは近隣地域の住民は，強制的もしくは自らの事情で長期避難を余儀なくされ，住居，職，郷里，生活の安定を失い，各地で集団訴訟が起こっている。リスクは境界で限界づけられないとしても，原発の立地地域は，離れた大都市圏などより圧倒的に高いリスクの下におかれていたということになる。

そのような構図は，日本のみにみられるわけではない。やはり原発が地域の生活問題と結びついているリトアニアについて，リンケヴィチウスは「ダブ

ル・リスク社会」となっている状況があると論じる（Rinkevicius 2000）。リトアニアは1990年以前ソビエト社会主義共和国連邦（ソ連）の一共和国であり，ソ連北西部全体への電力供給源としてイグナリナ原発が計画された。だがチェルノブイリ事故の後，1998年にグラスノスチ（ソ連のゴルバチョフ書記長による情報公開政策）が始まると，80万人以上といわれる署名活動や，人間の鎖による反対活動が展開された。リトアニアの独立後も，チェルノブイリと同型ではるかに規模の大きいイグナリナ原発に関する国民の不安と論争は続いた。

　リトアニアの人々の反発は，共産主義時代の技術力と安全性への不安から来ているのだろうか。1993〜97年に行われた一連の世論調査では，自国に新しい「西側モデル」の原子力発電所を建設するという考えを支持するか，という質問に対し，過半数を占める53％が「不賛成」を表明した（Ibid.: 286）。旧ソ連型の原発は危険だが西側の原発は信頼できる，といった「よい原発／悪い原発」の区別があるのではなく，いずれも絶対安全とは信じられないというリスク認識がここにあらわれている。

　ところが地域別の世論調査では，明白な地域差がみられた。イグナリナ原発が立地するヴィサギナスの住民のうち40％が原発を危険と考えている，21％は危険でない，39％がわからないか無回答だった。だが周辺地方を含む全調査対象者の大多数（73％）は，イグナリナ原発を危険と考えていると回答し，6％のみが危険でないと回答した（残りの21％はわからないか無回答）。また原発で重大事故が起こりうるおそれから心理的不安を感じるかという質問に対して，ヴィサギナスではつねに感じるという人が3％，しばしば感じるという人が3％にとどまったが，全対象者ではつねに不安を感じるという人が19％，しばしば感じるという人が26％に上った（Ibid.: 284）。

　このような，「周辺の不安」と「地元の安心」が併存する世論調査結果を，どのように理解したらよいのだろうか。一つの解釈は，立地地域では安全に関する情報がゆきわたっており，危険と考える回答が少ない，というものである。しかしそれならば，わからないとする回答が周辺地方住民の2倍近く多いことが説明できない。もう一つの解釈は，立地地域では，最大の雇用者が原発であり，その住民や家族にとっては，原発の廃止こそが生活のリスクとして忌避さ

れている，というものである。実際にヴィサギナスでは，1980年代から原発の雇用を求めて移住したロシア系の人々が人口の多数となっていた。

このように，国民一般は原発への不安を抱えながら，立地地域では原発による雇用に依存し，不安を否定する構造を，リンケヴィチウスは「ダブル・リスク社会」と呼んでいる。それは，民主主義と福祉国家により格差や生活不安が解消される前に，科学と技術のもたらすリスクが重大化する現実を指す。このような「ダブル・リスク社会」は，民主主義と市場経済に転換して間もない体制移行諸国に典型的にみられると考えられているが，それだけにはとどまらないであろう。政治制度としては平等なはずの民主主義であっても，特定の地域のみがリスクを引き受けているケースは少なくない。地域のおかれている二重のリスクが，巨大な行財政的決定から住民の認識まで支配的な影響を及ぼす，という意味で，日本の原発もしくは再処理施設立地地域と，リトアニアのそれを比べて見ることができるのである。

舩橋晴俊らの研究は，大都市圏と原子力関連施設の立地地域の人々が，同じ国民でありながら「受益圏―受苦圏」に分断される，ととらえている。そして青森県六ヶ所村の意見調査を通じて，「六ヶ所村住民には，一方で核燃施設に対する広範な不安感が存在すると同時に，経済的な側面における受益を認める考えも多数意見となっており，まさに両価的な態度が見られる」という観察を引き出している（舩橋・長谷川・飯島 2012: 164-165）。

また，いわき市生まれの開沼博の『「フクシマ」論』が描くのは，中央の官産学複合体だけでなく地方の原発立地地域に存在するもう一つの「原子力ムラ」である。それは「受益圏」と「受苦圏」に二分することすら難しい奇妙な日本の近代化の産物であるという。そこに見えてくるのは，「『原子力ムラは addictive なまでに原子力を求めている』という事実」であった（開沼 2011: 322-323）。「アディクティヴ addictive」とは（薬物などに用いる）「依存的」という意味であるが，「本当はよくないと思いながらやってしまう」という感情を含む。地方の「原子力ムラ」に苦しみがないのではなく，それが受け入れられてきたのは，貧困あるいは都市と比較しての欠如から逃れるためであると開沼はいう。このような理解はいずれも，リンケヴィチウスのいう「ダブル・リ

スク社会」に当てはまるといってよいのではないだろうか。

　経済的な受益と共に原子力に由来するリスクを受け入れることを，どのように考えたらよいのだろうか。あるリスク心理学の専門家は，それも「合理的」だという見方を与えている。なぜなら人間は動物と違い，リスクを評価し対応しつつリスクを冒すことで進歩を獲得してきたのであり，「科学が進歩を享受したことも，また，国家の威信をかけて戦争というリスクを冒すことも，その延長にあるのかもしれない」からだとされる。ここで戦争まで例に挙げられている意味は測りかねるが，この専門家によれば，ベネフィット（恩恵）とハザード（危険）の期待確率のバランスによって，リスク受容の決定がなされるという。たとえば，ベネフィットの大きさが2倍になるとハザード顕在化の確率が8倍，前者が10倍になると後者が1,000倍になって「受容均衡」する可能性が示唆されている。よって「仮にそうだとすると，利益誘導を大きくすればするほど，リスク受容の均衡が危険方向にシフトするという可能性を示唆している」という結論が導かれる（岡本 2013）。高い利益を与えれば，住民は高いリスクを受け入れる。このような結論は，リスク心理学のメカニズムとしては，ありうる解決の一つなのかもしれない。しかしそれはリスク社会の民主主義として正しい解決なのだろうか。

　過疎化，窮乏化のリスクが「アディクティヴ」な中央—地方関係を生み出す構図は，原発立地地域においてのみ見られるわけではない。感情や心理から地方の政治を語るのはその地の人々の実情を正確にとらえないおそれがあるが，公共事業への終わりなき依存を通じた中央—地方関係を，政治学者斉藤淳はアカウンタビリティ（説明責任）の倒錯した状態，「逆説明責任」として分析している。経済発展とインフラ整備を得た都市居住者は政権党に投票しなくなるが，農村部では経済的に非効率な自己目的化した公共事業に依存し，政権党に対し支持を表明し続ける構造ができあがった。そこでは政治家が政策について真の説明責任を負うのではなく，農村の有権者が政治家に忠誠を示さなければならないという民主政治の「倒錯」がある。その将来世代への結果について斉藤はこう述べる。「しかし，この間蓄積された財政赤字や，生産性向上に貢献しない負の社会資本は，将来の複数世代にわたって，どの政党が政権を担おう

とも，選択しうる公共政策を制約し続けるであろう」(斉藤 2010: 219)。

「原子力ムラ」となった農村部では，複数世代にわたって，「負の社会資本」が極端な現象として現れる。原子力のリスクは長期間，局所的に集中，固定させられるとともに，一旦事故が起きれば，その後長期にわたり（しかしより不確定な広い範囲で）影響を及ぼすからである。

4　リスクをめぐる時間の政治

第 2 に，時間の政治の問題を取り上げよう。福島原発事故のあと国会やメディアでは，東京電力の本社・現場の事故対応，技術的な津波対策，そして当時の菅直人首相官邸の介入への批判が相次いだ一方，半世紀にわたる原発推進体制の政治的・行政的説明責任を問い直し，方向転換を求める政治の変化は弱かった。また公表された 3 つの調査委員会（政府事故調，国会事故調，民間事故調）の報告にはそれぞれ特徴があるが，これらの報告書にほぼ共通していえるのは，主な検討事項の時間的な射程が短い，ということである（［政府事故調］2012;［国会事故調］2012;［民間事故調］2012)[4]。だが原発のように技術的にも政治的にも複雑なリスクをはらむ問題にとっては，より多様な時間軸が必要である[5]。吉岡（2011）は，日本の原子力推進体制が 1950 年代以来，科学技術庁系と通産省・電力会社系に分かれつつ，「国策民営」すなわち国家統制的業界保護の性格を保持してきた中長期的持続性を描いている。また一旦地権者・漁業権者の合意さえ得られれば，電力会社の立地計画と政府の許認可を見直させることは至難であると指摘している。

ドイツの場合も，中長期的条件を見逃してはならないだろう。メルケルは「一夜にして」脱原発に転じたといわれるが，それに先立ち社会民主党―緑の党の前政権の下で「脱原発合意」が一旦は達成されていた。さらに遡れば，1970 年代以降環境運動が各地で根づいていた背景もある（若尾・本田 2012)。ピアソンはこれまでの政治学が短期的な現象にとらわれすぎていたと指摘し，表 1-1 のように，原因・結果が短期から長期にわたる多様な政治的時間をとらえる視座を与える。I から IV は自然現象のたとえであるが，このような視

表1-1　因果的説明の時間的射程

		結果の時間的射程	
		短	長
原因の時間的射程	短	I　竜巻	II　隕石／大量絶滅
	長	III　地震	IV　地球温暖化

出典：ピアソン（2010: 105）．

座によって，原発をめぐる政治においてさまざまな時間的射程があることを示そう。

1. （原因）短期—（結果）短期
   例：原発事故という短期の原因と，直後の被害，情報伝達，避難，危機管理という短期の結果
2. （原因）短期—（結果）中長期
   例：原発事故という短期の原因と，放射能の拡散，汚染，低線量被ばくによる健康被害という中長期の結果
3. （原因）中長期—（結果）短期
   例：地震多発国における原発推進体制の継続という中長期の原因と，事故の確率的発生という短期の結果
4. （原因）中長期—（結果）中長期
   例：原発推進体制の継続という中長期の原因と，立地地域のリスクの固定化という中長期の結果
   あるいはこれと逆に，反原発を掲げる社会運動，政党の漸進的な発達と，脱原発の数十年にわたる段階的計画・実施という中長期の結果
5. （原因）中長期—（結果）超長期
   例：原発推進体制という中長期の原因と，核廃棄物処理問題という超長期の結果

重大なリスクを生み出した責任はどこにあるのか，どこで引き返すべきであったのかを反省し，軌道修正を可能とするためには，短期だけでなく中期・長

期にわたる視座が求められよう。ただし政策の転換を現実の政治に期待することは容易ではない。政治家が選挙地盤と産業界の当面の利害の下にリスクを軽視し，行政が一旦決まった「国策」と予算構造を固守するならば，政策パラダイムを変える政治は期待しにくい。はたして民主主義が転換していく可能性はどのように見出せるのだろうか。

5 サブ政治，アカウンタビリティ，新しい連合

　ベックは，リスク社会では従来の公共の政治が十分機能しないとしながら，政治の新しい姿を見出していた。それを，ベックはサブ政治（Subpolitik）という独自の言葉で呼んでいる（ベック 1998: 377-440; Beck 1993: 149-163）。

　それはどのような政治の変化なのだろう。今日，議会と政党による立法という政治の枠組みは変わらないにもかかわらず，実験室や企業の会議室，マイクロエレクトロニクスや遺伝子工学や情報メディアによって社会の将来が決められる。これがサブ政治であり，医学を含む技術専門家や企業経済の影響力が，従来の政治を凌駕するほど大きく見える。だが一方でサブ政治は「下からの政治」，「直接の政治」という面ももつ。そのため政治家も専門家も権威を独占することはできない。企業も無制約に行動できるのではなく，別のサブ政治――マスメディア，市民，消費者運動など――によって，環境負荷について自らの経営方針を正当化するよう迫られる。

　そのように不確定であるが開かれたサブ政治のなかで，各国政府を超える変革の可能性が示されることもある。1995 年に多国籍石油企業シェルが採掘施設ブレント・スパーを海洋に廃棄しようとしたとき，環境保護団体グリーンピースが管轄国であるイギリス政府に向けて反対キャンペーンを展開し，これをドイツのコール首相も支持して，最終的にシェルの海洋廃棄が断念され陸上処分に変更された。この事件をベックは「本来連携するはずのない者同士」が連携するグローバルなサブ政治だとして積極的に取り上げている（Beck 1999: 40-41; ベック 2010）。

　もっとも，それ以外にベックが成功物語として挙げる事例は数少ない。いわ

んや統計的に説得力のあるデータが示されているわけでもない。たしかにサブ政治には，環境運動やフェミニズムのような「下からの政治」の成長という面も見出せようが，上述の「組織された無責任」という闇の面ははるかに大きい。そのことをわれわれは逆に思い知らされるのである。

 それにもかかわらず，次のようなことがいえるのではないだろうか。リスク社会において，サブ政治化が進んだとしても，公共の政治が消滅するわけではない。それゆえ，サブ政治としての科学技術，医学，企業，社会運動（ときにはグローバル・テロリズム）に目を注ぐだけではなく，それらと関連を深める公共の政治を含めて，政治の転換を考えていくことができる。

 公共政治とサブ政治をつなぐために，いくつかの提案がすでにある。たとえば，科学の問題を科学だけで解決できないとするトランス・サイエンスというアプローチや，それを実際の政策決定に生かすためのコンセンサス会議，倫理的政策分析といったものである（小林 2004, 2007; ジョンソン 2011）。ドイツの倫理委員会もそのような考え方に立っているといえよう。しかしそれだけではなく，現行の民主主義の枠組み自体のバージョン・アップが必要である。なぜなら，科学技術をめぐる理性的なコミュニケーションや，専門家と市民の対話の実現以前に，それを妨げる政治構造が立ちふさがっているからである。

 そのような民主主義のバージョン・アップを考える上で参照したいのは，民主主義の危機と格闘してきた比較政治学者たちの議論である[6]。オドネルは，新しく民主化した諸国が制度としては民主主義であるにもかかわらず，しばしば実質的に問題を抱えていることを注視する。そこに欠けているのは，権力の長期集中を防ぐ「水平的アカウンタビリティ」である。選挙により政府が選ばれる「垂直的アカウンタビリティ」があっても，その後権力を軌道修正することができないとき，政治は権威主義的になる危険がある。それゆえ，政治は「水平的アカウンタビリティ」によって自己規制されなければならない（O'Donnell 1999）。

 またシェドラーは，アカウンタビリティには「情報公開」，「答責」，「強制」の要素が不可欠だとする。ただしそれらをすべて兼ね備えた制度の実現は困難である。メディアや社会運動は言葉による情報・批判機能を果たそうとするが，

それ以上の制裁力をもたない。また独立性をもつ制度であっても腐敗・買収が忍び込んだり，党派や利害集団によってコントロールされたりするおそれがないわけではない。それでも，さまざまな制度が他と絶縁されているのではなく，たがいに説明責任が循環する協調的，分権的な政治をつくり出すべきである，そのようなアカウンタビリティ観においてオドネルとシェドラーの議論は一致する（Schedler 1999）[7]。

「水平的アカウンタビリティ」という考え方は，原子力のような大規模科学技術の暴走を防ぐためにも示唆的である。なぜなら，垂直的な依存関係が固定した中央―地方間の政治・行政に対しては，もっと対等な民主政治を回復することを求めるべきだからである。また，中長期的なリスク，代替選択肢，説明責任を看過するような政治に対しては，中長期的な判断に立つ独立した専門家や社会運動の知的牽制力が確保されるべきであるからである。

リトアニアの現状では，国内的・国際的なアカウンタビリティの要素がそれぞれ万能でなく，せめぎあっている。リトアニアのEU加盟にともない，2004年末にイグナリナ原発の旧式の第1号機が停止され，第2号機は2009年末に停止した。このEUとの協定は，国際的なアカウンタビリティともいえる。だがロシアにエネルギーを依存することへの不安が高まり，バルト三国は原発の新設を求めて合意し，日本の日立の協力によるヴィサギナス原子力発電所の新設が計画された。これについて2012年10月に行われた国民投票の結果は，新原発反対が62.68％で多数（賛成票34.09％）となる[8]。ただしこの国民投票は諮問的で，「強制」を欠く制度だった。原発建設計画を推進した前首相もヴィサギナス市長も国民投票はナンセンスだ，と公言した。選挙時には原発新設に慎重とみられていた中道左派新政権は，政権発足後には再生可能エネルギーとともに原子力も排除しない，という玉虫色の方針に後退した。

日本では，原子力安全委員会と原子力安全・保安院による安全チェック体制が信頼を喪失し，2012年に国家行政組織法第三条にもとづく原子力規制庁が設置されたが，運用や人事の面で真に「水平的アカウンタビリティ」を果たせるかどうかは不確かである（新藤 2012: 158-172）。またこれまで司法が独立した「水平的アカウンタビリティ」を果たしてきたかという点では否定的な見解が

多い。原発設置許可処分の取消や運転差止を求めた 38 の原発訴訟で（下級審の 2 判決を除き）国・電力会社はすべて勝訴している。一方，2013 年 10 月に会計検査院によって，東京電力に国が支援する賠償費用が上限 5 兆円を超えるのは必至で，国民負担なしで電力業界が返済しうるという現行の枠組みは画餅であることが厳しく指摘された[9]。重要なのは，技術的な安全基準だけでなく，「国策」ともいわれる政策パラダイムそのものの妥当性を問い直す「水平的アカウンタビリティ」が存在しうるかであろう[10]。

　政・産・官・学エリートに決定を独占させないアカウンタビリティの強化が民主主義のバージョン・アップの第 1 の条件であるとすると，第 2 の条件はリスク社会を議題（アジェンダ）とする幅広い政治的対抗関係が形づくられることである。坪郷實が紹介するように，ドイツと日本の世論調査に示される脱原発志向には大きな乖離があるわけではない。それにもかかわらず，原発推進と脱原発の政治的対抗関係は大きく相違した。メルケル政権の政策転換について，ドイツの第一テレビ（ARD）の調査（2011 年の閣議決定直後）では，脱原発の急速な決定の理由を「ドイツの原発の安全性への疑問のため」とする回答が 27% なのに，「選挙敗北への心配からの CDU/CSU，FDP〔与党〕の路線転換」と答えた人が 57% で大多数であったという（坪郷 2013: 107）。「選挙敗北への心配」が第 1 の理由と見られている点は比較政治学として興味深い。日本の政党政治にはそのような「選挙敗北への心配」をもたらすほどの政治的対抗関係がなかった，とも考えられるからである。

　政党が複数あるだけでは，リスクをめぐる政治的対抗関係を生み出すとは限らない。社会や政治はつねに多元的であり，リスクについて異なる文化をもっている。社会科学における「文化理論」は人びとのなかでリスクへの態度が異なることに着目し，図 1–2 のようなリスクをめぐる文化があることを示す。

　このうち，リスクについてもっとも敏感で「下から」の参加を求めるのは，「平等主義者」であるとされる。「文化理論」の代表論者であるウィルダフスキーは，彼らが独善的な主張に陥りやすい，と批判する（Wildavsky 1997）。だが，原発推進体制をみるならば，権威重視の「階統主義者」と営利志向の「個人主義者」の強固な連合，さらに生活弱者の「宿命主義者」に対する利益誘導／脅

表 1-2　リスクをめぐる 4 つの文化

強調点	宿命主義者	階統主義者
	予測不能性・危険の管理不能性・政策の意図せぬ効果	専門家の予測・管理
	個人主義者	平等主義者
	市場と個人による選択プロセス	決定への共同体的参加

出典：Hood, Rothstein, and Baldwin（2004: 13, Table 1.1）を簡略化。

迫の構造がある。しかしそうであるならば，別の連合へと機会が開かれることによって，政治構造は変わりうるのではないか。たとえば，強い不安を表明する「平等主義者」と，原発の長期的経済性を疑う「個人主義者」の連合が，政策の転換を拒む「階統主義者」に対抗することができよう。あるいは，「階統主義者」であった科学の専門家が，「平等主義者」のパートナーとなることは，「独善」とされるおそれを軽減するであろう。そのためには，長期的な環境問題や公的補助金・事故損害などの全社会的コストまで含めて，「情報公開」が徹底されていなければならない。

　大規模科学技術時代のリスク社会，そして貧困・格差問題の重なる「ダブル・リスク社会」において，「組織的な無責任」を放置しないためには，第 1 に近代化の方向転換を問題提起するサブ政治に開かれた公共政治が求められる。第 2 にそのためには，「水平的アカウンタビリティ」によって民主主義の空間的・地理的な視界を広げることが必要である。第 3 に，リスクをめぐる連合が組み換わる，自由度のある社会をもたなければならない。ベックが気づいたように，「リスク社会」の中では誰もが「当事者」になる。われわれは今も「民主主義の建築現場」（バリバール 2007）にいるのである。

注
1) 本章の内容は，以下の学会報告論文の一部をもとにし，大幅に改稿したものである。Ariyoshi Ogawa. 2012. "The Politics of Accountability in Risk and Fear: Coping with the 'Unexpected' in Japan and Europe," paper presented at 2012 IPSA World Congress, Madrid, July 12.
2) ベックのリスク社会論は何冊もの著作において展開されており，強調点や事例も少しずつ変わっている。それぞれの内容については，各邦訳書の解説に詳しい（ベック

1998, 2005, 2010, 2011; Beck 1993, 1999, 2000)。
3) *The Asahi Shimbun Asia & Japan Watch*, "INTERVIEW/ Ulrich Beck: System of Organized Irresponsibility behind the Fukushima Crisis." July 06, 2011. 原文を編集した翻訳として,『朝日新聞』2011 年 5 月 13 日「インタビュー社会学者ウルリッヒ・ベック」がある。
4) 民間事故調の報告書は,短期的な危機管理の問題だけなく,中央と地方の「原子力ムラ」,「国策民営」といった「歴史的・構造的要因の分析」にもふれている。ただし残念ながらそれらは歴史的な背景として描かれ,事故にいたる中長期的な政治的責任を指し示し,脱原発を現実的議題にするところまで,体系的に構成されてはいない。
5) 福島第一原発の近視眼的な汚染水制御の失敗について,牧野淳一郎は端的に指摘する。「これは,本来適切な機能を果たすべき専門家集団,企業,政府が,単に信じがたいほど不適切な対応しかできなくなっている,ということでしょう」「要するに,意思決定のどこかのレベルで,危機の重大さが,たとえば短期的なコストやその他のもっと政治的ななにかとか個人のメンツといったものの前で,忘れられてしまうのです」(牧野 2013: 1094)。
6) オドネルはかつてラテンアメリカの議会政治を崩壊させた「官僚的権威主義体制」を究明し(O'Donnell 1988),シェドラーは近年世界的にみられる,選挙は実施されるものの民主的でない「選挙権威主義」を分析している(Schedler 2006)。
7) 政治学における多様なアカウンタビリティについては,粕谷祐子・高橋百合子「アカウンタビリティ研究の現状と課題」日本政治学会 2012 年度研究大会報告論文(2012 年 10 月 7 日・九州大学)が体系的に整理している。
8) リトアニア共和国中央選挙管理委員会 www.vrk.lt/2012_seimo_rinkimai/output_en/referendumas/referendumas.html(中井遼氏の御教示による)。
9) 『朝日新聞』2013 年 10 月 17 日。
10) 民間事故調報告書は次のような指摘をしている。「(ただし)IAEA の基本安全原則は,規制機関が技術的に独立した存在であることを求めている。つまり,「何が安全か」という問いに対して,規制機関が,電力事業者の「入れ知恵」なしに,答えを出せる能力が求められているのである」(民間事故調 2012: 251)。

第 2 章

国際体制

鈴木真奈美

1　核エネルギーの軍事利用と「平和利用」

　ドワイト・アイゼンハワー米大統領は 1953 年 12 月の国連総会における演説のなかで、核エネルギーの平和的な利用（peaceful use of atomic energy）を提唱し、そのために協力する用意があると述べた[1]。「アトムズ・フォア・ピース」（「平和のための核」）と名づけられたこの演説により、世界の原子力輸出入の幕は切って落とされた。

　原子核のもつ巨大なエネルギーを利用した核兵器は、その桁違いの破壊力から絶対兵器とも究極兵器とも呼ばれる。第二次世界大戦のさなか、核爆弾製造を目的とするプロジェクト（通称「マンハッタン計画」）が米国で立ち上げられ、その過程でウラン濃縮、核燃料加工、原子炉、再処理といった一連の技術が開発された。それらを民生面に応用したのが、いわゆる「平和利用」である。原子力発電はその代表例だ。

　大戦後、米国はマンハッタン計画で得た情報の一切を機密にして独占しようとした。しかしほどなくしてソ連や英国も核実験に成功し、発電利用にも着手した。米国がそれまでの政策を一転し世界に向けて原子力協力を表明したのは「核の一国優位」が崩れたことと無関係ではない。米・ソを中心とする核の先進保有国はその後、平和目的での利用を条件にそれぞれの同盟国や友好国へ原

子炉と関連技術を競って輸出していった。核軍拡競争だけでなく原子力発電レースもまた，冷戦構造の産物である。ここで強調しておきたいのは日本をはじめとする輸入側は原子力技術を押し付けられたのではなく，その獲得と利用を最重要な国策のひとつと位置づけ，主体的かつアグレッシブに追求してきたという点だ。こうして核エネルギー技術の保有国は増えていった。国際原子力機関（International Atomic Energy Agency: IAEA）によると2013年8月現在，発電用原子炉を保有するのは30カ国・地域（台湾）となり，研究用原子炉を含めると50カ国超にのぼる。

　本章は核エネルギーの利用を推進（かつ規制）する体制がどのように形成され展開してきたかを，原子力輸出入に着目し，それを牽引してきた主要国のひとつである米国の原子力政策を軸に，国際政治と産業の2つの側面から概説するものである。まず，「平和のための核」政策と核の国際管理の構図について整理する。次に，原子力輸出入を通じて世界に拡散していった原子力発電と，それにともなってグローバルに展開してきた原子力産業について略述する。最後に世界の原子力発電の推移と，今世紀に入ってからの新たな原子力推進の動きを一瞥する。なお本章における「原子力輸出入」とは，断りがない限り，原子力プラント一式の輸出入を指すものとする。

　ところで，核／原子力に関わる用語は外国語の翻訳である場合が多い。日本語として定着し，日常的に用いられている用語には，その概念が曖昧であったり，誤った理解につながったりする恐れがあるものもある。以下に核／原子力を考える上で重要となる用語のいくつかについて若干解説する。

　核と原子力：どちらも原子核エネルギーを指す。日本では軍事利用の場合は"核"，「平和利用」の場合は"原子力"といった使い分けが習慣化し，両者は別物のような印象を与えがちだが，その原理・技術・工程に違いはない。原子力は通俗的な用語であり，核エネルギーとするのがより正確との指摘もある（吉岡 2011: 6）。

　平和利用：民生利用を指す。もっともよく知られるのが発電利用である。そのほかに医療，農業，工業などの分野における放射性同位体（アイソトープ）の利用がある。商業利用と言い換えることもできるだろう。本章で「平和利

用」とカギ括弧でくくっているのは，技術は多かれ少なかれ汎用（軍民両義）性を有するものの，核エネルギー技術の場合，民生目的での利用を「平和利用」と表し，軍事利用も認められる国を国際条約で定める，といった特殊性のためである。他に「平和利用」が使われるものに宇宙航空技術がある。

　原発：原発は原子力発電という発電方法を指す場合もあれば，大飯原発というように原子力発電所ないし発電目的の原子炉を指す場合もある。本章では主に後者を指す。なお研究用・発電用原子炉で生産された核分裂性物質であっても，核爆弾など核爆発装置（Nuclear Explosive Devices）の製造に利用できる[2]。

　原子炉：一般に核分裂反応を制御しながら持続させる装置を指す。ちなみに核爆弾は核反応を制御せず爆発させる装置を指す。原子炉のタイプには軽水炉，ガス冷却炉，黒鉛減速炉，重水炉，高速炉などがあり，それぞれ構造や燃料の形態などに特徴がある。日本の主流は軽水炉で，低濃縮ウラン燃料を用いる。

2　「平和のための核」政策と核の国際管理の構図

(1)　アイゼンハワー演説の背景と意図

　マンハッタン計画では4発の原爆がつくられ，そのうち3発が米・アラモゴード砂漠（核爆発実験），広島，長崎において使用された。ハリー・トルーマン政権（1945〜53年）は同計画で建設された一連の施設を維持することにし，1947年には核爆弾製造を再開した。また，すべての核技術およびその技術を用いて生産された核物質を国の管轄下に置くとともに，それらの海外移転を禁止する国内法（「1946年原子力法」）を制定した。これにより核技術の国外流出を阻もうとしたのである。ではアイゼンハワー政権（1953〜61年）が核の独占から協力へと政策転換したのはなぜか。核をめぐる当時の情況から以下のような理由が考えられる。

　第1に，「核の一国優位」が破れたことで核情報の全面機密化は無意味となった。大戦終結後，米・ソは誕生したばかりの国連を舞台に核管理の方法をめぐって激しく対立していた。米国はすべての原子力活動を一元管理する国際機関の設立を提案し，そのシステムが機能するようになったら自国が保有する核

兵器を同機関に移管するとした。だがそれまでは米国の独占が続く。ソ連は米国案に反対し，交渉は膠着状態に陥っていた。その間に1949年にソ連が，1952年には英国も原爆実験に成功し，さらにソ連は1953年8月に水爆実験にも成功した。米国は前年11月に対ソ優位の切り札となる水爆実験に成功していたが，ソ連はすぐに追いついたのである[3]。米国の国防政策にとって，さらなる核武装国の出現（核拡散）と自国への核攻撃を防ぐ手段を確立することが緊要となった。

　第2に，「平和利用」で遅れをとるのは世界の原子力商戦で不利になるだけでなく，国際外交上における損失も甚大になるものとみられた（山崎 2011: 146）。米国は核エネルギーの発電利用の開発ではソ連，英国，カナダなどに遅れをとっていた。またソ連はアイゼンハワー演説よりも前に，核エネルギー（核爆発を含む）の「平和利用」を国連や全連邦共産党（ボリシェビキ）大会で称揚するなど「平和攻勢」を展開し，国際外交において特に途上国への影響力を強めていた（市川 2013: 146-148）。片や米国は原爆を投下した破壊者として歴史にその名が刻まれようとしていた。そうしたなか「平和のための核」を打ち出すことは，「米国は人類のニーズに貢献している」[4]とのイメージを世界に発信する上で格好の宣伝材料になると考えられた（土屋 2013: 69）。

　第3に，米原子力産業の輸出先が必要だった。ウラン濃縮工場など「マンハッタン計画」で建設された施設を維持するにあたり，自由主義経済を標榜する共和党・アイゼンハワー政権は民間資本の活用を進めていた。しかし化石燃料が豊富で電気料金が安価な米国内では原子力発電の導入は容易ではないため，当初から海外市場が重視されていた（山崎 2011: 146）。原子炉の供与などを通じた具体的な協力は，ソ連の「平和攻勢」に対抗する上でも有効とみなされた。

　米国で原子力発電に商業的な目処がたったと喧伝されるようになるのは60年代に入ってからである（第3節参照）。つまりアイゼンハワー政権が原子力協力を打ち出したのは，「多分に政治的・軍事的な思惑から出たものであって」（西村 1970: 18），当時は原子力発電技術に経済的裏づけがあったわけではなかった。ここでは米国を取り上げたがソ連の側の「平和のための核」も，資本主義と共産主義の体制の違いはあるにせよ，その意図はほぼ同じとみられる[5]。

「原子力発電を制する者が世界の覇権を握る」（土屋 2013: 77）――核軍拡競争と並んで「平和利用」と銘打たれた，もうひとつの核の覇権争いが東西冷戦の下で繰り広げられたのだった。

(2) 二国間原子力協定にもとづく協力と規制

アイゼンハワーは国連演説のなかで次のような構想を提起した。すなわち原子力を管理する国際機関を設け，主要関係国は保有する天然ウランや核分裂性物質の一部を供出し，それを同機関が平和目的での利用を望む国に割り当てる（いわゆる「国際プール構想」）というものだ。各国は IAEA の設置で合意し，その枠組みについて協議に入った。

だが米国が実際に重視したのは二国間の原子力輸出入だった。アイゼンハワー政権は 1954 年に原子力法を改正し原子炉等の輸出を解禁した。しかし核兵器製造につながる技術を他国に供与するのは自国の安全保障に関わる。そこで改正原子力法は，原子力協力にあたっては相手国政府と保障措置（Safeguard）の受け入れなどを取り決めた二国間協定を締結するよう定めた。保障措置とは平和目的とされる原子炉や核物質などが軍事利用されたり第三国へ移転されたりしていないことを確認する一連の作業をいう。

米国は 1955 年にジュネーブで開催された第 1 回国連原子力会議までに，二国間の原子力協定を 28 カ国と調印ないし仮調印までこぎつけた（森川 1955: 10-11）。これが輸出先を確保するための布石であったのは疑いようもない。米国の野心的な動きに対し，ソ連や英国なども各国との協定締結に邁進した。その結果，1957 年の IAEA 発足前に二国間ベースの原子力輸出入が実質的にスタートし「国際プール構想」は立ち消えとなったのである。

保障措置は当初「供給国」から「受領国」へ査察員が派遣される形で実施された。IAEA 設立後は同機関が実施主体となった。ただし二国間協定にもとづいて移転された品目については，その「供給国」が必要と考える規制権がケース・バイ・ケースで適用される。したがって「非核兵器国」の原子力活動の多くは，IAEA による普遍的な規範と「供給国」によるケース・バイ・ケースの二重の保障措置下に置かれている（川上 1993: 167）。米・ソはそれぞれの陣営

における主要な原子力「供給国」である。こうして米・ソが原子炉や核燃料などの供給を通じて自陣営の原子力活動を推進し，かつ管理・規制する体制が形成されていったのである。

(3) 核兵器製造能力の拡散

米国への従属を嫌い独自の核抑止力を求めたフランスのシャルル・ドゴール政権（1958〜1969年）と，ソ連と決裂した中華人民共和国（以下，中国）は，それぞれ1960年と1964年に核実験を成功させ核兵器保有国の名乗りをあげた。フランスは戦前から原子物理学の研究で成果をあげてきたが，工業が未発達だった中国が核兵器保有を成し遂げたことに世界は驚愕した。とりわけ米・英・ソは核兵器保有国が増えることを嫌った。そこでこれら3カ国の主導で1970年に発効したのが核兵器不拡散条約（Treaty on the Non-Proliferation of Nuclear Weapons: NPT）である。

同条約によって世界は核エネルギーの軍事利用も認められる国際法上の「核兵器国」（米・ソ［露］・英・仏・中）と，「平和利用」の権利だけを有する「非核兵器国」に二分された。さらにNPTの穴を埋めるべく，輸出管理に関する多国間の申し合わせによる（したがって法的拘束力はない）枠組みや措置が設けられるなどしてきた。よく知られるのが「原子力供給国グループ」（Nuclear Suppliers Group: NSG）とそのガイドラインである（第12章参照）。しかしこれらの措置がはたしてその目論見どおりに機能してきたかどうかについては，インドなどの例を挙げるまでもなく，評価が分かれる。

米・民間研究機関の「科学国際安全保障研究所」（Institute for Science and International Security: ISIS）によると，これまでに一定レベルの原子力技術を獲得し，核兵器開発を検討したことがあるのは約30カ国（旧ソ連の施設を継承した3カ国を含む）である。そのうち米・ソなど10カ国が核爆弾の保有を成し遂げ，その半分にあたる5カ国はNPT成立後に核武装した（南アフリカは後に放棄）。残りの国々も，かつて核兵器開発を計画したり，あるいはそうした疑惑が持ち上がったりしてきた。それらには日本，西ドイツ（当時），イタリア，スウェーデン，スイス，韓国，台湾なども含まれる。現在はイランが焦点とな

っている。

　このように「平和のための核」の歴史は，核エネルギー利用の普及と管理の歴史であると同時に，核兵器製造能力の拡散と規制の歴史でもある。同盟関係や友好関係にあったり，戦略的に有用とみなされたりした国々へ，援助やビジネスを目的に輸出された核エネルギー技術が後年，国内・地域・世界情勢の変化のために軍事や政治カードに利用される可能性は否定できない。たとえばイランは親欧米路線を敷いていたパーレビ王政時代の 1957 年に米国と原子力協定を締結し，同国の援助で原子力の研究・開発に着手した。その 20 年後に両国の関係を一変させる革命が起きるとは，おそらく誰も予見しえなかっただろう。

　核エネルギーを他者へ脅威を与える目的で利用しようとする主体は，もはや国家だけではない。非国家的集団の場合もありうる。核拡散防止のための諸手段の効果にはそれぞれ限界があり，核拡散を抑え込むうえで決め手となる特効薬はない（岩田 2010: 202）。通信情報技術が急速に進歩し，グローバル化によって経済や安全保障を取り巻く環境が変化するなか，主権国家を対象とする従来の枠組みでは規制できない脅威にどう対処するのか。深刻な問題である。

3　原子力発電の拡散と原子力産業の形成

(1)　原子力輸出入のための体制整備

　原子力先進国と後発国の具体的な原子力協力は，研究用原子炉（以下，研究炉）の供給から始まった。研究炉輸出入にあたって整備されたスキームが，その後の本格的な原子力輸出入体制の雛形となった。ここでは日本が米国から輸入した研究炉 JRR-1 を例に「受領国」と「供給国」の双方による原子力輸出入に向けた体制づくりをみていく。

　日本で原子力予算が「突如として出現」したのはアイゼンハワー演説のわずか 4 カ月後のことだった（原子力開発十年史編纂委員会 1965: 24）。政府は当初，天然ウラン燃料を使う国産原子炉を自主開発する方針だったが，そこへ 1955 年 1 月，米国政府から濃縮ウランの供給（正確には貸与）と技術援助の申し出

が舞い込んできた。日本側はこの提案に飛びつくと，さっそく国内初の原子炉となる JRR-1 の購入契約を米国側と交わし，受け入れ主体となる日本原子力研究所（現日本原子力研究開発機構）を設立した。

　これは日本の原子力史にとっては原子炉導入をめぐるエピソードだが，米国に視点を転じれば輸出成功例のひとつである。米国は日本を含む非共産圏の国々と研究協力のための二国間協定の締結を進め，濃縮ウラン燃料とセットで研究炉を売り込んだり，米輸出入銀行による建設資金補助を提示したり，海外の技術者を米国に招いて研修を施すなどした。さらに各地で「平和利用」を宣伝する映画や博覧会などのキャンペーンを展開した。これらの活動を通じて米国は原子力輸出スキーム（二国間協定の締結，燃料供給保証，公的資金による融資，技術援助など）を整えるとともに，自国メーカーの輸出先を開拓していった。米国だけでなくソ連やカナダなども，それぞれが設計した研究炉を核燃料（一般に高濃縮ウラン）とセットで中東，アジア，アフリカ，南米などへ売り込んでいった。IAEA によると研究炉は 2013 年 8 月現在，55 カ国（と台湾）で 246 基が稼動している。

　日米原子力協定は 1955 年 11 月に発効した。翌年，細目協定を取り決めるにあたり，米側は免責条項の挿入を求めた。これは濃縮ウランの引き渡しがあった後はその利用によって生じる一切の責任から米政府を免責するというもので，米側は同条項なしでは「濃縮ウランを貸与しえない」としたため，かかる条項が含まれることになった（科学技術庁原子力局 1962: 18）。その後，日英間で締結された原子力協定にも同様の免責条項が加えられた。その経緯は福島原発事故で注目されるようになった「原子力損害賠償法」（以下，原賠法と略す）にも関わるので，やや詳しくみていく。

　日本初の商業発電用原子炉は原子力委員会の正力松太郎委員長（当時）の強い意向で，米国製ではなく，英国モデルに決定された。英国が開発した原子炉は天然ウラン燃料を使うガス冷却炉（Gas Cooled Reactor: GCR）と呼ばれるタイプである。実は 1957 年 10 月，北西イングランドに位置するウィンズケール（Windscale）核施設内に設置された原子炉で事故が発生し，広くヨーロッパを放射能汚染した。事故を起こした原子炉は，日本が輸入を計画していたものと基

本的に同じタイプだった。そこへ同年12月，英側は免責条項を協定に追加するよう求めてきたのである。事故から間もないこともあり日本側は拒んだが，米国と締結した協定にも同様の条項が含まれていることから，最終的にこの要求を受け入れ1958年に調印に至った。

これらの免責条項が日本で原賠法を制定する契機となった。広範囲を放射能汚染する深刻な事故が発生しても，輸入先の相手国政府や製造者にその責任を問えないのなら，被害者に対する補償は日本政府ないし国内の事業者が負わざるを得ない（森 1986: 104）。ちょうど米国では1957年，原子力災害の賠償について定めた「プライス・アンダーソン法」（Price-Anderson Nuclear Industries Indemnity Act）が可決されたところだった。そこでこれを参考に1961年，日本でも原賠法が制定され，事故による損失は同法が定める賠償額の上限までは一元的に発電事業者が責任を負う（すなわち国内外メーカーは免責となる）ことなどが法制化されたのである。

米国でプライス・アンダーソン法が制定されたのは，米民間企業を原子力事業に参入させるためだった。米政府はまた，原子力プラントを輸出するにあたってはその「受領国」政府にもメーカーやサプライヤーの損害賠償義務を免責する制度を導入するよう要求し，日本をはじめ米国の協力の下で原子力開発に着手した国々の政府は，そうした制度は「自国の原子力産業の創設，育成に不可避なものとして受け入れた」のである（日本原子力産業協会 2011: 12）。こうして1960年代初めまでに米国を中心とする自由主義陣営では，本格的な原子力輸出入に向けた体制が整備されていった。

(2) 発電用原子炉の拡散

米国では1954年の原子力法改正により原子力技術の民間所有が認められた。しかし政府の手厚い助成にもかかわらず，発電事業者（電力会社）は経済性が未知数な原子力発電の導入には消極的だった。米国で原子炉発注が急増したのは，1963年に軽水炉の発電コストが石炭火力発電のそれに匹敵しうるとの試算報告が出てからだ。さらに米二大軽水炉メーカーのゼネラルエレクトリック（GE）とウェスチングハウス（WH）は，実績の少ない原子力発電を電力会社が

採用しやすくするため「ターンキー」(Turn-key) 方式による契約を進めた（後に廃止）。これは契約で定められた金額で設計から建設，試運転までを一括で請け負い，設備を「鍵をまわす」だけで運転できる状態にして引き渡す方式を指す。その結果，米国内では軽水炉発注が飛躍的に増大し 1965 年に 7 基，1966 年に 20 基，67 年には 29 基にも上ったのである。

米国の原子力ブームは世界に飛び火し，日本の電力会社も原子力発電事業に本腰をあげた。日本原子力発電（原電）は 1966 年に敦賀原発 1 号機を，東京電力も同年に福島第一原発 1 号機をそれぞれ GE と契約し，関西電力はその翌年に美浜原発 1 号機を WH と契約した。東芝・日立・三菱重工など国内重電メーカーは当初，米メーカーの下請けとしてこれらの原発の建設にあたり，それを通じて技術を習得していった。その後，これら重電 3 社はそれぞれが提携する米メーカーとライセンス契約を結ぶと，原子炉機器等の国産化を進めていき，1970 年代には主契約者として国内の原子力プラント建設を請け負うようになった。

日本政府と電力会社が軽水炉輸入へと傾いたのは，米国で 1964 年に核燃料民有化法案が成立したこととも関係していた。それまで米国政府は戦略物資である濃縮ウランを国有制にしていた。軍事施設でつくられた濃縮ウランは国から民間発電事業者に賃貸され，生成されたプルトニウムは国が買い上げるというシステムである。海外には相手国政府との双務協定を通じて貸与された。この方式ではしかし，日本政府が当初から方針としていたプルトニウム利用計画（第 3 章参照）の先行きは不確実だった。発電用原子炉として軽水炉を導入することにしたのは日本の電力会社も米国から濃縮ウラン燃料を調達し所有する見通しが立ったことによる。ただし米国から輸入した濃縮ウラン燃料は，生成されたプルトニウムを含め，フリーハンドで利用できるわけではない。二国間協定の定める範囲での利用となる。日米間の現行協定（1988 年発効）の有効期限は 2018 年である。

ここでは日本の事例を取り上げたが，自国モデルを採用した英国とカナダを除き，自由主義陣営の多くは米国が開発した軽水炉を導入し，それが主流となっていった。そのうち西ドイツ，スウェーデン，フランスの各メーカーは輸入

技術を発展させたり，独自の設計による原子炉モデルを開発したり，米国から設計ライセンスを買い取るなどして，1970年代までに自主技術化を進めた。自主技術で製造した原子炉は輸出もされた。共産主義陣営では一方，ソ連が設計した軽水炉が同盟国へ供給されていった。

巻末（252頁）に1955年から92年までの世界の発電用原子炉の輸出入実績を表に示す。60年代から80年代にかけての活発な輸出入により原子力発電は世界に拡散していった。しかし90年代に入ると輸出入件数は激減する。その理由としては①主要工業国はあらかた導入を済ませ，その多くで原子炉機器の国産化が進んだこと，②チェルノブイリ原発事故，ソ連崩壊による混乱（ソ連の核技術・物質の流出を含む），アジア金融危機，輸入国内の政変や政情不安などが原子力市場にマイナス要因として働いたこと，③輸出国と輸入国の双方で原子力発電に反対する市民運動が高揚したことが挙げられよう。

(3) 原子力産業の形成と展開

原子力産業は国営の場合はもちろん，日本のように民営であっても，国の政策の枠内で活動することが求められる。それと同時に各国の原子力産業は国際的な規範に従って行動することが求められる。

原子力産業を一国の産業構造からみると，電機産業や鉄鋼・製鉄産業をはじめ多種多様な産業が何らかの形で関わっている。その裾野はひじょうに広い。大別すると①ウラン産業（採鉱，製錬），②原子力関連機器・資材を製造・販売する産業（原子力プラントメーカー，核燃料メーカー，部品等のサプライヤー），③原子力発電事業者となる。これらに加え資機材・燃料などの調達にあたる商社，原発関連施設等の建設に従事する建設業者，核燃料等を運搬する輸送業者なども同産業に含まれる。ここでは主に②の形成の流れをみていく。

米・重電大手のGEとWHは，それぞれ沸騰水型軽水炉（BWR）と加圧水型軽水炉（PWR）を開発し，国内外に市場を造り出した。米政府によるバックアップもあって需要は膨らみ，さらに2社が軽水炉事業に参入した。核燃料が民有移管されると，これら米・軽水炉メーカー4社は核燃料サービスの分野へも進出した。こうして原子炉製造，部品供給，燃料部門までを垂直統合した独

占体が形成されていった。そして主要国の関係企業と技術提携を進めたり，合弁の燃料会社を設立したりするなどして国際展開していった。その結果，BWR と PWR に関わる企業系列が米国と各国の関係メーカーの間で，そして各国内で組織化されていった。日本を例にとると，1950年代半ばまでに旧財閥系企業が中心となって5つの原子力グループが相次いで結成され（表4-1参照），そのうち3つが GE ないし WH と技術提携しその系列に連なった。

「平和のための核」演説を契機に，米メーカーとの直接的・間接的な協力関係の上に誕生した西側各国の原子力産業は，自国の政策に従って各様の展開をたどった。西欧勢は原子力プラント輸出だけでなく，1980年代初めまでに商業用のウラン濃縮工場（独・英・蘭の合弁，仏）と大型再処理工場（英，仏）を開設し，日本を含む域内外の発電事業者と取引を始めた。米国から技術導入した東アジア3カ国もその展開は一様ではない。台湾は原子炉を国産化せず米メーカーを通じた供給に依存し続けた。韓国はカナダやフランスからも原子炉を導入し，さらに自国ブランドの原子炉を開発した。日本は前述のとおりである。

自由主義陣営では次第に米原子力産業による市場独占が崩れていった。米メーカーは国内と海外の両市場で発電用原子炉の受注が途絶えたことから，収益のあがらない原子炉製造部門を1990年代までに切り捨て（ただし軍事部門は維持），事業の重点を既設原子力プラントの保守・修理と閉鎖作業へと移していった。これは米メーカーに限った傾向ではなく，原発建設ブームを再び惹起させなければ，世界の原子力産業は同じような方向へ向かうのは必至だった。

4 「ニュークリア・ルネサンス」の行方

(1) 発電用原子炉の推移と見通し

世界で原子力発電の本格的な導入が始まったのは1960年代半ばである。図2-1に発電用原子炉の運転開始／終了基数の推移を示す。運転開始基数は2つの山があり最初のピークは1974年（26基），次は1984年と1985年（各33基）である。その後は大幅に減少し，近年は終了基数が開始基数を上回るよう

になった。IAEA のデータベースによると 2013 年 8 月現在，世界の稼働中の原発は 434 基である。上位 5 カ国は米国（100 基），フランス（58 基），日本（50 基），ロシア（33 基），韓国（23 基）である。建設中の原発は 69 基で，その 4 割を中国（28 基）が占める。計画中は 114 基である（2011 年）。2012 年の世界の総発電量に占める原子力の割合は 11.3％ であった（IAEA 2013: 21）。

今後の発電用原子炉基数の見通しのひとつを図 2–2 に示す。*World Nuclear Industry Status Report 2013* によると，建設中の原発が予定通り操業を開始し，既設および建設中原発の運転期間を最長 40 年とした場合（濃い色のグラフ），原発基数は 2025 年までに半減し，2055 年頃にはほぼ終焉を迎える。認可済み（主に米国）の運転期間延長を反映させても（薄い色のグラフ）大差ない（Schneider et al. 2013: 24）。これに対し 2013 年 9 月に公表された IAEA による将来見通しは 2050 年時点の原子力発電総量を，各国政府の計画を反映した低位シナリオで 2012 年比 1.5 倍，新設・増設強化を見込んだ高位シナリオでは同 3.8 倍としている。ただし，総発電量に占める割合は低位シナリオで 4.8％ と 2012 年のそれの半分以下，高位シナリオでも 12.1％ と同微増に留まる（IAEA 2013: 21）。これは世界全体の電力需要が増大すると予測されるなかで，原子力を選択する割合は相対的に低いことを示唆している。

いずれにせよ原子力への依存は停滞ないし低下していくと見て間違いなさそうである。図 2–2 のように推移するとすれば，ウラン採鉱やウラン濃縮といった核燃料関連のビジネスは採算が取れなくなるだろう。とくにウラン濃縮事業は，核軍拡競争の最中のような軍需が再燃するならともかく，国内外の一握りの原発に供給するために大型施設を維持するのは経済合理性がない。プラントメーカーは一方，それなりの打撃は被るものの，原子力施設の廃止や核廃棄物に関わる作業は超長期にわたって各種ビジネスをもたらす。難しいのは人材の確保だが，それは関係各国がそれぞれの政策において解決すべき問題だ。

もし世界の原子力産業を現状と同規模以上で存続させようとするなら，1970 年代と 80 年代を大幅に上回る原発操業ラッシュが 2020 年代に再現されないと難しい。原子力プラントは計画から操業開始までに 10 年以上かかるのが一般的だ。新規導入であれば，なおさらである。今世紀に入り原子力企業とそれを

第 2 章　国際体制　47

図2–1 世界の発電用原子炉の運転開始／終了基数の推移（1954～2013年7月現在）

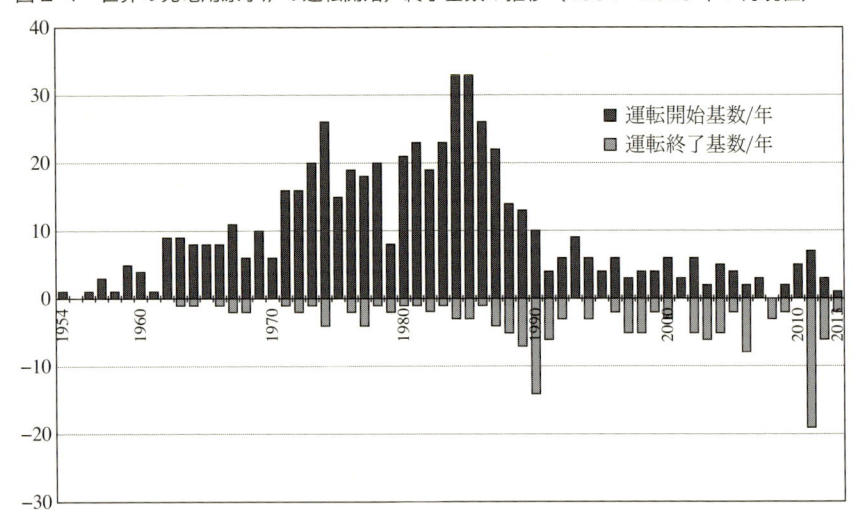

出典：Schneider et al.（2013: 16）を加工。

図2–2 世界の稼働中の発電用原子炉基数の見通し（2013～2058年）

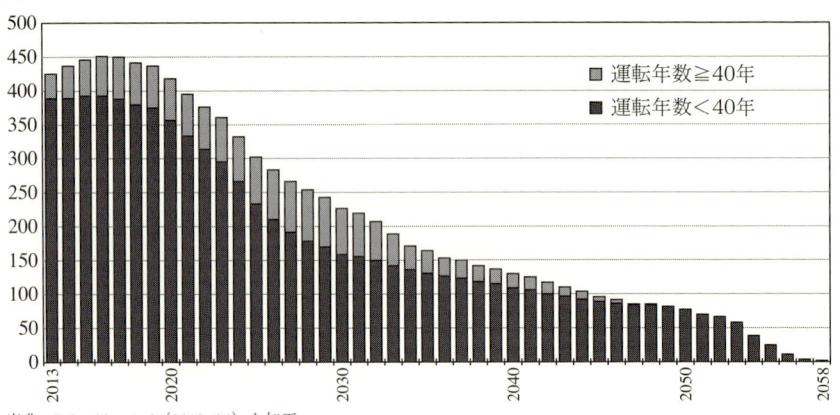

出典：Schneider et al.（2013: 24）を加工。

擁する国々の政府が，新増設が難しい既設国に替わる市場としてアジア，中東，東欧，アフリカなどへの売込みを活発化させているのは，そのためである。新規市場として有望視されている国々の政府もまた，原子炉と関連技術の獲得に余念がない。そしてもうひとつ，世界の主要な原子力企業が重視している市場は，実は米国だ。それは同国発「ニュークリア・ルネサンス」（直訳すれば「核の復興」）と関係する。

(2) 米国の原子力救済策とそのインパクト

原子力プラント建設は初期投資が格段に大きく，政策変更や経済情勢の変化によって莫大な損失が生じるリスクがある。米国では1970年代から80年代にかけて建設中ないし計画中だった100基あまりがキャンセルされた。発電事業者は新設計画に慎重になり，とくに1990年代に電力市場が自由化されると，一層敬遠するようになった。

米国の総発電量に占める原子力の割合は19％（2012年）である。同国の原子力法は原発運転期間を40年までと定めている。これに基づけば，現在稼働中の原発はその半数が2025年までに運転を終了し，ほぼ全基が2035年までに終了する。ただし原子力規制委員会（Nuclear Regulatory Commission: NRC）が許可すれば，最大60年まで延長できるよう規則改正された。この延長策は電力自由化のなかで原子力発電を生き長らえさせるための切り札だったとされる（鈴木 2000: 21–25）。だが，全基が延長を認可されたとしても，大規模な新増設がなければ，米国における原子力発電は実質的に今世紀半ばまでに終わる。

この流れを止めるべくジョージ W. ブッシュ政権（2001〜2009年）は発足後まもなく原子力発電重視の方針を打ち出した。そして2005年，債務保証などを含む一連の新規原発優遇措置を盛り込んだ「エネルギー政策法」を通過させると，原発建設を強力に推進した。政府による新設助成を見込んだ発電事業者は2009年6月末までに17プロジェクト・26基の設置をNRCに申請した。これが米国発「ニュークリア・ルネサンス」と呼ばれるもので，瀕死状態にあった原子力発電の救済に米政府が乗り出した，というのが実相である。

米国の原子力回帰の道はしかし，決定的な問題を抱えていた。米メーカーは

原子力プラントの設計能力は保持したが，原子炉機器製造ラインを失っていたのである。この衰退は原子力潜水艦や原子力空母の能力維持にも影響してくるので，原子炉技術の再構築は同国の安全保障に関わる問題とも指摘されている（Wallace et al. 2013: vii）。濃縮ウラン燃料供給の面でも，米国内には3カ所にウラン濃縮工場があったが，いずれも老朽化と技術上の問題から新工場を建設する必要があり，それには他国に技術協力を仰がなければならなかった。

　かつて世界，とくに自由主義陣営における原子炉および濃縮ウラン燃料の供給で圧倒的なシェアを誇っていた米国は，今や輸入する側になった。これはビジネスの低迷にあえいでいた世界の原子炉メーカーとサプライヤーの前に，米国という巨大市場が出現したことを意味する。いくつかの例をあげよう。米国で現在建設中・計画中の原発の実機を供給するのは日本，フランス，韓国である。ウラン濃縮分野ではウレンコ（独・英・蘭の合弁）がすでに新工場を米国内に開設し，アレヴァ（仏）がそれに続く。米エネルギー省からウラン濃縮事業を引き継いだ米民間会社・ユーゼックの新工場建設には東芝が出資している[6]。米国は1993年にロシアと結んだ契約に基づきロシアの核兵器解体で発生した高濃縮ウランを希釈したものを購入し，それをユーゼックが濃度調整して米国内と海外の発電事業者に販売してきた。この米露間の契約が終了する2014年以降は，通常の濃縮ウラン燃料がロシアから米国の電力事業者へ供給されることになっている。

　各国原子力産業の相互依存が見て取れるが，米側も，米市場に参入した側も，それぞれの戦略と目論見があるのは多言を要さない。ブッシュ政権はまた，中国やインドへの原子力輸出を解禁し，ベトナムや中東といった新興諸国と原子力協定の締結を進めるなど，新たな輸出市場の開拓に取りかかった。国内新規建設支援と原子力輸出の2本柱による原子力救済策のインパクトは大きく，米国だけでなく世界の原子力産業の活性化につながった。なかでも日本は歴史的な転機を迎えた。原子力プラント輸出である。それまで日本の原子力産業は日米原子力協定や設計ライセンスなどによる制約もあって内需中心に展開してきたが，米国市場へ，そして米メーカーや仏メーカーと連合を組んで第三国へ進出する道がそれぞれ開かれたのである。

(3) 原子力輸出と核拡散防止のパラドックス

　前項では原子力発電の存続に向けた動きを一瞥した。目指されているような原発建設ラッシュが近い将来，世界で発現するかどうかは不確定要素が多く定かではない。米国では一連の原子力支援措置にもかかわらず，福島原発事故の衝撃やシェールガスの急成長もあって，新設計画を見直したり，既設原発の運転期間を延長せず廃止を選択する発電事業者が出始めた。米国の原子力発電事業に参画していたフランス電力公社（Électricité de France: EDF）も 2013 年 7 月，「米国の原子力開発を取り巻く環境は現在好ましくない」として撤退する方針を発表した[7]。同社は今後，米市場では自然エネルギーに力を入れるという。

　米国における「ニュークリア・ルネサンス」の先行きは予断を許さないが，同国内の原子力発電が現状のような規模で維持されるとは考えにくい。では原子力輸出はどうか。米エネルギー省のスティーブン・チュー長官は 2012 年 2 月，同国で 34 年ぶりに建設・運転認可が発給された原子力発電所を訪問し，原子力産業の再起（resurgence）に支援を表明するとともに，次のように述べた[8]。

　　原子力技術開発における世界のリーダーシップ争いは熾烈である。われわれの選択は明確だ。技術開発し，そして輸出する。原子力技術開発でわれわれが世界に君臨するには，このゲームに参加しなければならない。そしてアメリカは勝つだろう。

　原子力輸出に対する並々ならぬ決意が読み取れる。ここで想起されるのは，米国は原子炉と核燃料供給を通じてその「受領国」の原子力政策に影響力を行使してきたことだ。米国にとって原子力輸出は産業政策であると同時に，核拡散防止のための重要な手段のひとつと認識されてきた。それは米議会で続いている原子力協定の「ゴールドスタンダード」（Gold Standard）をめぐる議論によく表れている。すなわち 2009 年に締結された米国とアラブ首長国連邦（UAE）の 2 国間協定に盛り込まれた「受領国」に対する規定――ウラン濃縮とプルトニウム抽出（再処理）の禁止――を「ゴールドスタンダード」として法制化す

べきという意見と，その反対論である。法制化されれば今後締結・更新される協定にはこの規定が含まれることになるだろう。

　反対派は「米国の核不拡散のゴールと原子力輸出は不可分」[9]であり，「原子力市場におけるシェアの低下が核拡散防止や安全面などの分野における米国の影響力を大幅に減少させている」[10]と警告する。そしてウラン濃縮と再処理の禁止を求めれば，米国よりも規制が緩い「供給国」を輸出競争で有利にさせ，結果として「核不拡散レジームを弱体化させる」と主張する[11]。

　「ゴールドスタンダード」をめぐる議論の争点は，"米国主導"の核拡散防止の方法についてであって，輸出自体の是非は問われていない。米国の対外政策において核拡散防止は常に上位にある。冷戦下に構築された「輸出して管理」の方式が，核拡散防止のツールとして今日でもなお有効とみなされる限り，米国が原子力輸出計画を見直すことはないのかもしれない。だが他国による核エネルギーの軍事利用を阻むために，核エネルギー技術を供給（輸出）するというパラドキシカルな方式では，そうした技術の保有国は増え続けることになり，核管理をより一層複雑で難しいものにするだろう。

5　核エネルギー依存の継続か，別の道か

　本章では原子力輸出入をキーワードに，核エネルギーの利用を推進（かつ規制）する国際的な体制の形成と展開について概観してきた。各国の国益と原子力産業の企業益が縦横に関係しあっていることが見て取れよう。そのなかで米政府と同原子力産業の影響力は確かに大きいのだが，しかし世界の原子力推進体制の一部にすぎない。本章では言及できなかったが，その全体像に近づくには少なくとも冷戦下におけるソ連，そして21世紀に入ってからの中国の動きと合わせて検討する必要がある。

　「平和のための核」演説から60年が経過し，この間に建設された原発はこれから続々と運転を終了する。今後10年ほどのうちに世界で猛烈な原発建設ラッシュが実際に起きない限り，電力供給源としての原子力の意義は急速に縮小していくだろう。安全保障と電力供給の両面で核エネルギーに依存し続ける体

制を維持し続けるのか。それとも別の道を選び取るのか――現世代にその選択が問われている。

注
1) 「平和のための核」演説の邦訳は以下の米国大使館のウェブサイトからダウンロードできる。http://aboutusa.japan.usembassy.gov/pdfs/wwwf-majordocs-peace.pdf（2013年10月21日閲覧）
2) 包括的核実験禁止条約（CTBT）の発効要件国は，国連軍縮会議の構成国でIAEAの動力用・研究用原子炉の表に掲げられている国々とされるのはそのためである。
3) 通常戦力で劣勢にあった米国は水爆開発でソ連に追いつかれたことに大きな衝撃を受け，核戦争を真剣に恐れた（ゴールドシュミット 1970: 134）。アイゼンハワーの国連演説の眼目はソ連への「平和共存」の呼びかけであった（垣花・川上 1986: 244-248）。
4) 「平和のための核」演説，前掲。
5) 市川浩はソ連が「自国内で首尾よく発展したとは言いがたい軽水炉」を東欧へ輸出したことと「東側における一連の国際政治上のできごととの関係」を解明することは今後の課題と述べている（市川 2013: 159）。
6) 2014年3月，ユーゼックは米連邦破産法11条の適用を申請し，経営破綻した。福島原発事故の影響で濃縮ウラン需要が急減し，販売価格が下落したことなどが原因とされる。同社の主要な販売先は日本の電力会社だった。
7) 「仏電力公社が米原発市場から撤退，シェールガス革命で」ロイター，2013年7月31日。
8) Secretary Chu's Remarks at Vogtle Nuclear Power Plant – As Prepared for Delivery, US Department of Energy, February 15, 2012. http://www.nei.org/CorporateSite/media/filefolder/IssuesinFocusNuclearExports.pdf
9) Nuclear Energy Institute, Issues in Focus: Nuclear Energy Exports and Nonproliferation. http://www.nei.org/CorporateSite/media/filefolder/IssuesinFocusNuclearExports.pdf（2013年10月21日閲覧）
10) John Hamre元国防副長官，Brent Scowcroft元国家安全保障担当大統領補佐官らの連名によるオバマ大統領宛書簡，2013年4月25日付。http://atomicinsights.com/wp-content/uploads/Hamre-letter-to-WH.pdf（2013年10月21日閲覧）
11) 同上。

第3章

核燃料サイクル

秋元健治

1 核燃料サイクルとは

　原子力発電所は，それ自体が孤立して稼働できるものではなく，一連の核物質が循環して成り立っている。この循環を輪にみたてて核燃料サイクルと呼ぶ。鉱山で採掘されたウラン鉱石から始まり，濃縮加工したウラン燃料は，核燃料棒に束ねられ燃料集合体となる。核燃料は原発で核分裂を経た後に取り出され，使用済み核燃料となる。

　原発から取り出した使用済み核燃料，これを放射性廃棄物として中間貯蔵の後，直接処分するのが多くの国の方針である。しかし日本は使用済み核燃料の再処理・再利用に固執し，現在もその政策は継続されている。

　使用済み核燃料は，再処理するとプルトニウムとウラン（回収ウランという）が抽出され，それらが再び原発の燃料となる。こうした核燃料サイクルによって，ウラン資源を最大限有効に活用でき，未来の原子炉である高速増殖炉（FBR）ではプルトニウムが燃料に使われる。ただし高速増殖炉は現在，開発途上である。再処理工場と高速増殖炉の完成で，核燃料サイクルはエネルギー資源の乏しい日本の純（準）国産エネルギーとなる。

　政府の公式の見解によると，以上のように核燃料サイクルは説明されてきた。しかし核燃料サイクルの輪は，再処理や高速増殖炉などで断絶している。また

図 3-1　核燃料サイクル

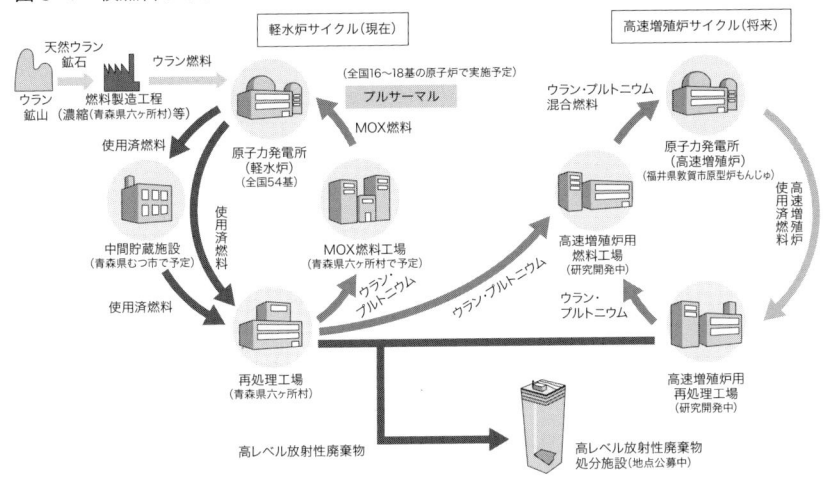

出典：資源エネルギー庁 HP 参照。http://www.enecho.meti.go.jp/topics/energy-in-japan/energy2010html/policy/

　その輪から外れる大量の放射性廃棄物が発生する。それには数万年も生態系から隔離しなくてはならない高レベル放射性廃棄物が含まれる。核燃料サイクルを完成させる試みは，日本のみならず各国で，長年，膨大な資金を投じて研究開発が続けられてきた。しかし技術的に克服困難な問題がいくつもあり，核燃料サイクル（高速増殖炉や再処理）は放棄された。現在，核燃料サイクル計画を掲げているのは日本だけだ。

　日本の商業再処理施設やウラン濃縮工場などからなる核燃料サイクル基地は，青森県の六ヶ所村にある。この施設は，使用済み核燃料を受け入れ，それを再処理してプルトニウムとウランを取り出し，再処理工程で発生する高レベル放射性廃棄物をガラス固化体にして貯蔵する。さらに日本が外国で使用済み核燃料を再処理した際に発生した高レベル放射性廃棄物も受け入れる。ウラン濃縮工場は，輸入された六フッ化ウランを濃縮する。また全国の原発で発生した低レベル放射性廃棄物が埋め捨てられる。

第 3 章　核燃料サイクル

図 3-2 青森県六ヶ所村 核燃料サイクル基地

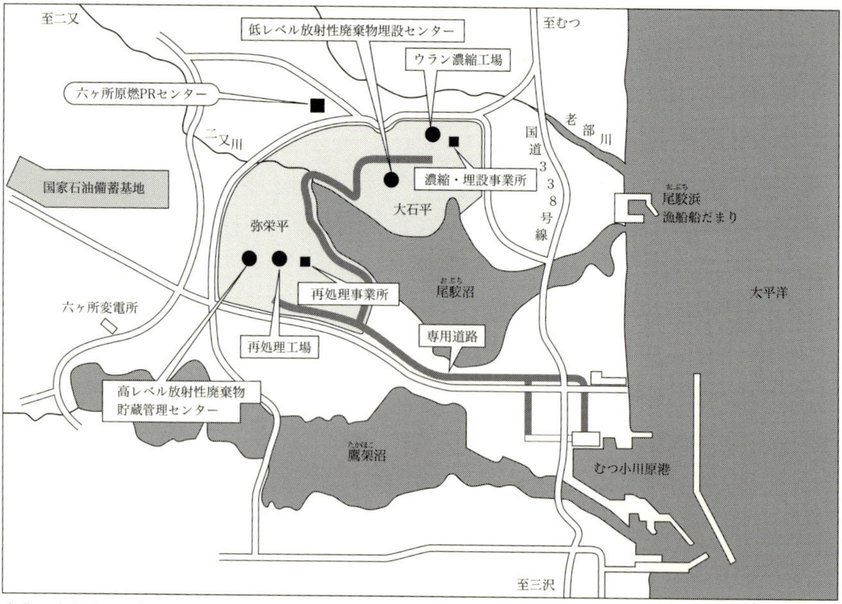

出典：青森県 HP 参照。http://www.pref.aomori.lg.jp/sangyo/energy/0001rokasyo.html

2 高速増殖炉

　1970 年代，イギリスやフランスも高速増殖炉（FBR）開発に熱心だった。当時の先進国での原発への偏重は，原子力推進者たちの間で早い時期にウラン資源が枯渇するとの危機感を高めた。そのためウラン燃料から抽出したプルトニウムを無限に再利用できると誤解された高速増殖炉開発は重要とされた。

　日本では「動力炉・核燃料開発事業団（動燃。現在の日本原子力開発機構）」が高速増殖炉開発に投じた経費は，1968 年の発足時から 1996 年まで累計 1 兆 527 億円にのぼる。その内訳は，高速増殖炉の実験炉「常陽」関係が 1,311 億円（建設費 289 億円，運転費 1,022 億円），原型炉「もんじゅ」関係が 5,779 億円（建設費 4,504 億円，運転費 1,275 億円），関連研究開発費 3,427 億円などだ（吉岡 1999: 195）。

高速増殖炉の燃料は濃縮ウランではなく，プルトニウム（プルトニウム・ウラン混合酸化物燃料，MOX燃料と呼ばれる），そして冷却材は，水を用いる軽水炉と異なり，ナトリウムを用いる。高速増殖炉の炉心で核分裂したプルトニウムは高熱を発し，炉心で加熱された1次系の金属ナトリウムは細管を束ねた中間熱交換器を通り，2次系のナトリウムに熱を伝達する。2次系ナトリウムは蒸気発生器で水を沸騰させる。沸騰水から発生した蒸気圧力がタービンを回転させ発電する。炉心では，高速の中性子が核分裂反応を起こす。ウランやプルトニウムが核分裂すると，2ないし3個の中性子が飛び出す。この中性子がほかのウランやプルトニウムに衝突して，核分裂が継続する臨界になる。臨界で発生する膨大な熱量を1次系，2次系の循環器系で伝達する。1次系，2次系のパイプの中を流れるのは，高熱で溶解した金属ナトリウムである。高速の中性子を利用することから高速増殖炉と呼ばれる。

　しかし高速増殖炉は，核分裂の範囲が急激に拡大し高熱を発生しながら爆発する核暴走（核爆発）事故の可能性が高い。いったん核暴走の兆候があらわれたら，核分裂が軽水炉の250倍の速度ですすむため，これに対処できる時間は一瞬しかない。緊急停止手段は制御棒の挿入だけで，その反応も軽水炉よりも遅い。軽水炉のように炉心へのホウ酸注入で核分裂反応を抑える手段もとれない。

　高速増殖炉の1次系，2次系のパイプを流れるのは高熱で溶解した金属ナトリウムだが，ここにも大きな危険性がある。常温では金属のナトリウムは，98度以上で液体になる。溶解したナトリウムは，空気や水と接触しただけで激しく反応し発火する。高速増殖炉では高熱のナトリウムと水が，蒸気発生器の中で厚さわずか数ミリの細管の壁を境に隣り合っている。1本の細管に亀裂が入っただけで発火し，ほかの細管も損傷を受けて重大事故となる。

　配管には溶解した500度以上の高温ナトリウムが流れ，1次系と2次系のパイプは熱膨張，温度変化による衝撃など常に過酷な状況にさらされる。ステンレス鋼の熱膨張による変形を逃がすため，パイプは複雑な形状に曲げられている。しかもパイプの内部と外部の温度変化による衝撃を減じるため，パイプの肉厚は薄くしなくてはならない。こうした構造上の弱さから，高速増殖炉は耐

図 3-3　高速増力炉　もんじゅ

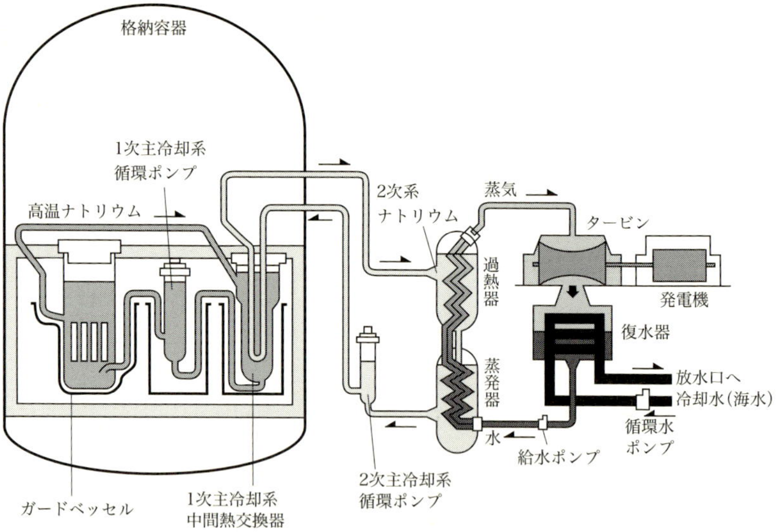

出典：脱原発入門講座 HP 参照。http://www.geocities.jp/atom2314/fbr/fbr3.html

震性が低い。さらにナトリウムは温度が低下すると流れがわるくなるため、常に配管全体を保温、加熱し続ける必要があり、そのため電力消費量が大きく、維持費が1日に約5,000万円と高額となる。

　動燃は、茨城県大洗町に「大洗工学センター」を設け、高速増殖炉実験炉「常陽」を1970年に着工した。東芝、日立製作所、三菱重工、富士電機が機器関係を、土木建築は竹中工務店が請け負った（森 1986: 283）。「常陽」は1977年に総合機能試験を終え、同年に臨界に達した。1968年、「常陽」の次の段階として、動燃は原型炉の設計をはじめ、製作準備設計で国内4つの原子炉メーカーが共同してFBRエンジニアリングが設立された（原子力委員会 1979: 130）。高速増殖炉原型炉「もんじゅ」は、1983年に福井県敦賀市白木地区で建設に着手、1991年に試運転、臨界は1994年だった。しかし1995年、「もんじゅ」はナトリウム漏洩火災事故を起こしたため停止され、2010年の運転開始後に再び事故を起こし、停止状態となっている。

　高速増殖炉の事故続きでプルトニウムが燃料として使えないと、使用済み核

燃料の再処理で抽出されたプルトニウムが増えていく。そこでプルトニウムを消費するため，MOX 燃料に加工して通常の軽水炉で使用する方法が考えられた。1963 年から 2003 年までに 400 トン以上の MOX 燃料がヨーロッパの 30 以上の原発に装填された。それは日本ではプルサーマル計画と呼ばれるが，高額な燃料費と原発の安全性の低下，処理の困難な放射性廃棄物を増やすことにしかならない。MOX 燃料の利用は，余剰プルトニウムをなんとか使う方法を見つけ，その保有量を減らす苦肉の策という以上の意味はない。

1985 年 9 月，「原子力発電に反対する福井県民会議」などからなる原告団は，もんじゅの原子炉設置許可処分の無効確認（国を被告とする行政訴訟）と，建設差し止め（動燃を被告とする民事訴訟）を福井地方裁判所に提訴した。福井地裁は行政訴訟について，1987 年 12 月に「原告の資格が不適当」との判決を下す。しかし原告団は名古屋高裁金沢支部に控訴し，1989 年 7 月の控訴審判決では，「もんじゅ」から半径 20 km 以内に住む住民については原告適格を認め，福井地方裁判所に差し戻した。2000 年 3 月，福井地裁は，行政，民事訴訟ともに住民側の請求を棄却する判決を下した。

ところが 2003 年 1 月，名古屋高等裁判所金沢支部が「もんじゅ」裁判の判決を下した。川崎和夫裁判長は，次の判決文を読み上げた。「一審判決を取り消し，『もんじゅ』の原子炉設置許可処分は無効とする。原子力安全委員会，原子炉安全専門審査会の審査に看過しがたい過誤，欠落がある場合は，原子炉設置許可処分が違法と評価される。原子炉の潜在的危険性の重大さの故に，原子炉設置許可処分に違法，瑕疵の重大性をもって足り，明白性の要件は不要である」。これは原発裁判で初の原告側勝訴だった。

しかし国側はただちに控訴し，2005 年 5 月の最高裁判決は，原告住民側の逆転敗訴だった。これで「もんじゅ」裁判は最終決着した。泉徳治裁判長の判決文は以下のように述べられた。「国に見過ごすことのできないミスや欠落はなく，許可は違法でない。安全審査に不合理な点はない」。この判決もほかの多くの原発裁判の例にもれず，国の行政上の裁量権を最大限認め，司法は原発の安全性にかかわる判断を回避し，司法審査の限界を踏み越えることはなかった。

3　使用済み核燃料の再処理

　原子力委員会は，当初から一貫して核燃料サイクル路線を掲げてきた。原子力委員会が 1956 年にまとめた最初の「原子力開発利用長期基本計画」(「56 長計」)には，高速増殖型（動力）炉の国産化を最終目標とする炉型戦略が柱で，高速増殖炉の燃料となるプルトニウムを使用済み燃料の再処理で取り出すことが記された。この基本方針は，現在でも変わらない。

　1964 年，原子力委員会は再処理工場のパイロットプラントを原子燃料公社が建設することを決定した。同じ頃，原子力委員長代理となった有澤廣巳元東大教授が「国内サイクル論」を提唱していた。それは使用済み核燃料の再処理とプルトニウム利用で純国産エネルギーを実現すべきとの主張だった。

　国の原子力関係予算は，年を重ねるごとに拡大し，その大半は科学技術庁の所管だった。そして再処理や高速増殖炉などの原子力研究開発を手掛けるのは科学技術庁傘下の日本原子力研究所だが，この組織は労働争議の混乱が続いていた。権利意識と倫理観の強い科学者たちは，国のいいなりにならなかった。これに対し，産業界や政界の原子力推進者たちは，研究開発の中核となる新しい大規模な組織を模索した。1966 年，原子力委員会は特殊法人の新設の方針を決め，衆議院の科学技術振興対策特別委員会もこれを支持した。国会でも与野党の大多数が賛成，動力炉・核燃料開発事業団法が衆参両院で可決，1967 年に原子燃料公社を母体に新法人「動力炉・核燃料開発事業団」(動燃) が発足した。

　原子力委員会は動燃の事業内容を次のように定めた。「高速増殖炉と新型転換炉をともに並行して開発する。政府，産業界，学界の資金，人材をここに結集する。新型動力炉（原発）開発のための所要資金は，今後 10 年間に約 1,500 億円」とする。（森 1986: 186）。

　これは戦後最大の国家事業だった。また日本原子力産業会議の強い要望に応え，民間企業への積極的な業務委託を国は約束した。1967 年の「原子力長期計画」改定では，原子力産業界の要望を反映した次の文章が入れられた。「原

子力産業については，欧米に比べ，いまだにその産業基盤は弱体であるので，今後とも過当競争の悪影響を生じさせないよう考慮しつつ，その育成をはかる」(原子力委員会 1966)。

東芝や日立製作所，三菱重工などは，高速増殖炉や新型転換炉の機器機材を受注するが，その開発計画が最終的に破綻，放棄されても開発失敗の責任を負うことはない。巨費を投じた研究開発の結果がどうであれ，原子力産業界には大きな売上が約束される。

その後動燃は，事故や事故隠しの繰り返しで社会的批判を受け，1998 年に核燃料サイクル開発機構に改組され，さらに 2005 年には日本原子力研究所と統合し，独立行政法人の日本原子力研究開発機構に再編された。

原発の核燃料は核兵器用材料となりうるためウランやプルトニウムは企業の所有が許されず，国が所有し民間に委託する特殊核物質賃貸借制度が施行されていた。しかし電力業界は，「化石燃料発電を原子力発電に置きかえようとすれば，原発を相当大量に建設しなければならぬが，そのことは核燃料の自由取引がなければできない」と国に要請した（森 1986: 225）。1961 年，原子力委員会で天然ウラン，劣化ウラン，トリチウムの民間所有を決め，池田勇人内閣が閣議了解したが，濃縮ウランの民有化はまだだった。電力業界の要請に応え，濃縮ウランの民有化も原子力委員会が決定し，1966 年に佐藤栄作内閣の閣議了承となった。

これに関連して日米原子力協定が 1968 年に改定され，両国の批准を経て発効する。国際的監視下にあった特殊核物質（濃縮ウラン，プルトニウム，ウラン 233 など）を民間が所有し取引できる環境ができ，核燃料生産も可能になった。1966 年に三菱原子力工業は，茨城県東海村に核燃料加工工場を建設することを国に申請し，東京芝浦電気，日立製作所，ゼネラルエレクトリックの 3 社は合弁会社「日本ニュクリア・フュエル」(JNF) を設立し，核燃料加工工場の建設を立案した。

日本の原子力政策では，使用済み核燃料の再処理がはじめから決まっていた。しかし動燃の再処理工場の建設予定地となっている茨城県では，米軍水戸対地射爆撃場があることから再処理工場建設反対運動が起きていた。そうしたなか

1967年,東海第一原発の使用済み核燃料をイギリスに輸送する契約が結ばれた。英国原子力公社(UKAEA)は3年間で約160トンの使用済み核燃料をイギリスのウインズケールに受け入れ,再処理で抽出したプルトニウムと放射性廃棄物を日本に返還する。この再処理委託の莫大な費用は,もちろん日本側が負担する。第1回分の輸送は1968年におこなわれた。

茨城県の再処理工場受け入れの絶対条件は,米軍水戸対地射爆撃場の返還だった。佐藤栄作内閣は,この問題でアメリカ政府と交渉をはじめていた。茨城県議会は1968年,原子燃料再処理調査特別委員会を設け,海外の再処理事業の調査のため県議数人を派遣した。この視察団はヨーロッパの再処理工場を訪れ,廃液の放射線量などを調べた。視察団のまとめた報告書をもとに県議会の再処理施設安全審査専門部会は,「安全性は十分に確保できる」と結論した。

これを受けて茨城県の岩上二郎知事は,再処理工場受け入れの意向を表明する。県議会では1968年,動燃と原子力産業界の提出した「再処理施設設置の請願」が審議され,放射線監視機構の設置,地域振興策など6項目の条件を付けて再処理工場を受け入れることを決議した(森 1986: 235)。1977年,日米原子力協定が改訂され,ウランを使ったホット試験をアメリカが許可した。そして東海再処理工場は1981年から本格運転を開始したが,溶解槽の穴あきなど故障が頻発し計画どおりにはすすまなかった。

原子力政策では,使用済み核燃料の再処理を基本方針としていたが,電力業界は,もともと核燃料サイクルを望んでいなかった。莫大な費用と技術的困難のため経営的合理性がなかったからだ。再処理はそれを国策と位置づける国(通産省)が,電力業界に強いたものだ。1970年代以降,電力9社は原発を増設し続けたが,新設に際し国の許可をえるには,使用済み核燃料の再処理先を明記しなくてはならなかった。

動燃東海再処理工場は処理能力も小さく故障続きで,電力業界は1967年以降,イギリスとフランスに委託をしてきた。イギリスのセラフィールドには,外国の電力会社を顧客とするソープ(THORP: Thermal Oxide Reprocessing Plant, 酸化物燃料再処理工場)が1992年に建設された。日本の電力業界はソープの最大の顧客で,建設費の38%も負担したことからジャパンプラントとさえ呼ばれ

る。

　商用原発の許認可権をもつ通商産業省は，使用済み核燃料の海外委託には日本輸出入銀行の融資を認めないと決定した。外国の再処理事業会社（公社）にたいし巨額の支払いとなる電力会社の海外再処理委託に，公的資金の融資が問題視されたからだ。海外再処理委託を断たれた電力業界は，民間再処理工場の建設に追い込まれた。1975年に電力業界は再処理事業への進出を表明した。

　使用済み核燃料の再処理事業は，放射性物質を大量に扱うため非常に危険だ。日本企業にその技術はなく，核兵器に転用できるプルトニウムを抽出する再処理は，原子炉等規制法で政府機関でなければ許されなかった。しかし1979年，国会で原子炉等規制法が改定され，民間でも再処理ができるようになった。そして1980年，再処理事業などをおこなう日本原燃サービスが電力業界の出資で設立された。

　電気事業連合会は，大規模な商業用再処理工場を建設できる場所を探し求めた。その候補地として北海道の奥尻島，長崎県平戸，鹿児島県徳之島などがあがったが，地域振興の名目であたえられる巨額な交付金にもかかわらず，いずれの自治体にも拒絶された（原子力委員会1981: 148）。しかし1984年，電気事業連合会の平岩外四会長から青森県の北村正哉知事にたいし立地協力要請がなされ，ここから六ヶ所村の核燃料サイクル基地計画が動きはじめた。

　世界には大規模な使用済み核燃料の再処理工場として，イギリスのセラフィールドのソープ，フランスのラアーグのUP-3がある。これらの工場は，1950年代の原爆開発に起源をもつ。イギリスもフランスも核兵器用プルトニウムを生産し，1960年代から外国の電力会社を顧客に国際再処理ビジネスをおこなってきた。国際再処理ビジネスは，莫大な費用がかかる国内の再処理工場など原子力施設を稼働し続けるための資金調達手段である。しかし技術的困難を克服できず，故障が多発するため経営は順調ではない。

　そして現在，世界で第3の大規模な商業用再処理工場が青森県六ヶ所村に建設された。六ヶ所村再処理工場は，核燃料サイクル基地と呼ばれる一連の原子力施設の中核である。核燃料サイクル基地は，青森県が1960年代末から推進してきた「むつ小川原開発計画」の破綻とその計画のすり替えの結果だった。

「むつ小川原開発計画」はとん挫した大規模工業開発だが，土地買収，漁業補償などはほぼ完了しており，核燃料サイクル基地が進出するうえで大きな障害はないようにみえた。1984年に電気事業連合会から青森県に立地協力要請がなされ，六ヶ所村の漁業者，全県の農業者，市民の反対運動にあうが，電源三法交付金，施設建設の経済効果が核燃料サイクル基地建設を地域社会に容認させた。
　六ヶ所村の再処理工場は，1993年に着工，1998年に貯蔵プールに試験用の使用済み核燃料を初搬入した。工場は使用済み核燃料3,000トンを収容するプールを備え，計画上の年間再処理能力800トン，世界最大級の再処理施設である。しかし再処理工場は，操業前から数多くのトラブルを経験してきた。2001年，貯蔵プールで異常出水が起きたのは，ずさんな溶接が原因だった。2005年にふたたび漏水が発生，さらに2006年，再処理工場で最初の作業員の体内被曝があった。2007年には試験中にガラス固化体の製造工程で問題が起こっている。そのほか建設期間を含め，停電，ぼやなどのトラブルはきわめて多い。2011年の時点で運転開始期日を18回も延長し，建設費も2兆1,930億円まで膨らんだ。運転開始は2014年2月現在，まだおこなわれていない。プール壁面の溶接不良のほか，高レベルガラス固化設備の溶融炉に本質的な欠陥をかかえる。ガラス固化設備の溶融炉には，動燃が開発したジュール熱（電流の働きによって生じる熱）で廃液を溶かす国産技術に問題が見つかった。
　国は使用済み核燃料の再処理を電力業界に強いたが，再処理工場を建設する際，電力業界は主工程では外国の技術を選択した。それは動燃東海事業所の再処理工場は稼働率がわずか20％，数十回の事故があり，信頼がおけなかったからだ。科学技術庁は，国費を投じてきた国産技術の採用を電力業界に求めたが，フランスの技術が優れているのは明らかだった。
　1987年，日本原燃サービスは，再処理工場UP-3の再処理のライセンスをもつフランスのSGN社と，再処理工場の技術移転契約，主工程基本設計の技術役務契約などを締結した（日本弁護士連合会公害対策・環境保全委員会 1987: 12）。それにもとづき三菱重工が，SGN社の技術を導入して使用済み核燃料の裁断，溶解という主工程を受注した。東芝は溶解液から核分裂生成物を分離する溶媒

図3-4 再処理工程

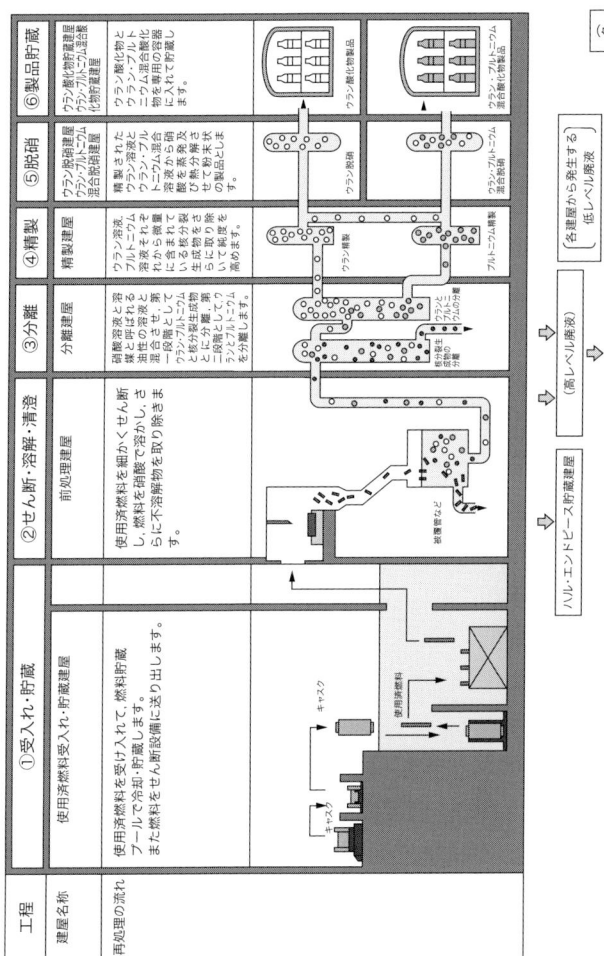

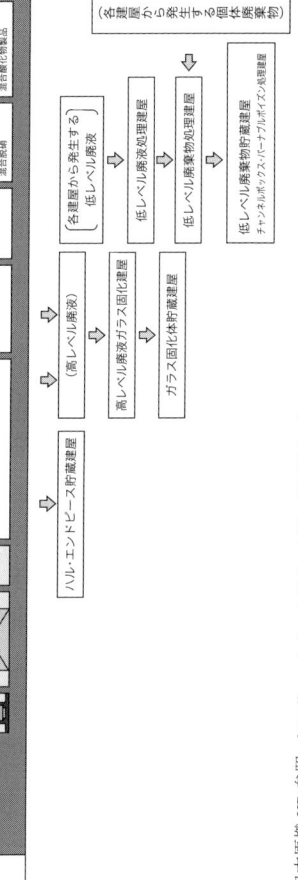

工程	①受入れ・貯蔵	②せん断・溶解・清澄	③分離	④精製	⑤脱硝	⑥製品貯蔵
建屋名称	使用済燃料受入れ・貯蔵建屋	前処理建屋	分離建屋	精製建屋	ウラン脱硝建屋 ウラン・プルトニウム混合脱硝建屋	ウラン酸化物貯蔵建屋 ウラン・プルトニウム混合酸化物貯蔵建屋
再処理の流れ	使用済燃料を受け入れて、燃料貯蔵プールで冷却・貯蔵します。また燃料をせん断設備に送り出します。	使用済燃料を細かくせん断し、燃料を硝酸で溶かし、さらに不溶解物を取り除きます。	硝酸溶液と溶媒と呼ばれる油性の溶液とを混合させ、ウラン・プルトニウム混合溶液としてウラン・プルトニウムと核分裂生成物とに分離。第二段階としてウランとプルトニウムとを分離します。	ウラン溶液、プルトニウム溶液それぞれを微量に含まれている核分裂生成物などの不純物を取り除いて純度を高めます。	精製されたウラン溶液及びウラン・プルトニウム混合溶液から硝酸を蒸発させて熱分解及び脱硝を発生させて粉末状の製品としてます。	ウラン酸化物とウラン・プルトニウム混合酸化物を専用の容器に入れて貯蔵します。

出典：日本原燃 HP 参照。http://www.jnfl.co.jp/shiken/shiken01/001.html

抽出工程を，三菱金属はウランおよびプルトニウムの精製を，日立製作所は溶解・抽出で使用した硝酸などを回収する工程を，住友化学工業は各工程の放射能除染をそれぞれ請け負った（西尾 1988: 183）。建設費が 2 兆円以上に膨らんだ六ヶ所村の再処理工場は，新規の建設が少ない日本の原子力産業にとって大きな取引となった。

現在，使用済み核燃料の再処理を電力会社に強制しているのは，原発大国フランスを除けば日本だけだ。2003 年，電力業界は将来の再処理費用の試算結果を公表した。使用済み核燃料の再処理は，もともとは「夢の高速増殖炉」の燃料となるプルトニウム生産のためだった。しかしプルトニウムが現実に必要とされたことは，ただの 1 度もない。再処理は，原発の廃棄物である使用済み核燃料の移動や貯蔵のための口実とされてきた。再処理できないと，使用済み核燃料が行き場を失い，原発の運転停止に追い込まれる事態をまねく。

2003 年，電気事業連合会から『再処理工場の操業費用等の見積もりについて』，『原子燃料サイクルバックエンド事業費の見積もりについて』と題された報告書が，経済産業省の総合資源エネルギー調査会の電気事業分科会小委員会に提出された。これらの試算は，次を条件としていた。「2009 年以降に再処理工場は定格操業し，2005 年から 2046 年までの 40 年間，再処理される使用済み核燃料 3.2 万トン。ウラン・プルトニウム混合酸化物は MOX 工場へ移送。再処理で取り出した回収ウランは 2046 年度末までの貯蔵。操業費用に，操業廃棄物（ガラス固化体，低レベル放射性廃棄物）の処理費用と処分場へ搬出をするまでの貯蔵費用を含む。MOX 燃料加工施設の操業廃棄物は，再処理工場で処理し処分までの間貯蔵する」（電気事業連合会 2003a: 7）。

以上の条件で再処理にかかる費用総額は，18 兆 9,100 億円と算出された。途方もない金額であるが，この程度ではすまないと専門家は指摘する。ここでは，2078 年までに工場などを解体処理することを想定している。再処理工場の操業費は，11 兆 600 億円と見積もられ，このなかには再処理工場そのものの解体費用も含まれる。これは再処理にかかわる全体の費用のうち 6 割と最大の支出項目だ。ほかに再処理で生じる高レベル放射性廃棄物の処分費（海外からの返還分は含まれない）の輸送費と処分費は 2 兆 7,500 億円，使用済み核燃料を

中間貯蔵する関連費用が1兆9,600億円と計算された（電気事業連合会 2003b）。

再処理工場の操業費だけで9兆500億円である。この内訳は，再処理工場の建設費2兆7,400億円，工場の運転保守の費用3兆700億円である。この計算は，償却期間を建物が38年，機械装置を11年とし，新設・増設は建設費用の20％を竣工の20年後に一括して更新するとしている。操業後の新設・増設施設は6,400億円，更新機器・装置などの更新費用は6,000億円である（電気事業連合会 2003a: 7）。

使用済み核燃料の再処理事業は，とうてい民間事業として成り立たないことは外国の事例からもいえる。商業用の再処理工場は，フランスCOGEMAのラアーグ再処理工場，イギリスBNFLのセラフィールド再処理工場がある。どちらも核保有国家の軍事用プルトニウム生産工場としての起源と役割をもち，政府の軍事用核物質需要に応じてきた。日本など外国から送られる使用済み核燃料の再処理は，莫大な操業費を補填しているにすぎない。

原発が生みだした膨大な量の放射性廃棄物を処理する責任と費用はだれが負うべきなのか。電力業界の試算では，使用済み核燃料を再処理する総費用が40年間で18兆9,100億円である。その一部は電気料金から回収することが，すでに決まっている。電力業界は，残りの費用も原発の発電量に応じて各電力会社に割り当て，さらに電気料金に上乗せする案を検討している。また電力事業の自由化で，新たに電力市場へ参入する発電事業者にも一定の負担を強制して再処理費用の基金とする構想もある。

4　放射性廃棄物の最終処分

再処理工場で，使用済み核燃料1トンを処理すると約1 m^3 の濃縮廃液，すなわち高レベル放射性廃液が発生する。六ヶ所村の工場が計画どおりに年間800トンの使用済み核燃料を再処理すると，800 m^3 の高レベル廃液が発生することになる。この廃液は，高温でホウケイ酸ガラス（ホウ酸を混ぜて熔融し軟化する温度や硬度を高めたガラス。耐熱ガラス，硬質ガラスとして代表的）とともに溶かし込んでステンレス容器（キャニスター）に入れて冷却される。これがガラ

ス固化体である。1本のキャニスターには1 m³ の高レベル廃液が入れられガラス固化されるので，800 m³ の高レベル廃液は800本のガラス固化体の高レベル放射性廃棄物となる。計画では40年間稼働する六ヶ所再処理工場は，ガラス固化体約4万本を生み出す。

　高レベル廃液をガラス固化体に封じ込める技術は，まだ確立されていない。高熱をだし続ける非常に強い放射能のガラス固化体を，ステンレス容器に数千年間閉じ込めると国や電力会社はいうが，その科学的根拠は専門家から批判されており，数千年とか数万年におよぶ実証実験などもちろん不可能だ。

　六ヶ所核燃料サイクル基地に貯蔵される高レベル放射性廃棄物は，国内で発生したものだけではなく，外国から返還されるものも引き受ける。日本の電力業界は長い期間，再処理をイギリスの BNFL とフランスの COGEMA に委託してきた。日本から輸送された使用済み核燃料は，イギリスのセラフィールドにあるソープ工場とフランスのラアーグの UP-3 工場で再処理がおこなわれ，ガラス固化体となった高レベル放射性廃棄物は，日本に返還される。その総量は約7,000トンにのぼる。六ヶ所村の貯蔵センターが，はじめてこれを受け入れたのは1996年で，フランスからだった。2010年には，イギリスからも搬入が開始された。

　六ヶ所核燃料サイクル基地は，高レベル放射性廃棄物を一時貯蔵する。しかし一時貯蔵といっても，それぞれの搬入時を起点として30〜50年もの長い期間である。搬入は長期間かけておこなわれるから，六ヶ所核燃料サイクル基地には半永久的にとどまり続ける。したがって一時貯蔵は詭弁だと考える人も多い。なによりもその後の最終処分地がいまだに決まっていない。

　高レベル放射性廃棄物の最終処分場さがしは，「特定放射性廃棄物の最終処分に関する法律」（最終処分法）にもとづき，特殊法人の原子力発電環境整備機構（NUMO）が2002年からはじめている。原子力発電環境整備機構は，英文名 Nuclear Waste Management Organization of Japan の頭文字をとって，NUMO（ニューモ）との呼び名もある。しかしその事業内容は，愛らしい組織名称とはかけ離れている。経済産業省の所管する原子力発電環境整備機構は，高レベル放射性廃棄物などの最終処分地を選定し最終処分事業をおこなう。最終処分とは

地層処分を意味するが、放射性廃棄物を埋め捨てることだ。「特定放射性廃棄物の最終処分に関する法律」第56条は原子力発電環境整備機構の業務を定めているが、その第1項の「ニ」にこうある。「最終処分を終了した後の当該最終処分施設の閉鎖及び閉鎖後の当該最終処分施設が所在した区域の管理を行うこと」。

しかし、人類から数万年隔離し管理しなくてはならない高レベル放射性廃棄物を、その途方もない期間、人間や自然災害その他から守りきれるものではない。

高レベル放射性廃棄物の最終処分場は、国が地質など自然条件を精査して適地を候補地に選ぶのではない。最初に最終処分場を受け入れた自治体に巨額の交付金をあたえることを宣言し、立候補を待つという公募方式である。これに関心をもつのは、とりわけ財務状況の厳しい地方の過疎や高齢化のすすむ自治体である。

使用済み核燃料の処分方法が決まらないまま、日本ではこれまで54基の商用原発が運転され、その廃棄物は1万6,300トンという膨大な量になる。日本の原子力政策は使用済み核燃料を全量再処理し、プルトニウムとウランを抽出する核燃料サイクルに固執し続け、将来にわたり膨大な量の高レベル放射性廃棄物をつくりだす。国内の再処理工場で順調に稼働するなら、中間貯蔵施設はいらない。しかし六ヶ所に続く第2の商業再処理施設が建設されないばかりか、六ヶ所再処理工場は故障続きで本格操業がいつになるのかわからない。原発に併設された使用済み核燃料プールの貯蔵は、限界に近づきつつある。これを搬出できなくては、やがて原発を停止しなくてはならない。そのため現在では、使用済み核燃料の中間貯蔵施設の建設計画を、国と電力業界がすすめているのである。

第3章 核燃料サイクル

2012年6月29日，大飯原発の再稼働を目前にして，大勢の人が首相官邸前に抗議のために集まった（撮影：野田雅也／JVJA）

第4章

政治の構造

本田 宏

1　1955年体制の成立と原子力複合体の形成

　本章は，戦後日本政治の構造が原子力の推進体制と不可分に形成されてきたこと，また日本政治の空間において，誰が原子力を推進し，反対してきたのかを明らかにする。両者の構図を段階的に見ていく前に，まず「1955年体制」の特徴を以下のように整理しておきたい。①冷戦下の米国と財界からの支持を受け，輸出主導型経済成長を追求する。②左派労組・社会主義政党を政権から排除する。③労組の一部や中小企業を企業社会に統合し，野党の基盤を崩す。④農協など地方自営層を利益誘導政策によって取り込む。⑤特定省庁と業界（さらに学界）の複合体が「国策」を決定する。

　これらの特徴は原子力をめぐる推進・反対の構図も規定してきた。

　まず①について述べたい。1945年の敗戦を経て，日本の政党政治は再出発する。GHQの意向を反映して，1947年には右派主導の社会党が，保守3勢力のうちの2党（民主党，国民協同党）と連立政権を組むなど，政党間の関係は流動的だった。しかし冷戦が激化すると，米国の対日政策の重点は政治経済体制の民主化・非軍事化から，経済力と軍事的潜在力の育成へと転換する。

　講和条約を西側諸国とのみ交わしたことや，日米安全保障条約の調印をめぐって社会党は右派と左派に分裂したが，1955年に再統一した。財界は，左派

優位の社会党の政権獲得を阻止するため，保守勢力の合同を後押しした。改進党は1954年11月，国民自由党や自由党鳩山一郎派などと日本民主党を結成する。翌年11月，日本民主党と吉田茂の自由党が合流し，自由民主党が誕生した。経済団体連合会（経団連）は企業から広く政治献金を募って自民党に届ける役割を引き受けた。米国政府もCIAを通じて自民党に資金を援助し，野党の分断を図るために民社党にも資金を提供した（斎藤 2012）。

　①の側面，日米間および政財界の提携を基盤に，⑤原子力複合体も形成された。核の軍事・民事利用両面の協力は，日米安保体制に組み込まれている（吉岡 2012: 121-129）。軍事面では，「非核三原則」を標榜しながら，一連の密約によって日本領土への核兵器持ち込みを黙認し，自衛隊には米国核戦略の機能の一部を担わせてきた。

　日本の核の民生利用は，1953年12月以降の米国の核政策（第2章参照）によって可能となった。中曾根康弘を中心とする改進党は1954年3月2日，自由党や日本自由党の賛同を得て，日本初の原子力予算案を衆議院予算委員会に提出した（4月3日に国会で成立）。旧西ドイツで研究開発費が予算の大半を占めたのと対照的に，日本では初の予算の94％が原子炉築造費にいきなり当てられ（残りはウラン資源の調査費），その額はウラン235にゴロを合わせて2億3,500万円とされた。ちょうどこの頃第五福竜丸被爆事件が起こり，日米両政府は事件が報道されて反核運動が高まる前に修正案の成立を急いだのだった。

　日本学術会議は，政府の独走に歯止めをかけるため，「原子力の研究と利用に関し公開，民主，自主の原則を要求する声明」を4月23日の総会で可決した。この「原子力三原則」はやがて原子力基本法第2条に「原子力の研究，開発及び利用は，平和の目的に限り，民主的な運営の下に，自主的にこれを行うものとし，その成果を公開し，進んで国際協力に資するものとする」という文言で取り入れられた。

　ただし当初は与党野党を問わず，原子力を推進していた。1955年12月，中曾根を委員長とする両院の「原子力合同委員会」の作業の結果，原子力基本法，原子力委員会設置法，および総理府設置法改正案（総理府内に原子力局を設置）の3法案が参議院本会議で可決成立した。さらに科学技術庁（総理府原子

力局から改組）や日本原子力研究所（原研），原子燃料公社（原燃公社）の設置法案が相次いで可決された（吉岡 1999: 77-79）。

原子力開発は，GHQ の命令で一度解散させられていた財閥が，占領終了後，再結集する契機を提供した。ドイツと異なり，日本では財閥解体の際に銀行の集中排除が行われなかったため，占領統治終了後，1950 年代前半から銀行主導で旧財閥は企業集団に再編され始める。朝鮮戦争（1950〜53 年）特需への依存から民間主体の重化学工業化への転換が課題となるなかで，石油化学工業と原子力産業を中核に，共同投資会社の設立が図られたのである（本田 2005）。

また財界の意向を反映して，成果の保障されない基礎研究を省くため，政府は早くから外国技術の導入を選択した。日米原子力研究協定に基づいて米国から研究炉（JRR）を導入する受け皿として設立された原研は，さらに米国から沸騰水型軽水炉（BWR），すなわち JPDR を購入し，1963 年 10 月，原子力発電に成功した。また原子力委員会は 1957 年，正力松太郎委員長の主導で，GCR（黒鉛減速・炭酸ガス冷却炉）を英国から導入することを決定した（第 2 章参照）。これは初の商業用原子炉，東海原発となる。その事業主体をめぐって論争が起きたが，通産省系の準国営電力会社・電源開発株式会社が 2 割，電力業界などが 8 割を出資し，日本原子力発電（日本原電）を設立することで決着した。

1960 年代になると電力業界が米国型軽水炉の発注に乗り出す。反公害・反原発運動という共通の敵の出現や石油危機を機に，電力業界と通産省の関係はより密接になった。特に総括原価方式に基づく電気料金制度が確立し，莫大な設備投資を経費として消費者に負担させることが可能になった。加圧水型軽水炉（PWR）に統一したフランスや，KWU に原子炉製造の独占を認めた西ドイツとは異なり，日本では BWR・PWR の 2 つの技術系統と主要 3 グループ（新型炉なども含めると 5 グループ）の並立が保障された。

電力会社が安価な海外ウランの開発や輸入に乗り出すと，原燃公社は廃止され，原研も労使紛争をきっかけに研究開発の権限が縮小された。代わりに 1967 年，新型炉や核燃料・核廃棄物に関する研究開発を担当する特殊法人として，動力炉・核燃料開発事業団（動燃）が設立された。

表 4–1 1990 年代末時点の原子力産業グループ

グループ	幹事会社	主要企業	燃料加工企業	商社	主要技術提携先	主要取引先電力
三菱	三菱重工	三菱電機	三菱原子燃料（MNF）	三菱商事	WH（ウェスチングハウス）アレヴァ（2006年以降）	関西・九州・四国・北海道
東京原子力	日立製作所	バブコック日立	日本ニュクリア・フュエル（JNF）	丸紅	GE（ゼネラルエレクトリック）	東京・東北・中部・北陸・中国
日本原子力	東芝	石川島播磨重工		三井物産	GE WH（2006年以降）	
第一原子力	富士電機	川崎重工 古河電気工業	原子燃料工業	日商岩井 伊藤忠商事	ジーメンス GA（ゼネラルアトミック）	
住友	住友原子力工業	住友金属工業 住友重機械 住友電気工業	日本核燃料コンバージョン（JCO）	住友商事		

出典：本田（2005）に加筆。

　こうして産官（学）の原子力複合体（前述の⑤）が形成された。そこには以下のような利害調整のパターンが見られる。(a) 利潤が期待される事業分野（商業用軽水炉）では民間企業が優越し，国は制度整備や財政的補助によって採算を保障する。(b) 原発事業にかかる莫大な費用は電気料金への転嫁や税金により消費者に負担させる。(c) 政府は核燃料サイクル確立を目指し，国策を追求するが（新型炉の開発，ウラン濃縮工場や再処理工場の建設，プルサーマル＝軽水炉でのプルトニウム燃料の消費），(b)に基づく費用負担が保障される限りで産業界は国策に協力する，というものだった（本田 2005）。

2　反原発の住民運動の登場と自民党の利益誘導政治

　上記④の利益誘導政治は，高度経済成長の過程で地域間の経済格差や農漁業の衰退が起きた結果，台頭してきた。同時にそれは原発のような大規模開発事業に反対する住民運動への政府の対応としての側面も持っていた。
　工業立地から取り残された地域では，道府県知事が原発を誘致し，町村の陳情活動も行われた。現在稼働中または建設中の原発のほとんどが1960年代末までに計画されたものである。特に福島県と福井県には東京電力と関西電力が次々と建設した。
　最初の住民運動は1957年に関西研究原子炉計画をめぐって発生した。1964

図4-1　日本の原子力発電所

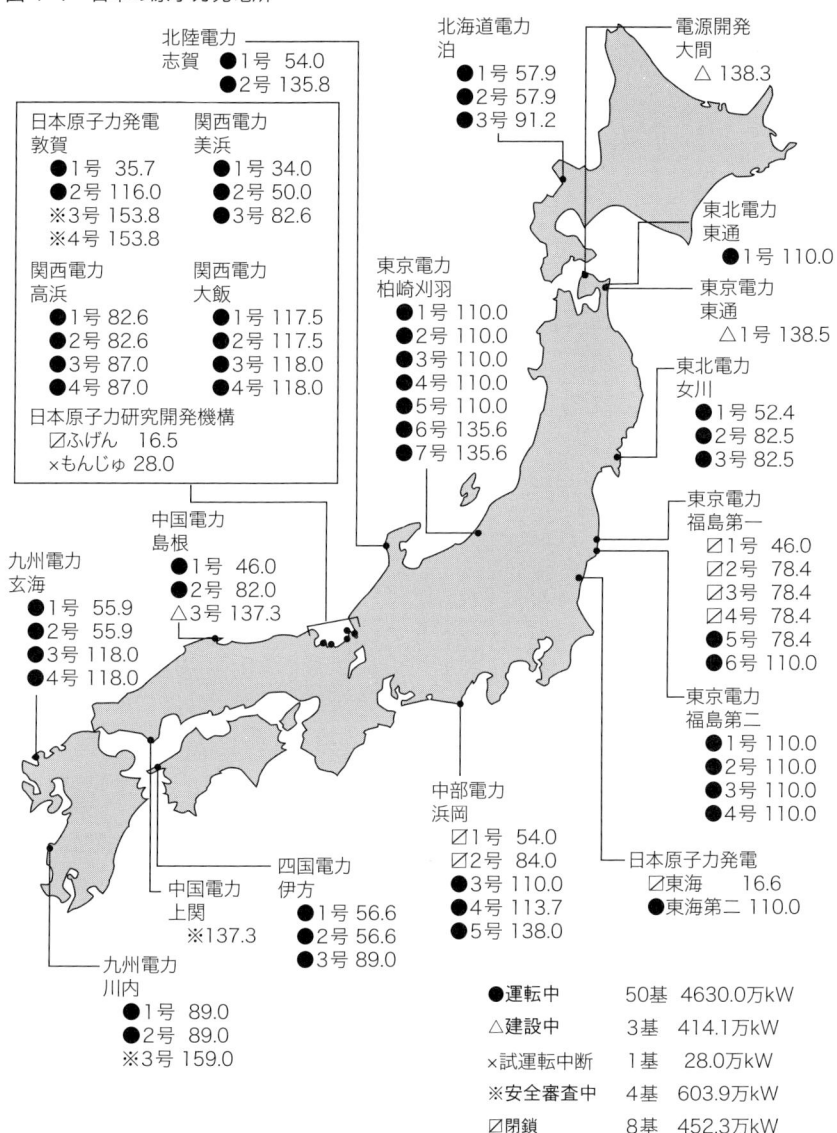

北陸電力
志賀　●1号　54.0
　　　●2号　135.8

北海道電力
泊　●1号　57.9
　　●2号　57.9
　　●3号　91.2

電源開発
大間　△　138.3

日本原子力発電
敦賀
●1号　35.7
●2号　116.0
※3号　153.8
※4号　153.8

関西電力
美浜
●1号　34.0
●2号　50.0
●3号　82.6

東北電力
東通　●1号　110.0

東京電力
東通　△1号　138.5

関西電力
高浜
●1号　82.6
●2号　82.6
●3号　87.0
●4号　87.0

関西電力
大飯
●1号　117.5
●2号　117.5
●3号　118.0
●4号　118.0

東京電力
柏崎刈羽
●1号　110.0
●2号　110.0
●3号　110.0
●4号　110.0
●5号　110.0
●6号　135.6
●7号　135.6

東北電力
女川
●1号　52.4
●2号　82.5
●3号　82.5

日本原子力研究開発機構
☒ふげん　16.5
×もんじゅ　28.0

東京電力
福島第一
☒1号　46.0
☒2号　78.4
☒3号　78.4
☒4号　78.4
☒5号　78.4
●6号　110.0

中国電力
島根
●1号　46.0
●2号　82.0
△3号　137.3

九州電力
玄海
●1号　55.9
●2号　55.9
●3号　118.0
●4号　118.0

東京電力
福島第二
●1号　110.0
●2号　110.0
●3号　110.0
●4号　110.0

中国電力
上関
※137.3

四国電力
伊方
●1号　56.6
●2号　56.6
●3号　89.0

中部電力
浜岡
☒1号　54.0
☒2号　84.0
●3号　110.0
●4号　113.7
●5号　138.0

日本原子力発電
☒東海　16.6
●東海第二　110.0

九州電力
川内
●1号　89.0
●2号　89.0
※3号　159.0

●運転中　　　50基　4630.0万kW
△建設中　　　3基　　414.1万kW
×試運転中断　1基　　 28.0万kW
※安全審査中　4基　　603.9万kW
☒閉鎖　　　　8基　　452.3万kW

出典：原子力資料情報室HPより。2012年6月現在。

第4章　政治の構造　　75

年には中部電力が三重県南島町と紀勢町にまたがる地区に予定した芦浜原発計画をめぐって漁協や住民の反対運動が表面化し，1966年には国会議員の視察船を実力で阻止しようとした漁民から数十名の逮捕者を出す事態に発展する。この「長島事件」により，政府は地域闘争に国が直接介入すると逆効果になりかねないと認識した。漁協を中心とする運動は，1974年に放射能漏れを起こす原子力船むつの出港・帰港反対闘争で頂点を迎える。革新勢力も加わって，佐世保母港化に反対する1万人デモが1975年と1978年に行われる。こうした状況に対する原子力複合体の回答が，地元への利益誘導の制度化だった。

　それまで電力会社は協力金名目の寄付を不定期に地元に供与していた。しかしこれでは不十分とみて，柏崎刈羽原発の予定地を選挙区とする田中角栄（通産相，後に首相）が新しい法律の制定を主導した。これが1974年の電源三法である。これは電気料金として消費者から吸い上げた電源開発促進税を原資に電源開発特別会計を構成し，そこから立地町村に交付金を投入する制度である。事故のリスクを地元が負い，発電による便益を大都市や工業地域が享受することへの不満を抑えるものではあるが，不平等な構造を解消する制度ではない。また交付金はハコモノ施設の建設用に供与されるので，土建業を生業とする地元有力者の支持を確保するのに役立った。

　この仕組みを中央集権的な官僚制も利用して原子力政策を実施してきた。確かに原発立地の許認可権限は中央政府に集中しており，個別の原発建設計画が政府の電源開発調整審議会（電調審）の承認を受ける必要がある。しかし同時に，原発立地には地元の協力が必要となる。電調審の承認を受けるため，電力会社は（a）漁業権放棄をめぐる漁協との補償交渉，（b）土地買収をめぐる地権者との交渉の完了とともに（c）都道府県知事の同意の確保を求められる。地元は保守政権下で保護されてきた土地所有権や漁業権を切り札にしてきた。

3　保革対立下の原水爆禁止運動と反原発運動

　反原発運動は，1955年体制の②の特徴との関わりで，政権から排除された左翼政党・労組に支援されてきた。自民党に代表される保守勢力は占領下で

「押しつけられた」憲法をはじめとする戦後改革を否定し，戦前回帰を目指すとともに，米国との反共軍事同盟の維持強化を図った。また社会党・総評（日本労働組合総評議会），および共産党に代表される革新勢力は自由民主主義的な新憲法に象徴される戦後民主化に忠実であるとともに，共産主義諸国との和解を志向した。革新勢力の正統性は，より幅広い社会層を巻き込んだ戦後の民主化・平和運動によって高まった。その頂点は，1960年の日米安保条約改定反対闘争である。戦争の記憶がまだ新しく，軍国主義への逆戻りと，米ソ間の戦争に巻き込まれることを懸念する国民感情が，数百万の市民や学生，労組を動員する「国民運動」を生み出した。

　自民党は，岸信介首相の退陣後，改憲路線を棚上げし，経済成長中心主義へ転換した。一方，革新勢力は，経済闘争における労働側の敗北と，占領軍に課された公務員の争議権への制限ゆえに，一層政治闘争に傾斜し，護憲・平和運動を支えた。こうした自民党政権と革新勢力との緊張関係は，国家権力の暴走に一定の歯止めをかけた。

　その間，1954年3月の第五福竜丸被爆事件を契機に米軍の水爆実験による放射能汚染が大きな問題となり，原水爆禁止運動が台頭した。3,000万人の署名を集めた「国民運動」には婦人会や青年団，町内会など伝統的な団体や自治体も関与した。しかし各政党ブロックの争いに巻き込まれ，運動は分裂していった。まず1961年，全日本労働組合会議（同盟の前身）と民主社会党（民社党，1960年に社会党から分裂）が核兵器禁止平和建設国民会議（核禁会議）を，また社会党や総評なども1965年，原水爆禁止日本国民会議（原水禁）を結成した。その結果，原水爆禁止日本協議会（原水協，1955年結成）には共産党系のみが残った。このなかで，社会党・総評系の原水禁のみが明確に原子力反対の立場をとるようになる。ベトナム戦争が激化するなか，米軍の原子力艦船が日本の港湾を使用しており，港湾から放射能が検出されたのがきっかけだった。原水禁は，軽水炉が元々原子力潜水艦の動力として開発されたことにも注目した。原水禁は，公害反対運動と反戦・反基地運動との接点という枠組みで反原発運動を理解することができ，そこに大衆運動の可能性を見たのである（本田 2005）。

　社会党は1972年，運動方針に反原発闘争を採用し，総評とともに住民運動

を組織的に支援した。また原子力船むつの事件や，石油危機を理由にした電気料金値上げを契機に，大都市でも反原発の市民運動が，消費者や反公害の運動，科学者や弁護士，原水禁の連携から形成された。原水禁の後押しで1975年に「原子力資料情報室」が発足したほか，共産党系の日本科学者会議も原子力開発のあり方を批判した。さらに護憲派の弁護士が支えた裁判闘争は，司法消極主義の裁判所に阻まれたとはいえ，原発批判論の確立に寄与した。

　1970年代の「保革伯仲」も運動に追い風となった。大都市では革新自治体が台頭し，中央では田中角栄がロッキード事件で逮捕され，自民党政治は本格的な危機にあった。こうしたなか，原子力船むつの放射能漏れ事故を批判され，政府は行政懇談会の答申に基づく原子力行政改革を行った。しかし新設の原子力安全委員会は許認可権限を与えられず，原子力の推進と安全規制の部門も分離されなかった。科技庁の権限は，研究開発段階の原子力施設に縮小され，通産省が商業炉に対する権限を獲得しただけに終わった。また原子炉の新増設に際して，電調審の前後に2回の公開ヒアリングが通産省と原子力安全委員会の主催で開かれることになったが，これも立地を前提にした儀式にすぎなかった。電力業界の意向を受けた通産省は，環境庁が推進した環境アセスメント法案の国会審議を阻止した。

　革新勢力が住民運動を支援しても，保守の強い多くの地域では立地を止めることはできなかった。ただし北海道のように官公労が例外的に強力な基盤を持っていた地域では，一定の成果を上げることもあった。たとえば1980年代に社会党の横路孝弘北海道知事は，幌延町への高レベル核廃棄物貯蔵工学センター建設を拒否した。1989年には泊原発運転開始に関する道民投票条例の制定を求めて90万人の署名が集まり，以来，自治労を中心とする旧総評系労組や社会党（後に大半が民主党北海道に転換），生活クラブ生協に連携関係が生まれた。こうした流れのなかで，市民から寄付金や出資金を募って風力発電所建設を目指す運動も生まれ，2001年に日本初の「市民風車」を実現させた。

　中央では野党間にも原子力をめぐる対立があり，政権交代によって脱原発政策が実現する見込みはなかった。1986年4月のチェルノブイリ原発事故による放射能汚染の程度はヨーロッパに比べて小さく，世論の反応は当初は鈍かっ

た。しかし翌年輸入食品の汚染が発覚し，高木仁三郎や広瀬隆をはじめとする反原発の論客が全国で講演活動を重ねると，都市の高学歴の主婦層が生活クラブ生協などを通じて反原発運動に参加するようになった。また社会党は1986年夏，土井たか子を初の女性党首に選び，原発批判の姿勢を明確にした。土井委員長のもと1989年の参議院選挙では自民党の過半数割れをもたらした。共産党も原子力批判を強め，公明党は慎重姿勢に転じた。

1988年1・2月には，原発の設備過剰を解消する可能性を探ろうと，四国電力が伊方原発の出力調整試験を試みたのに対し，燃料破損や暴走事故を危惧して全国から数千人の市民が高松市の四国電力本社前に集まり，抗議行動を繰り広げた。4月の東京での反原発全国集会には2万人が参加した。市民による放射能の測定や監視を行う自助型の運動も登場した。ロック・グループのRCサクセションは反核・反原発ソングの入ったアルバムの発売を東芝EMIから拒否され，別のレーベルで発売して人気を博した。

反原発運動が都市の主婦層や若年世代に広がったのを受け，原発推進派は世論対策を本格化させる。広報予算は大幅に増額された。電力業界は，マスメディアに多額の広告費を投入した。通産省や科技庁，電力業界は，記者クラブや論説・解説委員を対象に懇談会を頻繁に開催し，接待旅行も企画した。それでも電調審が承認する新規原発計画の件数は，1989年から1993年までゼロとなる。その後8年間でも9基にとどまり，このうちの1基（1999年に承認された大間）は運転開始に漕ぎ着けるか不透明である。また2基（2001年承認の上関1・2号）は2000年代における反原発運動の象徴となり，着工できずにいる。対照的に，1969年からの4年間に17基，1978年だけで6基，1985年からの4年間で9基が承認されていた。また1981年に承認された巻原発を除き，1997年までに承認された原発計画はすべて運転開始に漕ぎ着けていた。

しかし1980年代の労働界再編に伴う公務員労組の縮小，冷戦崩壊に伴うマルクス主義の威信低下，自衛隊の対米軍事協力の拡大，政界再編，新自由主義の台頭，教員や公務員を攻撃する言説の浸透，戦争の記憶の風化といった要因により，革新勢力のイデオロギー的・組織的資源は低下していく。1994年夏に社会党は，自民・社会・さきがけ連立政権への参加に伴い，原発容認を決め

図 4-2 電源開発調整審議会が承認した原発計画の件数の推移

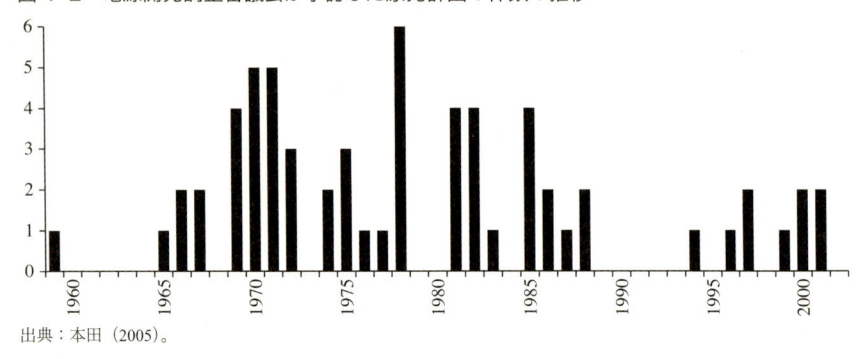

出典：本田 (2005)。

る。その後，社会党が民主党と社会民主党に分裂し，小政党となった後者は脱原発路線を強めたものの，党勢を回復できなかった[1]。

4 労働組合と原子力問題

1955年体制の特徴③との関わりで，労働運動の分裂にも触れたい。敗戦直後の労働運動においては，一部で産業別組合も結成された。典型例は戦時中に日発（日本発送電株式会社）と配電会社9社に統合された電力業界である。1947年には電産（日本電気産業労働組合）が発足した。しかし冷戦の激化を背景に，占領当局は，共産党員の排除を進めるとともに，反共産主義の労働団体として総評の結成を後押しする（1950年）。ところが総評自体はその後，左傾化する。そこで経営者側は労使紛争での巻き返しを図り，企業別第二組合の結成を支援した。電産から乗り換えた大半の組合員は第二組合を結成し，1954年，それらの連合体として全国電力労働組合連合会（電労連）が結成された。現在の全国電力関連産業労働組合総連合（電力総連）である。発送配電の地域分割と独立採算制に基づく9電力体制への再編成も，労働条件や利潤における地域別・企業別不均衡を明確化させ，産業別組合の基盤を揺るがした（斎藤 2012: 189）。

さらに1960年の三井三池炭鉱争議を頂点に，「労資」間の闘いは労働者側の敗北に終わり，中央労働団体も分裂する。①電労連をはじめとする労使協調主

義労組は 1964 年，全日本労働総同盟（同盟）を結成し，1960 年に社会党から分裂した民主社会党（民社党）を組織的に支援した。②総評には民間企業の労組の一部が残ったものの，主力は日本官公庁労働組合協議会（官公労）になる。総評は党員基盤の弱い社会党に強い影響力を及ぼした。③独自の労働団体を失った共産党系は，総評内部に少数派として残留した。さらに第一次石油危機後，財界は，賃上げ抑制や人員整理に協力した企業別労組を称賛した。こうして大企業労使連合が形成されていく。民間大企業の労組は，1976 年 10 月には総評・同盟を横断する形で政策推進労組会議を結成し，労働界再編を主導していく。

これに対し，官公労の主力であった公労協（国鉄労組など）は 1975 年 11 月，米軍統治下の政令で奪われた公共企業体労働者の争議権の奪回を目標としてストに踏み切るが，世論の非難を浴びる。

1979 年からは革新自治体の凋落が始まる。また 1980 年衆参同日選挙では自民党が大勝する。第二次石油危機後の緊縮財政下で鈴木善幸内閣が設置した第二臨時行政調査会は，新自由主義的な行政改革を打ち出す。その後の中曾根康弘内閣は，総評の弱体化も狙いとして，国鉄を含む 3 公社の民営化と公務部門全体の削減を推進した。

政界では，共産党も含む全野党の共闘を主張する社会党左派の影響力が 1980 年以降弱まり，公明党をはさんだ民社党との連携を主張する社会党右派が存在感を強める。社会党はマルクス主義的な路線に代わり，1986 年に社会民主主義的な現実路線を打ち出すが，党内右派はさらに，党の反原発政策を覆そうとし，党内左派と対立を続けた。

労働界では 1989 年に発足する「連合」（日本労働組合総連合会）への合流や，国鉄の分割民営化をめぐり，日教組や自治労，および国鉄の組合が分裂した。共産党系少数派は 1989 年，全国労働組合総連合（全労連）を結成した。

労働界は原子力をめぐっても対立した。電労連は 1970 年代半ば以降，経営側の原発推進路線を無条件に支持し，急増する被曝労働の下請け化を容認する。電機労連（中立労連系）や電力労連（同盟系）は，造船重機労連（同盟系）とともに 1974 年 12 月，原子力推進団体として三労連原子力問題研究会議を結成

した。電力労働者の絶対的少数派は，1960年代末に全日本電力労働組合協議会（全電力）を結成し，総評に加盟する。主力の中国電産は1978年，山口県豊北町への原発建設計画に反対して，日本初の反原発ストを打った（1996年に全電力は電力総連に吸収される）。原子炉の新増設に際して導入された公開ヒアリングが1980年から全国の原発計画で順次開始されると，総評は阻止闘争に動員をかけた（1万人が参加した1982年7月の「もんじゅ」ヒアリング反対デモなど）。総評内の共産党系少数派として，原研労組は，原子力技術を原理的に肯定しつつも職場への監視や日本の対米依存型原子力政策を批判した。原発下請け労働者は1981年に初めて労組を結成したが，末端に位置する下請け労働者の立場は弱く，組織化は広がらなかった（本田 2012)[2]。

　連合は政界再編にも介入した。参議院選挙に組織候補を立候補させたほか，山岸章会長は自民党から分裂して新生党を結成した小沢一郎に接近し，野党結集を後押しした。電機労連（電機連合）や電力総連は，1990年代には社会党，2000年代には民主党の候補者に対し，野党結集や原子力への支持を選挙支援の条件にする。この「選別推薦」は，社会党左派の弱体化を加速した。

5　新しい対立の構図

(1)　財界主導の政治改革から政権交代へ

　1980年代以降，財界は，利益誘導政治における財政的負担や相次ぐ汚職事件に，自民党長期政権への懸念を深めた。日米貿易摩擦とバブル経済崩壊を踏まえ，輸出主導型経済を続けるため，日本の農産物市場の開放や都市の中小自営層への利益供与（大規模小売店舗法など）の廃止を求めるようになる。財界はまた，冷戦終結後に米国が強力に推進する新自由主義のもと，企業の多国籍化を進め，日本も政治経済システムを再編するよう求めた。

　財界はまず農村部を過剰に代表してきた中選挙区制の変更と，新たな保守政党の結成を後押しする。東電社長から経団連会長に就任した平岩外四は，自民党に対する政治献金を1994年から廃止する。平岩はまた，非自民・非共産の8党派連立政権を支持し，細川護煕首相に新自由主義的な規制緩和を提言した

（斎藤 2012: 213, 238）。1994年に細川政権下で導入された小選挙区比例代表並立制は，小選挙区の比重が高く，比例代表も11の地方ブロックに細かく分けられたため，中小政党の淘汰を促した[3]）。

　1994年には小沢一郎の新生党や細川護熙の日本新党，公明党，および民社党などを糾合して新進党が結成されるが，伸び悩み，1997年には解党する。これに代わって，社会党右派や新党さきがけ（1993年に自民党から分裂）を中心に1996年に民主党が結成され，1998年には新進党の議員などを吸収した。その過程で旧社会党系や官公労出身の議員の影響力が低下する一方，松下政経塾（1979年設立）の卒業生が，さきがけや日本新党などを経由して流入し，旧民社党・同盟系の大企業民間労組出身者とともに影響力を高め，民主党内の原子力推進派を形成した。

　また1996年に発足した自民党の橋本龍太郎を首相とする内閣は，経団連の後押しを受け，規制緩和や企業負担軽減，「小さな政府」を志向する「六大改革」を打ち出した。特に中央省庁再編と内閣・首相の指導力強化，経済財政諮問会議の設置は，その後の政権で実施に移されていった。

　橋本内閣に続く小渕・森政権から自民党は公明党と連立を組むが，不況対策としての公共事業の予算拡大によって財政の急激な悪化を招いた。その後，小泉純一郎の人気によって自民党は党勢を復活させた。小泉政権は医療サービスや地方への補助金の削減，各種規制緩和など，新自由主義改革を推し進め，特に郵政民営化によって橋本派（旧田中派）の基盤である全国特定郵便局長会（地方中間階級）を切り捨て，大都市の浮動票に重点を移し，公明党との連携で都市中間階級の支持を補完する戦略に舵を切った。ただしこの戦略は自民党政権の基盤を掘り崩し，2007年参院選と2009年衆院選で自民党は敗北した。

　民主党の政権獲得に貢献したのは，2003年に民主党に合流した小沢一郎の自由党である。2007年に民主党代表となった小沢は，地方自営層（特定郵便局長，医師会，農協）に支持層を広げ，小選挙区や2人区での議席を増やした。2009年衆院選で勝利した民主党はさらに社民党や国民新党（郵政民営化反対のため自民党を離党）と連立を組んだ。民主党政権は，自民党長期政権下で硬直化していた省庁の予算配分の見直しや公共事業の縮小，社会保障の拡充，外

交密約文書の公開，沖縄米軍基地の縮小を試みた。しかし小沢の政治資金問題への検察の介入や，民主党の政策に対する財界からの批判，批判的な報道によって，党内の亀裂も深まる。党内抗争の過程で，原発の輸出や法人税減税・消費増税，および環太平洋パートナーシップ協定 (TPP) 推進など，財界寄りの主張をする勢力が，主導権を握る。

(2) 事故・不祥事の頻発と地方からの問い直し

その間，相次ぐ事故や不祥事を機に，原発立地地域から原子力政策の問い直しが始まっていた。1995年12月，高速増殖炉もんじゅが冷却材ナトリウムの漏出・火災事故を起こした際，事業者の動燃による情報隠蔽が発覚し，世論の批判を浴びる。原発が集中する福島・新潟・福井の3県知事は翌月，原子力政策の再検討と国民各界各層との対話を通じた合意形成を政府に提言する。8月，新潟県巻町で，東北電力の原発建設計画をめぐる住民投票が実施され，原発反対が多数となり，最終的に原発計画は頓挫する。

1997年3月には，東海村の再処理工場で火災と爆発が起き，動燃の情報隠蔽が再び明るみに出る。1999年9月には核燃料加工会社JCOで臨界事故が起き，作業員2名が死亡し，住民など数百人が被曝した。同じ頃，英国核燃料会社による日本向けプルトニウム・ウラン混合 (MOX) 燃料の検査データ捏造も発覚する。2001年5月には刈羽村で柏崎刈羽原発でのプルサーマル実施に関する住民投票が行われ，反対票が多数を占めた。

逆に三重県海山町では，地元の推進派が住民投票条例を使って原発誘致に乗り出した。2001年11月，住民投票が実施されたが，直前に中部電力の浜岡原発で配管破断事故が起きたことが影響し，反対が多数となった。

2002年8月には，各地の原発でのトラブル隠蔽が明るみに出て，東電と中部電力では原発の全号機が再点検のため停止される。福島県や新潟県の知事はプルサーマル受け入れを撤回し，特に佐藤栄佐久福島県知事は国の原発政策を独自に再検討する委員会を設置した。また電力市場の自由化を求める声が自民党内からも出始めた。超党派の自然エネルギー促進法議員連盟も結成された。さらに2003年1月，名古屋高裁金沢支部が「もんじゅ」に関して，設置許可

を日本の原発訴訟史上初めて取り消す判決を下した。2003年11月に電気事業連合会が，2004年10月に原子力委員会の新長期計画策定会議が，使用済み核燃料の再処理に莫大な費用がかかり，直接最終処分の方が安いことを認めた。

　また，橋本政権期には，円卓会議の設置や情報公開の拡大，環境アセスメント法制化などの対応が打ち出された。しかし政策決定過程に反映されたわけではなく，自民党が復調すると，従来の原子力政策への回帰が始まった。東海再処理工場の火災の後も，推進派は動燃を核燃料サイクル開発機構に再編して収拾した。また省に昇格する環境庁に放射能の監視・測定の権限が与えられたものの，文部科学省に統合される科技庁の許認可権限の大半は，通産省を強力にした経済産業省に移管され，その下に安全規制を担当する原子力安全・保安院が設置された。原子力行政における「推進」と「安全規制」を担う組織はここでも分離されなかった。2000年12月には利益誘導を拡大する「原子力発電施設等立地地域の振興に関する特別措置法」（原発特措法）が国会で可決された。原子力委員会も結局2004年11月，再処理の継続を決めた。もんじゅ判決も2005年5月，最高裁に覆された（第3章参照）。

　推進派の巻き返しをよそに事故や不祥事は続いた。2004年8月，関西電力美浜原発3号機で配管が破断し，噴出した高温蒸気を浴びて作業員5人が死亡した。阪神淡路大震災以来，原発の耐震性に疑問が広がり，2006年3月，金沢地裁が志賀原発2号機の運転中止を命ずる判決を出した（2009年に上級審に覆される）。2007年3月，8年前に定期検査のため止まっていた志賀原発1号機で核反応を抑える制御棒が抜け落ちて臨界状態になり緊急停止したが，北陸電力は国に報告していなかったことが明るみに出た。2007年7月には中越沖地震が発生し，柏崎刈羽原発で火災や放射能漏れが発生した。大都市に近く，東海地震の震源域にあると見られた中部電力の浜岡原発の停止を求める訴訟も注目を集めた。

　2006年には，音楽家の坂本龍一が，六ヶ所村の再処理工場の危険性をインターネットや音楽，アートで世界に訴える「ストップ・ロッカショ」キャンペーンを始めた。また映画監督の鎌仲ひとみは，2003年と2006年の映画で劣化ウラン弾や再処理工場による汚染，内部被曝の問題を取り上げた。2010年に

は鎌仲の映画と纐纈(はなぶさ)あやの映画が上関原発反対運動を取り上げた。

(3) 福島第一原発事故後

　原発事故から1カ月後の2011年4月頃から，全国各地で反原発デモが目につくようになった。大江健三郎らが呼びかけた「さようなら原発1000万人アクション」では，大規模なデモや集会（東京では主催者発表で2011年9月に6万人，2012年2月に1万2,000人，2012年7月に17万人，2013年10月に4万人），署名活動（2012年4月までに660万人）が行われた。また事故以来停止中の原発に加え，定期点検によって他のすべての原発も停止した2012年5月から，原発の再稼働に反対するデモが特に首相官邸前で拡大し，6月末から7月にかけ，主催者発表で20万人に達した。

　原発事故で政治的打撃を被ったのは民主党である。民主党は2009年の総選挙では自然エネルギー電力の全量買取り制度を謳っていたが，原発推進派の主導で原発輸出を成長戦略に位置づけた。過去の原子力政策は自民党政権が策定したものとはいえ，事故の責任は民主党政権が負わねばならなかった。東電や経済産業省に不信感を強めた菅直人首相は，2012年5月に浜岡原発4・5号機の停止を中部電力に要請し，8月には自然エネルギー電力固定価格買取り制度を実現させた。しかし菅の後任の野田佳彦首相の下では，民主党内で原発をめぐるせめぎ合いが起きた。発電コストの再検討が行われた一方で，ベトナムやヨルダンとの原子力協定が批准された。野田政権は，すべての原発が止まった後，関電大飯原発の再稼働を急いだため，官邸前デモの急速な拡大に直面した[4]。野田政権は，新たな手法で国民の合意形成を図ったが（第6章参照），原発廃止を求める多数の意見に直面し，2030年代に原発を廃止すると発表せざるをえなくなった。

　また民主党はかねてから諮問機関にすぎない原子力安全委員会の代わりに，通産省や科学技術庁の規制部門を一元化した規制機関の設置を提案していた（本田 2012）。2012年6月に成立した法律（民主党案と自民・公明案を合わせた共同提案）により，環境省の外局として原子力規制委員会が発足し，原子力安全委員会や原子力安全・保安院の事務のほか，文科省の所掌する原子力安全

の規制なども一元化したほか，事務局として原子力規制庁が設置された。

　2012年12月の総選挙では，史上初めて原発問題が各党の公約に取り上げられた。民主党は2030年代原発ゼロの政策を強調したが，枝野幸男経済産業相が大間原発の工事再開を容認するなど，一貫性を欠いた。脱官僚支配と市場主義を志向する「みんなの党」も脱原発へ方向転換した。環境社会学者の嘉田由紀子滋賀県知事や環境エネルギー政策研究所（ISEP）の飯田哲也は脱原発新党「未来の党」を結成する。民主党を離党していた小沢グループはこれに合流したが，民主党と同様に惨敗した。自民党は，小選挙区の効果も受け，公明党とともに政権を奪還した[5]。

　2013年7月の参院選では，地方議員を中心に結成された日本緑の党が初めて国政選挙に参加したが，議席は獲得できず，6,000万円の供託金を失った[6]。民主党は低迷を続け，共産党が若干議席数を伸ばした。参院選の直後，福島原発からの汚染水の流出が続いていることが明るみに出た。また9月，全国で稼働する原発は再びゼロになった。しかし安倍晋三首相はオリンピックの選考会で「汚染水はコントロールされている」と発言して物議を醸した。

　こうしたなか，元首相の小泉純一郎が脱原発を唱え始めた。2014年2月の東京都知事選挙には，小泉の支援を受けた細川元首相が脱原発を掲げて立候補したことで，原発をめぐる政界の構図が再び流動化した。しかし同時に，脱原発運動も分裂状態になった。貧困問題に取り組んできた弁護士，宇都宮健児を推す層と，左派色のない細川の方に支持拡大が見込めるとして「脱原発票」を集中することを求める層に二分された。しかし実際には自民党・公明党などの支持を受けた舛添要一元厚生労働相が都知事選で当選したほか，共産党と社民党の推薦を受けた宇都宮が次点となった。細川は最終的に民主党や生活の党（小沢派）の支持を受けたものの，僅差で第3位だった。

　この選挙結果の教訓は，第1に，脱原発という単一争点に絞った選挙戦があまり有効でないことである。有権者の投票行動は特定争点のみならず，政党の枠組み（国政与党，野党，連立など）への有権者の全般的支持や，政権担当能力への信頼，候補者の人物評価などを判断基準とするものである。さらに脱原発は，実現時期を問わなければ，すでに有権者の多数派に支持されているが，

合意事項は選挙の争点になりにくい。

　とはいえ第2に、これを機に原子力をめぐる構図がより明確化するかもしれない。原子力推進勢力を構成するのは、「日の丸原発」をイデオロギー的に支持する右翼勢力（安倍晋三首相や、都知事選第4位の田母神俊雄に代表される）や、原子力複合体に属する経産省や大企業労使連合（民主党や連合の一部を含む）である。これに対し、脱原発派は、被害者の生活支援や被曝問題を社会正義の観点から重視する層と、エネルギー政策の転換を実利的・市場主義的に追求する層の2つが、浮かび上がってきた。自治体も割れている[7]。

　第3に、民主党の失敗に学ぶことが必要である[8]。民主党は、自民党政権に代わることだけを一致点にして政権獲得を成し遂げたが、政策決定段階においては、支持団体や議員相互の利害・価値観の対立を調整する仕組みを持たなかった。都知事選でも、国政与党の推す候補者に勝つことだけを目標にしても、うまくいかなかった。脱原発には、複数のアプローチがあることを認めた上で、透明性のある交渉によって互いの違いを調整し、連携する道を探ることが大事である。同時に、「あの勢力とは絶対に組めない」という冷戦時代の論理を克服することも必要になってくるだろう。

注

1) 原発推進派の議員も抱える社会党の原発に対する態度に不信感を抱き、脱原発を優先課題に掲げた政党を結成する動きもあった。なかでも、店舗展開を基本的に否定する共同購入路線をとる消費者生活共同組合組織として1960年代後半に登場した生活クラブは、1979年の統一地方選挙以降、東京やその周辺の幾つかの自治体で独自の地方議員を誕生させ、1988年には「東京・生活者ネットワーク」を発足させる。その後、神奈川や千葉、埼玉、北海道など9都道県でも同様の地域政党が結成され、1990年代後半までに120人を地方議会に送り出した（賀来・丸山 1997: 147）。これらの政党は、ローテーション制（議員の任期を制限し、他の党員が議員になる機会を確保）など、初期のドイツ緑の党の実践にも影響を受けていたが、党の基盤は生活クラブ生協という一組織に限定され、また社会党・労組や後の民主党と協調関係をとってきた点で、緑の党とは異なる。

2) 連合の発足後も総評系と同盟系の亀裂は残った。原発のように意見が対立する課題は連合内では棚上げされ、そうした課題に取り組む組織として総評系は平和フォーラム、同盟系は友愛会議をつくった。連合は福島第一原発事故の直前に原発推進の姿勢

を明確にしたが，事故後，この政策を凍結している。
3) 衆議院の中選挙区制は，定数3〜5の大選挙区なのに有権者は1票しか行使できない単記式である。大政党の候補者がそれぞれ派閥の支援を受けて同一選挙区で戦うため，政策の違いよりも具体的な利益の提供を競うことになり，政治腐敗の温床と見られていた。
4) 2012年の大飯原発再稼働の「政治決断」は，首相や関係閣僚の秘密会議で行われたとされるが，その議事録は存在せず，議論の内容を公表する必要もないと当時の藤村修官房長官が記者会見で述べている（山田 2013: 170-171）。議事録の不作成・非公開という行政の旧弊は，官僚主導からの脱却を掲げた民主党政権も是正できなかった。
5) 環境問題に取り組む各地の地方議員が1993年に結成した地方議員政策研究会を母体に，1998年には「虹と緑の500人リスト運動」，2008年には「みどりの未来」が結成され，福島原発事故後の2012年，「日本緑の党」結成に至っている。
6) 自民党の総選挙公約におけるエネルギー政策は文言が曖昧だが，そのキーワードは，需給の安定，脱原発依存の経済・社会構造，再生可能エネルギーの最大限の導入，原発の安全性に関する原子力規制委員会の判断の尊重，それに基づく再稼働の是非の順次決定，電源構成のベストミックスだった（政策パンフレット「重点政策2012 日本を，取り戻す。」）。
7) 福島原発事故後の3年間で，全国の自治体（1,742）のうち455の県や市町村議会が，「脱原発」を求める意見書を採択し，国会に提出している（『朝日新聞』2014年1月19日）。都道府県別では，泊原発がある北海道が54自治体と最も多いのを別とすれば，原発の立地県に隣り合う府県で「脱原発」の意見書が多い（長野26，山形25，栃木22，高知23，福岡18，京都17，鳥取15，埼玉15）。逆に立地県は二分された（青森1，宮城12，福島11，茨城19，新潟8，石川5，福井2，静岡15，島根2，愛媛3，佐賀2，鹿児島1）。こうしたなか，注目されるのは，電源開発が青森県大間に建設しているMOX燃料のみを使う原発の工事差し止めを求めて，函館市が自治体として初めて提訴を決めたことである。
8) 労組が分断され，地方の自律性も弱い国で，二大政党制が安定する社会的基盤があるどうか，またメディアを動員した選挙キャンペーンがそれに代替できるかどうかは，疑問である。野党の育つ社会的基盤をどこに求めるかは難問である。

第 5 章

世論

堀江孝司

1 日本の原発世論

(1) 福島事故前

　デモクラシーの観点から原発を考える本書にとって，世論の役割は重要である。デモクラシーとは，世論が政治に反映される仕組みだと考えることもできる。本章は世論調査を手がかりに，原発をめぐる世論と政治について考察する。また，世論調査がもつ政治性についても考えていく。

　まず原発についての世論調査を，福島の事故以前と以後に分けて検討しよう。原発についての世論調査は福島事故後に急増するが，それ以前にも行われていた。1960年代までは調査が少なかったが，それはすべての新聞が原子力の平和利用に賛成で，軍事利用は悪，平和利用は善との考え方が，広く国民に浸透していたためと思われる（柴田・友清 1999; 井川 2013）。1970年代以降，原発に疑問の声が出始め，1979年のスリーマイル島事故や，1986年のチェルノブイリ事故の後，原発反対は増える。朝日新聞の調査では，チェルノブイリ事故直後に，初めて原発推進反対が賛成を上回った（柴田・友清 1999）。

　1990年代以降，支持は回復するが，これは地球温暖化対策としての側面が強調されたためと推測できる。原発は CO_2 を出さないと考える人は，1999年の26.2%から2009年には50.0%へと増え，同期間に原発は「安心である」

表 5-1　原発利用および将来の脱原発への賛否（朝日新聞調査）

	原子力発電を利用することに賛成ですか。反対ですか。		原子力発電を段階的に減らし、将来はやめることに賛成ですか。反対ですか。	
	賛成	反対	賛成	反対
2011 年 4 月	50	32		
5 月	43	36		
5 月	34	42		
6 月	37	42	74	14
7 月	34	46	77	12
8 月			72	17
8 月			68	20
10 月	34	48		
12 月	30	57		
2012 年 2 月			66	23
3 月			70	17
4 月			73	16
7 月			67	21
8 月	33	50		
8 月	37	52	80	12
11 月	39	50		
2013 年 1 月			75	16
2 月	37	46		

注：掲載日省略。調査が 2 回行われている月もある。

「何となく（どちらかといえば）安心である」が 25.4％→41.8％,「何となく（どちらかといえば）不安である」「不安である」が 68.3％→53.9％ と，原発のイメージは改善する。そして 2009 年には，原発を積極的にまたは慎重に「推進していく」が 59.6％,「現状を維持する」が 18.8％, 将来的にまたは早急に「廃止していく」が 16.2％ であった（総理府 1999; 内閣府 2009）。

(2)　福島事故後

次に福島事故後の世論を概観する。まず，回数が多く質問文も安定している朝日新聞調査から，シンプルな質問への回答の推移を見ていく（表 5-1）。

事故直後は原発利用への賛成が多いが，5 月に逆転しその後は賛成が 30％ 台，反対が 40％ 台後半から 50％ 台で推移している。読売新聞調査でも，2011 年 4 月にはまだ原発を「増やすべきだ」と「現状を維持すべきだ」の合計が

「減らすべきだ」より多く，5月に逆転する（読売 11.4.4, 5.16）[1]。事態の深刻さが徐々に明らかになったためであろう。他方，原発を「段階的に減らし，将来はやめること」については，11年6月から「賛成」が60％台後半から80％，「反対」が10％台から20％台前半で推移し，一貫して将来的な廃止が大差で支持されている。ただ，すぐにではなく徐々に減らすことが好まれている。選択肢が変わっても「今すぐ廃止すべきだ」11％，「時間をかけて減らすべきだ」74％，「減らす必要はない」13％（毎日 11.8.22），「今ある原発の運転と，新設も進める」6％，「数は増やさずに運転を続ける」20％，「危険性の高いものから運転を停止し，少しずつ数を減らす」60％，「できるだけ早くすべて停止する」12％（毎日 11.9.20）など，少しずつ減らすことへの支持が多い。

　ただ質問次第で，上記の傾向と矛盾した結果も現れる。たとえば，安倍晋三政権発足直後の調査で，原発への依存度を減らすことで公明党と合意したものの，原発をゼロにすることは明確にしない自民党の姿勢を，「評価する」（44％）が「評価しない」（41％）を上回った（朝日 12.12.28）。同月の調査で「すぐに」または「徐々に」やめるが84％，「使い続ける」が11％だったことと矛盾する（朝日 12.12.3）。新政権の高支持率に引きずられたのかもしれない。また，民主党政権の掲げた「2030年代原発稼働ゼロ」を見直す安倍内閣の意向を，「支持する」56％，「支持しない」37％という調査結果もある（毎日 13.2.4）。同月に原発利用「賛成」37％，「反対」46％であるから（朝日 13.2.19），これはもしかすると，いまや「拒否される政党」になった民主党政権が掲げた方針の見直しへの支持かもしれない。2年半を経て，なお脱原発が多数派という状況をみれば，福島の事故が，チェルノブイリ以上のインパクトを日本の世論に与えたのは確かであるが，質問次第では不安定な面もあるのである。

　2012年の衆院選と2013年の参院選で，「脱原発」に最も消極的な自民党が大勝したことにも一言しよう。ほとんどの党が，時期はともかく脱原発の方向を示すなか，自民党は衆院選マニフェストで，原発への態度を明確にせず，原発は勝敗を左右する争点にはならなかった。たとえば衆院選後の調査では，関心を持ったり重視したりした政策として，景気，雇用，社会保障，消費税などが上位で，原発やエネルギーは3〜6番目であった（朝日 12.12.19, 13.4.18; 明るい

表5-2 各国の福島事故前後の意識と原発依存度（％）

	3.11前		3.11後		放射能漏れ事故への懸念			自国・近隣諸国の原発は安全			原発依存度(2010年)
	賛成	反対	賛成	反対	高い	どちらともいえない	低い	肯定	どちらともいえない	否定	
日本	62	28	39	47	—	—	—	—	—	—	29.2
アメリカ	53	37	47	44	36	36	26	34	33	28	19.6
フランス	66	33	58	41	—	—	—	36	36	26	74.1
ドイツ	34	64	26	72	35	29	35	25	34	39	28.4
イタリア	28	71	24	75	59	25	15	23	23	51	—
ロシア	63	32	52	27	27	45	20	50	20	25	17.1
韓国	65	10	64	24	27	28	36	35	12	44	32.2
中国	83	16	70	30	85	17	1	97	3	0	1.8
インド	58	17	49	35	54	17	21	26	7	48	2.9

注：自国で，放射能事故が起こる心配がどのくらいあると思うかに対し，「非常に高い」＋「やや高い」を「高い」，「やや低い」＋「非常に低い」を「低い」とした。また，自国や原発を保有している近隣諸国が事故や天災に対して安全かに対し，「そう思う」＋「ややそう思う」を「肯定」，「あまりそう思わない」＋「全くそう思わない」を「否定」とした。
出典：ギャラップの意識調査は http://www.nrc.co.jp/report/110420.html，原発依存度は，World Nuclear Association, Nuclear share figures, 2010-2012（http://www.world-nuclear.org/info/Facts-and-Figures/Nuclear-generation-by-country/#.UhxsCECCiUk）。

選挙推進協会 2013）。選挙前に重視する政策を複数回答で聞くと，原発を「大いに」または「ある程度」重視する人が82％（朝日 12.8.28），75％（朝日 12.12.3）と高いが，景気・雇用や社会保障よりも原発の順位は低い。2013年の参院選でも，原発は主要争点にならず，重視する政策も同様の傾向であった（朝日 13.7.9，日経 13.7.17）。他方，運転再開に積極的な自民党の姿勢に，「賛成」33％，「反対」52％であり（朝日 13.7.24），同党の原発政策が評価されたわけではない。

(3) 福島事故の国際的インパクト

諸外国の世論について詳論する紙幅はないので，福島事故直後に行われたギャラップ・インターナショナルの47カ国調査のみを紹介するにとどめたい（表5-2では，本書の対象国を中心に，一部のみを掲載）。

震災前後で，エネルギー供給源として原子力を使用することについての意見は，表5-2のように変化した[2]。平均で賛成は57％から49％に減少し，反対は32％から43％へ増加したが，なお賛成が反対を上回っている。対象国のうち，賛成が最も大きく落ち込んだのは日本である。朝日新聞（11.5.26）の7カ国調査でも，事故後に賛成が大きく減ったのは，日本やドイツで，アメリカ，

フランス，韓国では減少は小さい。原発依存度と支持傾向との間には，一見，直接的な関係はなさそうだが，原発のある国の方がない国よりも，国民の原発に関する知識は多く支持も高いとされてきた。事故後も賛成が反対より多い，ブルガリア，チェコ，フィンランド，フランス，ラトビア，ロシアのうち，ラトビア以外には稼働中の原発がある（大磯 2011: 314-315）。だが，原発に理解があるから原発を利用することにしたのか，原発をつくったから理解が高まったかは，わからないという（OECD 2010）。

2　世論調査の科学と政治

(1)　世論調査の科学

　本節では，これまで見てきたような世論調査の結果を批判的に見直す視座を得るため，まず本項で世論調査の特性や限界について，そして次項でその政治性について考察する。

　社会調査の教科書では，世論をゆがみなく測定するための諸注意が解説される。たとえば，質問文や選択肢が，特定の回答に誘導するようなことは避けなければならない。また，「条件」次第で世論は大きく振れる（椚座・清河 2012）。同じ日に行われた調査でも，消費増税支持が朝日新聞で35％，読売新聞で64％だったことがある。朝日が増税の是非だけを聞いたのに対し，読売は財政再建や社会保障制度維持のために，消費増税が必要かを聞いたためである。またほぼ同じ時期に，財政再建路線から景気対策への政策転換の是非という，まったく同じ内容のことを聞いても，質問文に「赤字国債」や「国の借金」といった語を含むと，賛成が激減する（堀江 2012b）。

　欧米18カ国調査では，原発が地球温暖化対策として有効だと説明されると，賛成が10ポイント増え，原子力は危険だと考えていた人の19％，原発をこれ以上つくるべきでないと考えていた人の35％が意見を変えた（OECD 2010: 35-36）。

　選択肢も，結果に大きな違いをもたらす。同時期の消費増税についての調査で，朝日新聞では「賛成」43％，「反対」49％であったのに対し，日本経済新

聞では，消費税率を「引き上げるべきだ」（17%），「引き上げるべきでない」（24%）に加え，「引き上げるべきだが，時期や引き上げ幅は柔軟に考えるべきだ」という選択肢を設け3択とすると，55%がこれを選んだ。見出しは朝日が「消費増税，賛否が接近」，日経は「消費増税7割超が容認」であったが（朝日 13.8.26; 日経 13.8.26），印象はまったく違うであろう。「減税＋社会保障削減」と「増税＋社会保障充実」では後者が多いが，「現状程度の負担で社会保障の水準を調整すべきだ」という選択肢を加えて3択にすると，約半数がそれを選んだ（堀江 2009）。「高福祉・高負担」と「低福祉・低負担」の2択では前者に人気があるが，「現状維持」を加えて3択にすると，それへの支持が高い。調査が「世論」をつくってしまった例である。

　原発に関する世論は事故の影響を受けやすいが，総理府調査でチェルノブイリの翌1987年に「増設」が57%，「廃止」が7%と，前回調査（1984年）の36%対9%から差を広げたのは，このときから「慎重に増やす」という選択肢が加わったためと思われる（岡本・宮本 2004: 65）。日本人は中間的な意見を好み極端な表現を避ける傾向があることも関連していよう。2005年のIAEA調査では，18カ国中，日本は現状維持が61%と突出して多い（烏谷 2012: 229–230）。「経済界からは，今年の冬，来年夏の電力不足を懸念して，定期点検などで停止している原子力発電所を，早く運転再開するように求める声があります」という誘導的な文章で始まる質問でも，原子力発電所の運転再開を「急ぐ必要がある」（12%）より，「慎重に対応する必要がある」（80%）に回答が集まる（枴座・清河 2012: 77）。

　世論調査は，人びとの意見を知るために行われるものだが，人は意見をもっていないことや，選好を自覚していないこともある。明確な意見をもっていなくても，質問文や選択肢の単語に反応し，何らかの意見が表明されることがある。選択肢を用いる調査には，いずれとも割り切れない選好を，いずれかの選択肢に押し込める面もある。「世論調査が無態度を有態度化」（谷藤 2002: 80）するのである。「わからない」や無回答を選択できても，何かを選ぶ人は多い。ある調査では，原発について，「知っているほうだと思う」16.3%，「知らないほうだと思う」64.5%，「どちらともいえない」18.5%であったが，「知らない

ほうだ」という自覚があっても，聞かれれば賛否を答える人は多い（原子力安全システム研究所・社会システム研究所編 2004）。

　だが，世論調査に表れた賛否がどのような知識に基づく意見かを知ることは難しい。八木誠電気事業連合会会長は，安全が確認された原発を再稼働したい理由として，大飯原発再稼働前の 2012 年 5 月には「電力各社とも適正な予備率を確保することが極めて困難な状況」「かつて経験したことのない厳しい需給運用」などに言及したが，2013 年 5 月には「電力を安定的に，少しでも低廉にお届けすることはもとより，地球温暖化問題への対応という観点におきましても，原子力発電の果たす役割は大変大き」いことを挙げた[3]。2013 年 7 月に北海道，関西，四国，九州の電力 4 社が，原子力安全委員会に再稼動を申請した際，北電が「冬の前に 1 基でも再稼動できれば」とした他は，電力不足という理由は前面に出ず，九電の吉迫徹副社長は，「電気料金で皆さんにご迷惑をかけないようにするには，原発の再稼動が必要だ」と述べた（朝日 13.7.9, 傍点は引用者）。このように，再稼働を必要とする理屈は，それなしには夏を乗り切れないとされていた頃とは変わっているが，世論調査の質問は状況の変化に追いついていない。「脱原発をしたらたいへんなことになる」と思っている人がそう思う理由は，おそらく多様である。消費増税に賛成なのは，財政再建のためか，社会保障のためかを問うように，脱原発について懸念しているのは，電力不足か，高い電気料金か，を問う調査がなされてもよいのではないか。

　また世論調査は，考えられた意見とともに感情や気分をも捕まえてしまう（佐藤 2008）。世論調査に「直感で答える方だ」が 60%，「じっくり考えて答える方だ」が 32% という調査もあるから（朝日 07.6.24），それも当然であろう。情報と時間をきちんと与えて行う討論型世論調査に注目が集まる所以である（第 6 章を参照）。そして世論調査では，思いの強弱は捨象される。デモに行くような強い反対も「何となく」反対も，同じ 1 人としてカウントされるのである（「とても」や，「やや」をつけて程度を聞く質問をすることはできるが）。

(2)　世論調査の政治

　世論調査がこのようなものである以上，文言の違いで結果に大きな差が出る

のも当然である。だがこの点は，単に世論のいい加減さや，調査設計の問題にとどまるものではない。質問文の違いは，ある種の問題設定の反映である，という点を次に考えたい。

　世論調査に答えるほとんどの人は，その問題に詳しいわけではない。事故の危険，停電の懸念，電気料金，核のゴミ，地球温暖化など，さまざまな要因との関連で理解できる原発問題の，どの面が強調されるかに意見は左右される。どこを強調するかは，各政治的アクターが問題をどのように描こうとしているのかを反映する。そして世論調査は，ときにその狙いを無批判に引き継ぎ質問文や選択肢に反映させる。

　知識に基づく定見をもつわけではない人びとの世論は不安定なものであるが，その問題についてわかりやすい構図が示されたり，報道が繰り返されたりするなかで，安定的な意見が形成されることがある。世論はいわば，問題を学習するのである（堀江 2012b）。だからこそ，どのような情報を示し，どのような構図で問題を語るかが重要なのであり，そこに政治があるのである。世論調査は，社会的関心が高いテーマについて行われるが，社会的関心は自然に高まるとも限らない。その事象に人びとの関心を向けたり，問題を自分が描きたい構図で語るための試みが常に行われているのである。

　つまり，質問文における文言のぶれは，調査設計上のミスというよりは，フレーミングという政治的営みを，調査主体が引き継いだものでもありうる。フレーミングとは，複雑な世界を一定の形に枠づけて単純化し，問題の構図や世界のイメージを形成する働きかけのことで，問題を特定の解釈枠組みに結びつける作業ともいえる。同じことを語るにしても，それがどのような問題として示されるかで，人びとの反応は大きく異なる。アメリカでの調査では，戦争の目的を，「人道主義」や他国の「国内政変」の遂行（独裁者を民主的な政権に置き換えるなど）としてよりも，「外交的抑制」（侵略国の周辺国への侵攻や核兵器の開発をやめさせるなど）として描く方が，世論の支持は増す（Borrelli and Lockerbie 2008: 507）。1960 年の日米安全保障条約改定反対運動が，岸信介内閣による強行採決後，「議会制民主主義の危機」として語られることで，一気に参加者を増やしたことはよく知られる。条約の問題というよりは民主主義の

問題だという風に，問題を定義し直したフレーミングが効果を生んだのである。

そして，成功したフレーミングの問題設定を，世論調査は引き継ぐ。世論調査がある種の問題設定を受け入れてしまった例として，「厚生年金が若者に不利な仕組みになっているのを改善する必要があると考えますが，どう思いますか」という質問文を考えよう（日経 08.12.24）。不利を改善する必要を聞くのは（しかも，質問文で「必要がある」といって），誘導そのもので，賛成が多いのは当然であるが（「賛成」＋「どちらかといえば賛成」＝84％），問題にしたいのはその手前である。現在，社会保障制度をめぐり，世代間格差の是正が重要な論点となっているが，「世代」の問題に還元することへの批判も少なくない。だがこの質問は，一方の立場が描く構図に基づいているのである。他方，社会保障と税の一体改革では主要論点だった「将来世代への責任」は，原発問題では目先の電気料金に比べきわめて軽視されている。放射性廃棄物をどうするかの目途もないまま原発を使い続けるのは，将来世代へのツケの先送りだ，という構図がもっと意識されれば，原発支持はさらに減るのではないか。

2009年の政権交代時，民主党マニフェストの目玉の一つとされた子ども手当は，実は選挙前後には人気がなかったが，政権交代後，新政権への期待からか人気が上昇する。その後，マニフェストに財源の裏付けがないことが明らかになるなか，自民党が「ばらまき」批判を強めるようになると，新聞の世論調査では，子ども手当自体の是非ではなく，所得制限や満額支給しないことについての質問が多くなる。そして，所得制限を設けること，満額支給しないことへの賛成は多く，3歳未満児のいる世帯への上乗せには反対が多かった。そうしたなか，やがて手当自体の賛否も，再び逆転したのである（堀江 2012a）。民主党の「コンクリートから人へ」というスローガンに対抗する，「ばらまき」「無駄遣い」といった自民党のフレーミングを，世論調査が受け入れたのである。

アイゼンハワー米大統領の「平和のための核」演説以降，「核兵器」への反対と「原子力の平和利用」への賛成が共存する状況が生まれた。原爆の記憶が生々しかった時代に原発への支持を調達するため，原子力の軍事利用と平和利用はまったく別のものだという図式が示されたのである。1968, 69年の総理

府調査では,「原子力」という語から連想するイメージは,6割以上が軍事利用関連のネガティブな内容だったにもかかわらず,同調査(1969年)で「原子力の平和利用」を積極的に進めることに「賛成」65%,「反対」5%であった(烏谷 2012: 197-198)。そもそも同調査の名称は「原子力平和利用に関する世論調査」であり,その問題設定を調査主体が受け入れていた。1990年代に原発が,地球温暖化対策の切り札として位置づけ直されると,CO_2との関係を問う質問がされるようになる。2012年に政府が,2030年における原発比率について「0%」,「15%」「20〜25%」という3案を示したのも一つの問題設定に過ぎないが,新聞はその設定に沿った世論調査を行うのである。

　なお,調査結果の解釈も,フレーミングの一種である。「原発の稼働をできるだけ早くゼロにする」42%,「2030年代頃にゼロにする」27%,「ゼロにする必要はない」23%という結果について日経新聞は,「原発の廃止を求める根強い声がある一方で,電力需要への懸念などから当面は原発の稼働を容認する声も合わせて5割に達した」と書いた(12.9.28)。だが,この調査結果について,「原発ゼロ7割」という見出しをつけることも可能である。

3　誰の「世論」か——原発問題の「当事者」は誰か

(1) 地元の世論・遠方の世論

　前節では,聞き方次第で世論は多様であり得ることを見た。本節では,誰の世論かという観点から,さらに「世論」の多様性を考える。世論は一枚岩ではない。さまざまな立場や利害,少数派と多数派が入り混じる「世論」を,画一的なものとして扱うことは,ときに暴力的でもある。

　2011年の調査で,福島第一原発以外でも大事故が起きる不安を「大いに感じる」は,原発立地13道県で59%,非立地34都府県で50%,放射性物質の不安を「大いに感じている」は前者で31%,後者で26%,原発を「減らす方がよい」が前者で40%,後者で35%と,数ポイントずつ差が出た(朝日11.5.28)。2013年の福島県民調査と全国調査を比較すると,全国では原発利用「賛成」37%,「反対」46%であったが,福島では「賛成」19%,「反対」64%

だった。また，原発を「すぐ」または「2030年より前」に「やめる」は，福島で61％，全国では37％であった（朝日 13.3.5）。福島事故後のアメリカで，新規原発建設に「賛成」43％，「反対」50％であったが，自分の居住地域近くにできることには「賛成」35％，「反対」62％で，NIMBY 意識の存在が指摘されている（大磯 2011: 311）。NIMBY とは，Not In My Back Yard の略で，迷惑施設の建設に賛成するが，自分の裏庭，すなわち自宅付近に作られることには反対する態度のことである。2011年のある調査では，原発「廃止」57％，「現状維持」27％，「推進」16％であったが，「推進」派の36％，「現状維持」派の70％が，自分が住む都道府県に原発がくるとしたら住民投票で反対すると答えた（アクターズ・ラボ 2011）。これは新しいことではなく，1968年にも，原子力の平和利用を積極的に進めることに「賛成」57.5％，「反対」3.2％なのに，自宅から歩いて20〜30分ぐらいの所に原発ができることには，「賛成」13.5％，「反対」41.1％であった（総理府「原子力平和利用に関する世論調査」1968年，井川（2013: 102）より）。

　つまり，世論調査に表れる原発への賛否には，自宅近くに原発があるという前提での賛否と，自分は原発から遠くに住んでいるという前提での賛否が含まれている。再稼動への賛成や反対が，誰によって発せられたかが重要なのである。「賛成」の人に，自宅近くにできても賛成かを重ねて尋ねる調査が，もっと行われてよいように思う。また，それでも賛成だという回答の信頼度も，疑ってみることはできる。選挙前の世論調査で，「投票に行く」という人の割合は，常に実際の投票率よりも高いのだから。

　JCO 事故後の調査でも，国民全体に健康リスクがあると感じる率は立地地域より都市部で高かったが，自身や家族の健康リスクを感じる率は，立地地域で高く都市部で低かった。原発から遠い都市住民は，原発は国民全体には重大な問題でも自分には関係ない，と考える傾向がある（岡本・宮本 2004: 109-112）。原発を危険なものだと考えることと，その危険が自分に降りかかると考えることとは，別のことなのである。原発への賛否を答えるとき，人は事故のリスクをどれだけリアルに感じているだろうか。2013年，原発立地道県議会議長の会合で，相次ぐ「早期再稼動」の声に，「これ以上，一緒に議論できない」と退

席した斉藤健治福島県議会議長はこう述べた。「『原発は必要』という人ほど事故後の福島を見に来ない。会合の場でもいったよ，自分で3号機の前に立ってみろって。そしたら再稼動なんて簡単に言えなくなる」，と（朝日 13.3.11）。

　リスクだけでなく，原発から得られる便益にも地域差がある[4]。近畿地方と大飯原発のある福井県での2012年の調査では，近畿では大飯原発再稼働「賛成」29％，「反対」52％，福井では「賛成」36％，「反対」43％であったが，賛成理由は，「電力の安定供給のため」が近畿で54％，福井で35％，「経済や雇用の面で必要だから」は近畿で35％，福井で57％だった（朝日 12.4.24）。

　そして，こうした地域ごとの温度差を，政党は織り込み済みである。前述のとおり，2012年の衆院選で自民党は原発への姿勢を曖昧にしたが，同党福島県連の地域版公約は，「脱原発」を見出しに記した。同様のことは，米軍普天間基地の県外移設をめぐる，自民党本部と沖縄県連の間にもあった。政党は，多様な「世論」を前に，態度を使い分けるのである。

(2)　「地元」をめぐる政治

　電源地域では電力消費地域に比べ，原発に関する知識をもつ人が多く，原発への信頼も高いことが指摘されてきた。チェルノブイリ後も，福島県全体に比べ原発のある双葉地区は反応が冷静で，原発から離れるほど不安は大きく，地元ほど信頼度が高かった（烏谷 2012: 214-215）。JCO事故後も，「原子力」から浮かぶ言葉やイメージは，都市部より立地地域の方が否定的な内容が少なかった。そして事故直後にもかかわらず，事故当該地域の方が，「原子力は，科学技術においてわが国が誇るべき成果だ」「原子力発電所を建設，運転，調整する専門家や技術者は信頼できる」といった項目で賛成が多かった（岡本・宮本 2004: 91, 118-124）。これは，地域経済が原発に依存していることに加え，立地地域は安全性についての情報提供をより多く受けてきたことにもよるであろう。

　裏を返すと，電力消費地域の住民が，原発のことを知らな過ぎるともいえる。ある調査で，原発立地自治体は地方にあり，電力は主に都市部で消費されていることを，「福島第一原発の事故の前から知っていた」43％，「福島第一原発の事故の後に知った」36％，「知らない」20％であった（毎日 11.9.20）。特定地域

に危険を押しつけていることも知らずに電気を使ってきた多くの人びとは，原発問題の「当事者」ではなかった。いわば，世論が考慮されるべき「地元」や「当事者」の範囲を極力狭めて，原発政策は進められてきたのである。野田佳彦首相は，地元の理解を得られたとして大飯原発を再稼働させたが，原発国民投票を提唱する今井一は，「人口八十万の福井県の中の八千人が住んでいる大飯町，その中に町長が一人，町会議員が十四人いて，彼らが同意して福井県知事も了解してくれたんだから，間接民主制にかなっているという押し切り方。これまで原発を五十四基つくってきた理屈もずっとそうだった」と語る（浅田ほか 2013: 16）。

だが，放射能被害が立地自治体をはるかに超えて広がるのを目の当たりにし，我々は原発の「裏庭」が他の迷惑施設とは比較にならないほど広いことを知った。大飯原発の再稼働前，福井県と隣接する滋賀県の嘉田由紀子知事らは，「被害地元」の概念を打ち出した。原発が立地されているという意味の「地元」ではないが，事故が起これば被害が及ぶ「地元」になるからである。それに対し，西川一誠福井県知事は，監視態勢に京都や滋賀が加わればその発言力が増すので，「地元」が拡大することを懸念し，原発2基と高速増殖炉もんじゅがある福井県敦賀市の河瀬一治市長は，「地元の範囲を広げれば，原発を動かすのは不可能に近くなる」「敦賀市をはじめ，福井県は原発と50年以上も付き合ってきた。再稼働を認めるかどうかは立地自治体に任せてほしい」と，周辺自治体を牽制した（朝日 12.6.1, 13.4.24）。「世論」を考慮すべき「地元」の範囲は，政治的争点となるのである[5]。

4 エリートと世論

(1) 世論は考慮されるべきか

ここまで，さまざまな「世論」があり得ることを見てきたが，原発政策についての意思決定はどのような「世論」を考慮して行うべきだろうか。だがそれ以前に，世論を考慮しすぎることへの批判を検討したい。

今日，政治が世論調査の数字に振り回されて人気取りに走り，国民に痛みを

求める改革ができないとする大衆迎合主義批判も聞かれる（日本経済団体連合会 2013 など）。野田政権が，2030 年代に原発稼動ゼロを目指す提言をまとめた際，それに反対する新聞の社説はこう批判した。曰く，「衆院選のマニフェスト（政権公約）を意識し，『原発ゼロ』を鮮明にした方が選挙に有利だと考えたのだろう。大衆迎合主義（ポピュリズム）そのものだ」（読売 12.9.8），「『脱原発』に傾く世論を意識した選挙向けのパフォーマンスだろうか」「国の将来を左右するエネルギー問題を，国民の間の一時的ムードで決めるのは愚行と言うしかない。重要なインフラである電力供給を，人気取りの道具にすることだけは避けるべきだ」（産経 12.9.8），と。ある元外交官は，「官邸を取り巻くデモの参加者が掲げる原発反対の声に応じることが，真の民主主義だと信じる政府高官が少なからずいるようだが，私は疑問だ」「60 年安保の際，国会や官邸を取り巻いた 1 万人以上のデモ隊の言い分をそのまま聞いていたら，日本は今より安全で良い国になっただろうか。そうではあるまい」と語る（加藤良三「私の視点」朝日 12.11.22）。政治家は世論に迎合せず，長期的に見て国のためになる選択をすべきだとの主張である。原発再稼働，消費増税などの不人気政策を推進したとして野田を評価する声は，保守論壇や経済界のみならず，マスコミにもある。

　これらの議論では，ムードに流されやすく近視眼的な世論に従うことは，国の大きな方向性を誤るということとともに，国の将来にとって何がよいことなのかをエリートは知っている，ということが想定されている。したがって，世論の大勢に反してでも，エリートは「正しい」決断をしなければならないとされるのである。確かにこれまでみてきたとおり，世論には不安定でいい加減な面がある。だが，エリートや専門家任せにしてきた結果が，原発事故だったことは，どう考えるのか。

（2）エリート・専門家への信頼

　原発政策が世論から隔絶されてきた理由に，その専門性もあるであろう。確かに，「素人」が「専門家」の判断に口を差し挟むのは容易ではない。だが問題は，エリートや専門家が信頼されなくなっているということではないか。

　福島の事故直後には，東京電力の情報や対応策を「信用できない」（73%）

が，「信用できる」（15%）を大きく上回り，原発賛成の人（全体の34%）でも，「信用できる」は24%しかいなかった（朝日11.5.27）。その後もトラブルや不祥事隠しが後を絶たない東電は，ますます信頼を失っているかもしれない。政府への信頼は今日，原発問題にかかわらず低い。2000年の調査では，日本人は政府，政党，国会などへの信頼が低く，政府を信頼すると答えた人は10％台であった（猪口2004）。2012年に政府が決めた当面の安全基準を「信頼する」17%，「信頼しない」70%，電力の需要や供給について政府や電力会社の見通しを「信用する」18%，「信用しない」66%，原発への政府の安全対策も，「大いに信頼している」1～2%，「ある程度信頼している」17～19%，「あまり信頼していない」50～52%，「まったく信頼していない」27～29%であった（朝日 2012.3.13, 4.16, 5.21, 8.6）。

　国際的にも，政府は科学者に比べ信頼度が低い傾向があるが（OECD 2010: 32-33），科学者への信頼も揺らいだのが，今回の事故の特色かもしれない（科学者への信頼については第6章を参照）。多くの専門家は原発の安全性を強調してきたが，大事故は起きた。事故後には，電力業界から研究費などの支援を受けていることが続々と報道されたため，彼らを専門家というより「原子力ムラ」という利害関係者と見なす傾向もある。加えて，そもそも何が科学的で専門的な知見かが，自明でもなくなっている。専門家が専門家足り得ているのは，専門性をもっていると思われているからだ，との議論さえある（岡山 2012）。だとすれば，専門性と世論を対立的に捉えることはできない。専門性とは何であり，専門家とは誰であるかを決めること自体，政治的なことなのである。

5　これからの原発世論と政治

(1)　忘却の政治

　本章で見てきた福島事故後の世論は，このようにまとめられるのではないか。すなわち，「脱原発」が多数派だが，「すぐに」ではなく「徐々に」進めることへの支持が多い。そして聞き方次第で，再稼働支持が増える。ただ，事故や放射能への不安は今でも小さいわけではない。たとえば，チェルノブイリや福島

のような深刻な原発事故が日本で起きる可能性が「大いに」または「ある程度」あると思う人は85%（朝日 12.8.28），放出された放射性物質の健康への影響に「大いに」または「ある程度」不安を感じる人が73%である（毎日 12.3.9）。また，政府や電力会社を信頼してもいない。野田首相の事故収束宣言に「納得できない」が78%（日経 11.11.26），安倍首相の福島の「状況はコントロールされている」発言に「そうは思わない」が76%もいる（朝日 13.10.8）。だが，他の政策と比べ原発の優先順位は高くないので，選挙では脱原発に消極的な自民党が圧勝する。

　事故の不安を感じながら，信頼できない政府や電力会社が再稼働を進めても平気でいられるのは矛盾しているようではあるが，聞かれれば「不安」と答える人が，普段から不安を意識して生活しているとは限らない。10数万人がなお避難生活を送っている一方で，原発から遠くに住む人びとは，原発事故をもはや自分の問題と感じにくくなっているのではないか。事故直後には，福島県外でもかなり広範囲で放射能汚染や食品を通じた内部被曝が懸念され，子どもを連れて西日本に移住する人も見られた。「ベクレル」や「シーベルト」を耳にしない日はなく，事故原発からかなり遠くにも放射線量が高いホットスポットが見つかった。それらの語を含む朝日新聞の記事を，11年3月12日〜9月，11年10月〜12年3月，12年4月〜9月，12年10月〜13年3月，13年4月〜9月と，半年ごとに区切って件数の推移をみると，「ベクレル or シーベルト」：3,250→2,246→1,355→754→530件，「ホットスポット」：77→142→45→49→39件，「内部被曝（被ばく）」：233→290→237→136→75件，「食品＆放射能」：300→249→124→87→45件である（「朝日新聞記事データベース　聞蔵IIビジュアル」で検索）。2011年からすると，いずれも報道量が大きく減ったことは一目瞭然である。福島民友新聞の記者はこう嘆く。「福島の新聞は今も，ほとんどが原発事故の記事です。でも全国ニュースには，あまり取り上げられなくなっています。一方で福島は怖い，危ないというイメージだけは定着してしまったようにも感じています」（朝日 13.6.20），と。報道が減少するなか，目で見たり，においをかいだりすることができない放射能について，関心を持ち続けるのは簡単ではない。

1993年から2002年にかけて，原発反対理由のうち，「放射能汚染のおそれがある」（69.6％→63.5％），「大事故の可能性がゼロではないし，起きた場合の被害が大きすぎる」（66.8％→60.5％）の2項目が減少した背景に，チェルノブイリを「よく覚えている」人が，61.7％→49.2％と減少したという記憶の薄らぎが指摘されている（原子力安全システム研究所・社会システム研究所編 2004: 90）。福島事故の記憶が風化していくなかで，「危険」を感じる人が減っていくことは大いに予想できる。事故2年後には，国民の間で原発事故被災者への「関心が薄れ風化しつつある」が66％，「そうは思わない」が29％であったが（朝日 13.2.19），「風化しつつある」と答えた人のうち，普段からそのことを意識している人は一体どれくらいいるだろうか。

　また世論には，反対していたことでも，いったん決定や実行がされると容認に転ずる，現状追認的傾向もある。小泉純一郎首相が，8月15日に靖国神社に参拝すると見られていた2006年7月の調査では，小泉が任期中に靖国に「参拝する方がよい」29％，「参拝しない方がよい」57％であったが，小泉の参拝後には，8月15日に参拝したことに「賛成」49％，「反対」37％と逆転した（朝日 06.7.25, 8.23）。これほど劇的ではないが，野田内閣が大飯原発再稼働を表明した直後の2012年4月に28％対55％だった賛否は，5月に29％対54％，6月に37％対46％と推移し，再稼働後の7月には，運転再開は「よかった」41％，「よくなかった」42％と拮抗した（朝日 2012.4.14, 5.21, 6.28, 7.10）。7月の同じ調査では，大飯以外の運転再開に「賛成」35％，「反対」49％と差があり，その後もその傾向は続いているから（朝日 12.8.6, 9.11, 13.1.22），既に動いているものは認めるが，停まっているものを動かすには抵抗がある人が，一定程度いるのであろう。逆に静岡県民調査で，菅直人首相による中部電力浜岡原発運転停止要求（2011年5月）の翌6月には，津波対策完了後の運転再開に「賛成」50％，「反対」37％であったが，2年後の2013年6月調査では，「賛成」28％，「反対」50％であった（朝日 13.6.11）。「停止」についても，既成事実が積み上がると，現状肯定が増えるのである。世論に現状を受け入れる傾向がある以上，各政治的アクターは，「既成事実」を積み重ねることに誘因をもつであろう。原発推進派は，稼働ゼロに国民が慣れることは避けたいであろう

し，脱原発派にとっては，稼働ゼロ期間の実績を少しでも長くすることが，当面の目標となるだろう。

(2) 世論をどう反映していくか

本章で見てきたように，世論には多様な側面がある。極小化された「地元」や，政府・専門家へのお任せでは済まないとすれば，原発政策にどのような「世論」を，どのように反映させていくべきなのだろうか。

実は，政治が世論に迎合しているという批判が喧しい一方で，今日，多くの日本人は，政治に民意が反映されていないと考えている。ある調査では，いまの日本の政治は，国民の意思を「大いに」＋「ある程度」反映している13％，「あまり」＋「まったく」反映していない84％であった（朝日 11.12.30）。そして，原発やエネルギー政策についての国民的な議論が，「十分行われている」10％，「足りない」81％であり（朝日 12.8.6），原子力やエネルギー政策の方向性を国民投票で決めることに「賛成」68％，「反対」25％である（朝日 11.12.30）。もっとも，国民投票をするとなれば，世論調査同様，問題設定の仕方，選択肢や質問文の文言など，結果を左右しかねない要素は多く，どのような聞き方をするかが一つの争点になる。つまり「世論」を測ろうとすることは，それ自体が「政治」なのである。

世論調査とは，社会のなかにすでにある「世論」を単に集計するだけの中立的・技術的な過程ではない。どのように問題を設定するかで，「世論」は立ち現れ方を変える。それは，問題を定義しようとする政治的アクターのフレーミングを，調査主体が受け入れてしまうことによっても生じる。その意味で，世論調査を行う主体が問われているのであり，同時に調査結果を読む我々もまた，問われているのである。

注
1) 本章では，新聞からの引用を，たとえば『朝日新聞』2011年3月30日付を（朝日 11.3.30），『日本経済新聞』2013年9月1日付を（日経 13.9.1）のように表記した。
2) 「震災前」といっても，震災前にどう考えていたかを震災後に聞いたものなので，本当にそう考えていた保証はないが，国ごとの傾向はわかる。

3) 電気事業連合会 HP（http://www.fepc.or.jp/index.html）より。
4) 立地地域の内部が，その便益をめぐって賛成派と反対派に分裂することもある。
5) 福井県民も，「地元」に「福井県以外も含める」59％，「県内全域」22％，「（おおい町がある）嶺南地方まで含む」11％，「県とおおい町だけ」4％で，再稼働賛成派（全体の36％）でも「福井県以外も含める」40％，「県内全域」30％であった（朝日12.4.24）。

第 6 章

熟議民主主義

尾内隆之

1　3.11 が開いた新しい政治

　福島第一原発事故のわずか 3 カ月後に脱原発を決定したドイツとは対照的に，日本の原子力政策は依然として硬直的である。直接の要因は，「原子力ムラ」という言葉に象徴される談合的な政策決定によるところが大きいとしても，原発問題の政治化を避けてきた市民にも責任がないとは言えないだろう。その反省から，これまで政治に関わってこなかった市民が行動を起こし，デモや抗議集会，パブリックコメント，請願など，あらゆる手段を通じて政治にアプローチしている。政党と議会による政治では原子力政策を変革できないという切迫感から，市民が新しい政治を開き始めた。
　そうした人々を横目に，野田政権が 2012 年 6 月に関西電力大飯原発の再稼働を決定したことは，一つの画期であった。「国論を二分する問題での重い決断」として自ら再稼働を表明した野田首相は，以下のように理由を説明した。専門家の知見をもとに慎重に判断した結果，東日本大震災クラスの地震と津波が発生しても事故を防止できる対策と体制は整っており，安全性は確保されている。その上で，原発を再稼働しない場合，電力不足によって「命の危険にさらされる人」や，電気料金の高騰から「働く場がなくなってしまう人」が出るなど，国民生活が混乱する恐れがある。政府は「人々の日常の暮らしを守ると

いう責務を放棄することはできない」[1]。

　野田首相は，原発のリスクと，原発を稼働しない場合の国民生活のリスクとを天秤にかけて，再稼働を決定した。しかし，大飯原発における追加の安全対策が悠長な計画になっていたように[2]，電力会社には福島事故の経験に学ぼうという真摯さが欠けていた。各地の原発で新たに活断層問題が浮上するなど，リスク評価の見直しが喫緊の課題となったのに，原発は民間の事業であるとして政府にも強い姿勢が見えなかった。何より政府自身のこれまでの責任が明確にされず，新しい規制体制も固まっていない段階であった。天秤のもう一方に載せられた「国民生活」のリスクについても，関西電力管内で懸念されていた電力不足はその後，下方修正され，関西電力自身がその予測の過大さを認めるなど妥当性に疑問が残った[3]。結果的に「電力不足」は一種の脅しとして機能し，政府もそれに乗ってしまった格好である。

　野田首相が持ち出した2つの「リスク」の比較は，3.11後に政府や専門家がしばしば唱えたリスク論と同様に，市民に「合理的」「現実的」な判断を訴えるものであったが，実際には，比較されるいずれのリスクも十分に検証されていなかったのである。とくに「国民生活」のリスクとは，経済的，社会的便益の裏返しであり，原発推進の根拠とされてきたものである。その前提に対する疑問が高まった以上，リスクと便益それぞれの再考こそが原子力政策を問い直す出発点である。その上，原発事故による放射能汚染によって汚染地域の人々の生活，放射性廃棄物の管理，農作物の流通などをめぐって意見対立が噴出し，単なる科学技術的な評価としてではなく，当事者の多様な立場と判断を包摂した意思決定が求められている。今後の原子力利用は，そうした手続きの上にはじめて可能なはずである。

　にもかかわらず，経済界や立地自治体が早期の原発再稼働を求め，経済産業省も早くからその方針を固めていた上，事故を経験した日本こそが最高水準の原発を実現できるなどと発言する政治家さえ現れた。そのため野田政権の再稼働決定は，新しい政治を求める人々の目には既成政治の枠組みを優先したものと映り，議論を尽くしたとはとうてい感じられなかっただろう。それでも，民主党政権は再稼働について慎重に検討を進め，その調整の一方で，原子力政策

の見直し作業と，エネルギー政策に関する「国民的議論」に取り組んでいた。そこには市民の声や世論動向への配慮も見られ，社会的に議論を深める契機も用意されていたはずである。抗議活動や国民投票などがデモクラシーにおいて意味を持つのは言うまでもないが，原子力政策の転換は，そうした議論を避けては実現しない。本章では，代表制とも直接民主制とも異なる，議論を深めるデモクラシー——すなわち熟議民主主義——の可能性を考えていく。

2 なぜ「熟議民主主義」か？

(1) 代表制批判としての「熟議」

まずは熟議民主主義（deliberative democracy）の理論を確認することで，原子力をめぐる政治に熟議がなぜ関わるかを考えてみよう[4]。熟議民主主義の「熟議（deliberation）」とは，熟慮と討議の双方を含む概念である。つまり個々人が内省的に熟慮すると同時に，他者との討議を通して異なる見解に触れ，その双方の往復によって自らの選好を反省的に見つめ直すことを期待し，そうした熟議が政治の意思決定に反映されることを構想する理論である。

そもそも熟議民主主義論が注目されるようになった重要な要因としては，選挙を通して間接的に行われる代表民主制への批判がある。熟議民主主義論が提示するのは，第1に「利益集団民主主義」に対する批判であり，政治の主題は利益の表出に尽きるものではなく，討論による公的な意思形成を実現しなければならないと考える。すなわち，政治への影響力を行使できる人々が，利害関係の強い少数の社会的経済的エリートに限定されることとあいまって，（主に経済的な）利益が政治を決定的に左右する論点となっている現状が批判される。第2に「集計民主主義」に対する批判であり，選挙も議会も結局は投票や議決という形で選好を集計するに過ぎず，政治的意思を形成するプロセスそのものが軽視されて，どこに，どのような重要問題が存在するかが見失われていると考える（森 2008）。

政治への影響力は，平等に配分されているどころか政治的，経済的な力を持つアクターに偏っており，さらに政治の決定は，結局は「数の力」によってい

る。影響力の偏りや「数の論理」は，まずは議題設定の偏りとして現れ，脱原発の世論が高まっても，国会や政府の議題として取り上げられないことにもなる。原子力政策が社会で大きな話題になったとしても，単一争点によって代表（国会議員）を選ぶことは，実際には難しいし，また適切とも言い難い。経済も福祉も安全保障も，どれも重要課題であることに変わりはなく，選挙では政党が示す政策パッケージから選択せざるを得ない。

　熟議民主主義論は，代表制のこうした問題点を乗り越えるために，代表制に対抗し，あるいは補完する政治の回路を構想する。そこで，市民社会における熟議を軸とした，選挙＝代表制とは異なる回路こそが，代表制が取りこぼし，排除しがちな論点——原子力・核問題や環境問題，社会的少数派の尊重など——を政治の場に押し出す重要な役割を持つと評価される（篠原 2004）。こうして単なる利害の集計ではなく「議論」を深めることが，あらためて民主主義の要件として浮上することになる。

　そもそも議論とは，主張や立場が異なる他者と向き合い，何らかの合意を図ろうとする営みである。すなわち，熟議を通じた政治では，議論によって人々が意見を変えることが——少なくともその可能性が——期待されるということになる。意見の修正を完全に拒むならば，議論する意味がない。ところが，政治（政治学）ではしばしば，人や集団にはあらかじめ決まった選好があり，選挙や議会によるその集計が政治決定であるかのような単純化が生じている。したがって熟議民主主義論とは，そうした選好のとらえ方への挑戦でもあり，人々が議論を通して自分の選好を変化させるという仮説を元に，生きた民主政治を目指すのである。

(2) 熟議を制度化する

　こうした熟議民主主義論の観点からは，人々の選好を把握する手段としての世論や国民投票についても，政策決定の判断材料として鵜呑みにはできない。

　世論については，その力だけで原子力政策を転換するのは難しいということを我々は目の当たりにしたのだが，そうした現実的な状況とは別に規範的にも，世論をそのまま政策の根拠にすることは必ずしも適切とは言えない。それは一

部のマスメディアが断じたように，原発に対する 3.11 後の世論を「感情論的な脱原発ムード」[5]と見るからではない。仮に脱原発が感情論だとしても，その感情，すなわち不安や不信は，これまでの政策の失敗がもたらしたものであり，人々の怒りの表現でもある。それを政策にいかに反映するかは，十分に議論に値する論点である。

　ここで問題にしたいのは，「世論」とは何かという根本的な問いである。たとえば，「感情論的」と批判されている世論とは，要するに世論調査の結果と同一視されているのだが，世論調査で全体の傾向として「脱原発」が優勢であっても，詳しく検討すれば，脱原発をいつまでに，どのように進めるかは意見に幅があり，判断しかねている人も少なくない。また，政策転換した場合の課題や，これまでの政策の問題点をどれほど理解した上での回答なのか等，世論調査にはさまざまに解釈の余地が残る。何よりそれが，ある日急に電話で原発への賛否を問われ，当惑しながらその場の思いつきで回答したものの結果であった場合，それを政策の根拠にしてよいのだろうか。世論調査そのものにバイアスや誘導がかかっていることもめずらしくない。それゆえ世論とは，かなり不確かなものと言わざるをえない（第 5 章を参照）。

　民主党政権が「国民的議論」において採用した討論型世論調査（deliberative polling）は，まさにこの問題に応えるために考案，実践されてきたものである。一般の世論調査が示すのは熟慮を経ていない（経ている保証のない）「生の世論」であり，それを政治に結びつけると，むしろ悪い結果をもたらしかねない。討論型世論調査は，他者との十分な議論を取り入れ，人々の意見をその変容も含めて測定するという形で，熟議民主主義のひとつの具体化を目指すものとして開発された（フィシュキン 2011）。

　他方，政治決定に根本的な影響を与え，決着を図るには，国民投票のような直接民主制が最も強力である。だが国民投票もやはり「集計」であり，世論と同様に「熟慮の欠如」も懸念される。もちろん，原発の是非を問う国民投票や住民投票を求める人々は，それが単なる電源選択の問題ではなく，日本の政治文化を問い直し，「お任せ民主主義」からの脱却を図るものだと考えている（飯田ほか 2011）。となれば，投票までに熟議の機会を十分に確保することが重

要となり，熟議が包摂されるのであれば，有権者に当事者意識を強く実感させる直接投票は，熟議民主主義の一形態として機能する可能性があるだろう。

　代表制に対してはさらに，将来世代の声を反映できないという批判もある。原発とエネルギーのあり方は，社会の長期展望にかかわり，放射性廃棄物処分の問題を考えればそれはより切迫した課題として理解できるだろう。代表制の決定ではしばしば目先の利益ばかりが優先されるが，高レベル放射性廃棄物ともなれば，安全な状態に至るまでに数万年という時間がかかる。数世代後の人々のエネルギーの選択肢や，さらに後の世代がまったく責任もないのに押し付けられるリスクについて，現世代の人間だけで政策決定してよいのだろうか。

　将来世代の声を聞くことなど不可能であり，政治に反映しようがないと片付けることもできよう。しかし，将来世代への配慮という倫理的観点を踏まえた議論は，現世代の人間にも可能なはずである。カナダの倫理学者ジョンソンは，放射性廃棄物の問題に関する国民参加による熟議に取り組んだカナダの「国民協議」を分析して，熟議民主主義こそが，将来世代と現世代の両者が共有しうる善，正義，正統性を兼ね備えた倫理的政策分析を可能にする，と評価している（ジョンソン 2012）。

　このように世論調査や国民投票といった既存の手法を超えて，市民の参加と熟議を実現するための制度は，すでにさまざまに試みられている（ギャスティル＆レヴィーン 2013）。とりわけ，市民から無作為抽出によって参加者を集め，いわば「社会の縮図」を構成して議論することを目的としたミニ・パブリックスと呼ばれる方法が，世界各地で注目され，多様なバリエーションを生みつつ実践が進んでおり，日本でもそうした実践の広がりが望まれる（篠原 2012）。

(3) テクノクラシー批判としての「熟議」

　代表制への圧力あるいは補完として熟議が求められるとしても，原子力のような複雑な科学技術の問題は，やはり専門家に任せるべきだという主張も根強い。だが熟議は，政府（とくに行政）と専門家が重要な意志決定を支配する状況への批判としても，意義を持っている。

　3.11 の震災・原発事故の後，科学者への信頼に関する調査で「信頼できる」

と答えた人の割合は，それ以前の 80％ 前後から 65％ へと低下した。また別の調査では，科学技術の方向性を専門家が決めることを肯定した人の割合も，45％と半数を下回った[6]。専門家に「お任せ」することへの懐疑が日本社会でも広がりつつある。これまで原子力の政策過程は，行政官僚制とそれにつながる専門家集団に圧倒的に支配されてきた。行政と限られた専門家が支配して行う政策形成――いわゆる「テクノクラシー」――は，社会の多様な声を取り入れていないことと，専門知を恣意的に利用していることから，今後はいっそう厳しい目を向けられることになろう。

　もっとも，環境政治の研究者ドライゼクによれば，そもそも行政は専門知の的確な統合による問題解決を苦手としている。環境問題やリスク問題では，全体像の把握や解決策の導出に必要な知識がさまざまな領域に断片的に存在しているが，行政が一般にとろうとする合理的対応は，部門ごとの専門性に基礎を置く縦割り構造のもとで，集権化された意志決定に支配されている。それゆえ行政は，多くの部門にまたがる複雑で不確実性を帯びたリスクに統合的な対応をとれず，問題解決に必要な知の統合にも失敗するという（ドライゼク 2007）。日本の原子力規制でも，津波や活断層への検討や対処，万が一の事故の際の避難対策といった重要な安全対策がおざなりにされてきたが，いずれも，それらの分野に関わる専門家すら政策決定から実質的に排除されていたことが明らかになった。

　その上，原発がどこまで，どのような対策を取れば安全と言えるかは，科学的知見のみで決まるものではない。3.11 後に明白になったとおり，専門家同士の見解が対立することは珍しいことではなく，問題の高度化・複雑化，専門分野の著しい細分化によって，必要な専門知とは何か，誰がそれを判定するかという問題も，容易には答えが出ない。したがって，専門家の政策的助言自体が，実態としては不確実性を含まざるをえない。これまでは行政と専門家が「合理性」を名目に彼らの論理と相場感覚で割り切った決定を下してきたが，専門家のあいだでリスクの見積りが一致したとしても，それを安全と見るか危険と見るかは価値判断を含む問題であり，社会に問うべきものである。

　エネルギーとしての原子力の是非についても，政策の当事者・利害関係者は

すべての市民であり，その議論には価値観や利害の差異，対立をはらむ論点が数多く含まれる。それゆえ仮に原発の安全性が証明されても，問題は解消するとは限らない。リスクとは単に安全性への脅威を指すだけでなく，そうした不確実性を生み出すシステム自体への疑念をも含むものであり，たとえば私たちの「生き方」に関わる価値選択という論点は残ることになる（小林 2007）。そうした価値選択は，当然ながら政治の核心的な論点の一つであるはずだが，既存の政治回路がそれに十分に向き合えていないことは，代表制批判とも重なる問題である。

このような，テクノクラシー批判を踏まえた熟議の例としては，デンマークで生まれたコンセンサス会議という制度が挙げられる。デンマークでも激しかった原発論争への反省を踏まえ，専門家と市民の双方に開かれた熟議の制度として 1980 年代半ばに誕生したコンセンサス会議は，論争状態にある科学技術についてそのメリット・デメリットを評価し，問題の解決策や導入自体の可否を検討する。そこでは議論の主役はあくまで素人としての一般市民であり，専門家の視点や文脈とは異なる観点で，科学技術を社会の側から評価することが目指されている（小林 2004）。専門性の高い問題だからこそ当事者市民の参加と熟議にかけるべきだという考えは，すでに広く共有されつつある。

3　日本における熟議の模索と現実

(1)　3.11 以前の参加と政策論議

日本の原子力政策においては，当初は原発立地地点の決定に際してさえ，リスクの当事者となる住民が参加する機会がなかった。当然これは早くから批判の的であったし，各地で激化する反対運動と，原子力船むつの事故等で高まった原発への懸念に対応して，政府は 1982 年にようやく「公開ヒアリング」という一種の公聴会を設けた。これは制度上，地域住民が当事者として意見を述べることのできるほぼ唯一の機会であった。ただし公開ヒアリングには法的根拠がなく，公開ヒアリング前から電源三法交付金が交付されることからもわかるように，儀式的なものだったと言わざるをえない。そのため政府の認可手続

きを進めないように公開ヒアリングの開催自体を阻止する動きも見られ，政策決定への参加の機会として機能したとはとうてい言い難い。

参加型の政策論議を意図して行われた施策としては，1996年から開かれた「原子力政策円卓会議（以下「円卓会議」とする）」がほぼ唯一のものである（尾内 2007）。この円卓会議は，高速増殖原型炉もんじゅのナトリウム漏洩火災事故（1995年12月8日）によって失墜した原子力政策への信用を回復し，「国民的合意形成」を図ろうとの意図のもと，政府が開催したものである[7]。「国民各界各層の幅広い参加」の上で原子力政策全般を議論すると謳い，参加者は，原子力やエネルギー政策の専門家，電力事業者，経済界，評論家，マスメディア，原発立地自治体の首長，さらには反原発運動に関わる市民団体や学者も含めて幅広く集められ，少数ながら一般公募も行われた。人選を担ったのは事務局（科学技術庁）で，賛成・反対のバランスに「配慮」したという。原発反対派を排除してきたそれまでの政策過程を思えば，政府の強い危機感が伺えたことは確かである。

この円卓会議では，推進派と反対派の専門家による科学技術面の議論に加え，事業者をはじめとする利害関係者と市民団体が，原子力の社会的価値をめぐって論争を展開した[8]。焦点はやはり原子力のリスクの評価と，必要性や便益をめぐる評価であったが，そこでは賛成・反対の両者とも，自らの立場こそが公共の利益につながると強く訴えた。より興味深いのは，政策形成のあり方についての議論である。幅広い市民参加を求める反対派に対し，推進派が「対案」の提示と科学的権威の承認とを反対派に要求したことで，専門家中心主義の是非も論点となったのである。また，地域振興も重要な論点であった。立地自治体は多額の交付金や補助金を受けてきたが，財政悪化や過疎化，地域経済の地盤沈下に歯止めがかからず，さらなる地域振興策を強く求めたのである。この要求は，原子力が「公共事業」として社会に組み込まれていることをあらためて示した。

しかし結果的には，賛成・反対両者の主張が平行線をたどり，1996年度の円卓会議からは「さらなる合意形成の場が必要」という「提言」が出されたにとどまった。それを受けて続けられた翌年度以降の新たな円卓会議では，政策

形成と専門家の関係や，原子力と地域振興との関係といった重要な論点があまり深まることなく，しだいに専門家中心の議論へと移り，最終的に「国民的合意」は不明瞭なまま既定の政策が追認されていった。

　参加を含む熟議の萌芽としてはむしろ，円卓会議と同時期に行われた，東北電力巻原発建設の是非を問う新潟県巻町（現新潟市）の住民投票を挙げるべきだろう（1996年8月6日実施）。巻町住民投票は，住民の活動によって実現した日本初の公式の住民投票であり9)，投票の結果，反対が多数となって巻原発の建設が断念されるに至った。投票までの賛成・反対両派の活動は，政府や専門家を巻き込んで多くの情報をもたらし，人々は集会や勉強会に出かけ，議論した。地域社会らしく「生活」が焦点となり，「町のことは町民で決めよう」というスローガンのとおり，原発による経済の活性化が本当に町のためになるのかという疑問を中心的な論点に押し上げ，その結果，地域の安全・安心を確保し，住民自身で町を活性化するという選択を生み出した。すなわち，政府と専門家が当然視してきた価値と論理に対して，重大な異議を突きつけたのである（尾内 2007）。

　とはいえ，巻町住民投票での議論の内容は，円卓会議の場ではほぼ黙殺された。これは，原子力政策の変更につながりかねない議論を排除しようとする政府の姿勢の現れである。公共政策の策定では，とりうる選択肢を政府が自ら複数提示，比較検討し，社会にその選択を問うのが本来あるべき姿だが，円卓会議に限らずおよそ原子力政策の議論ではこうした姿勢が政府に欠けていた。そのため，対案の本格的な検討まで至らない程度に，参加のあり方や議論の深め方がコントロールされてきたのである。

　その後，円卓会議を受けつぐ形で1998年に設置された「市民参加懇談会」においても，政府は開かれた政策運営をアピールしたものの，実態は一種の説得活動に過ぎなかった。原子力関連の事業者も，もんじゅ事故後は「パブリック・アクセプタンス（公衆の受容）活動」に取り組み，さらに1999年のJCO臨界事故の後は「リスクコミュニケーション活動」を強化したが，いずれも一方的に説明して原子力を受け入れてもらうという態度であった。一連の参加型，対話型の施策は，政策変更の可能性を政府が排除してきたために，およそ「熟

議」とは似て非なるものにとどまったのである。

(2) 「国民的議論」とは何であったか

　民主党政権は 2011 年 5 月，それまでのエネルギー基本計画を「白紙から」見直すと表明し，2011 年 7 月に公表した「革新的エネルギー・環境戦略に向けた中間的整理」では，そのための「国民的合意の形成」を掲げていた。前述のように「再稼働」に踏み切った政府ではあったが，併行して，エネルギー・環境政策に関するこの「国民的議論」への取り組みを進めていたことは，一定の評価をすべきである。また，その「国民的議論」を具体化する施策として，公聴会やタウンミーティングを踏襲した意見聴取会，パブリックコメントという従来から用いられている 2 つの手法に加え，前述の討論型世論調査を採用したことは，民主党政権がこだわりを見せていた「熟議」の実践として注目に値する[10]。

　ただし，この「国民的議論」の具体化は順調には進まなかった。同年 12 月に示された「基本方針」においても，2012 年春に提示する「選択肢」をもとに「国民的議論」を進め，2012 年夏には新たな戦略を決定すると書かれたにとどまり，2012 年 3 月になってようやく，原子力委員会や総合エネルギー調査会で委員や外部有識者から種々の提案がなされたことから具体化が始まった。それらの提案に，討論型世論調査をはじめとする従来見られなかった新しい手法が含まれていたことから，上述の「国民的議論」のセットが実現したのであり，そうした提案をした専門家の役割は大きかった。

　しかし，「国民的議論」の土台として政府が予定していた「選択肢」の作成作業が難航し，2012 年 6 月末にまでずれ込んだことで，「国民的議論」にかけられる時間は短くなっていった[11]。最大のネックは，やはり原子力発電の利用比率の想定であった。結局 2012 年 6 月 29 日に，2030 年に原子力発電の比率を「0％」「15％」「20〜25％」にするという 3 つの選択肢が，「国民的議論」の参考材料として示され，同時に「国民的議論」を上記 3 つの方法で実施することが正式に発表された。一方で，政府は「革新的エネルギー・環境戦略」の策定時期を 2012 年 8 月として動かさない方針をとったため，「国民的議論」の

期間は，2012年の7月から8月のわずか2カ月間となってしまった。

このうちパブリックコメントでは，7月2日から8月12日の1カ月強の間に8万9,124件もの意見が寄せられた。政府のまとめでは，無効分を除いたうちの87％が「原発比率0％」を支持していた。パブリックコメント制度は本来，行政が見過ごしている意見や情報の収集に主な目的がある以上，世論調査のように意見の分布状況を測る手段として扱うことは無理があるが，この圧倒的な原発反対の傾向は確かにインパクトがあった。何よりこの数字は，国民の怒りの反映と見るべきであろう。

意見聴取会は，福島を含む全国11カ所で7月14日から8月4日にかけて開催された。政府がかつて実施したタウンミーティングでの「やらせ」問題や，九州電力玄海原発に関する公開討論会で業界関係者を「動員」していた問題が報道を通じて批判を浴びていたこともあり，この意見聴取会の進め方には内閣府も相当に神経を使ったとされる（下村 2013）。しかし，初めは政府と参加者の「対話」にならず，粛々と意見表明が続くだけの進行に批判が噴出した。また，上記の「選択肢」ごとに均等に割り振られていた意見表明者の数に不満が集中したり，あるいは電力会社社員の参加者が「会社の意見」を表明して問題化するなど，さまざまな混乱が生じた。これまでのこうした政府主催の集会が，前節でも述べたように実質的な意味を持っていなかったことが，議論の場そのものへの信頼の欠如として現れてしまい，ひいては肝心の議論も深まらないという事態につながるのである。

熟議民主主義の貴重な実践として注目される討論型世論調査は，7月3日に実施業者が入札で決まってから，無作為抽出による電話での事前アンケート調査が行われ，その対象者から募った参加者286人が8月4，5日に東京に集まり，グループ討論などが行われるという過密スケジュールであった。

討論型世論調査の結果，原子力発電を2030年に「0％」にする選択肢の支持者が増加した。そのため経済界を中心に反発が相次ぎ，また報道では，「15％支持」という中間的な落とし所を期待していた政府のもくろみがはずれた，との見方が多く示された。だが討論型世論調査は，その「変化」の内容をより詳細に可視化できる点を最も重要な特徴としている。調査後に公表されたデータ

図 6-1 シナリオ支持の変遷
ゼロシナリオ支持の推移(N=285)

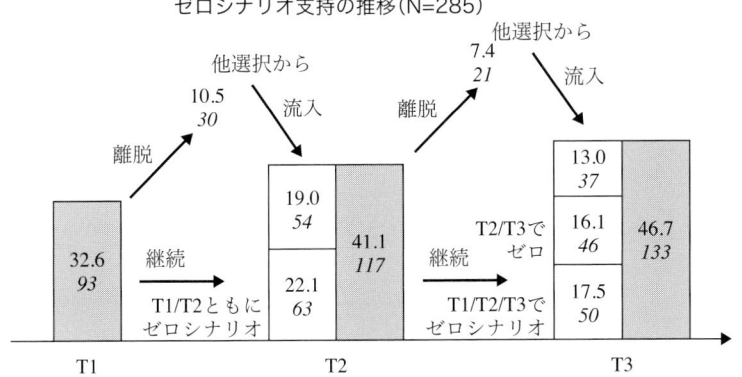

```
                他選択から            他選択から
                  10.5        7.4
                   30          21
         離脱   ↗    流入   離脱  ↗   流入
                                      13.0
                         19.0          37
                          54
                                T2/T3で  16.1    46.7
    32.6   継続          41.1   ゼロ     46      133
     93   →→→          117     
         T1/T2ともに    22.1     T1/T2/T3で  17.5
         ゼロシナリオ    63      ゼロシナリオ  50

     T1                T2                  T3
```

注1：数字上段は比率（％），下段（斜体）は実数。
注2：この図は，討論型世論調査の参加者 285 人のうち，2030 年の原発比率「0％」を支持した人数の推移を示している。T1は電話による事前アンケート（うち実際に討論型世論調査に参加した人），T2は討論型世論調査開始時，T3は討論型世論調査終了時の回答結果を表しており，「他選択」には「15％シナリオ」と「20-25％シナリオ」の双方を含む。
出典：曽根ほか (2013)。

によれば，参加者の判断は3つの選択肢のあいだを多様に動いており，単純に「0％」が増加したという表現では済まされない（図 6-1 を参照）。そうした意見の変容を確認することは，討論型世論調査における「熟議 deliberation」の内容を検証するために不可欠である。残念ながらマスメディアも，こうした意見変化のニュアンスを十分に伝えたとは思われない。

　他方で，今回の討論型世論調査では，議論の内容にも問題が見られる。そこでは核燃料サイクルの是非や安全保障といった論点が十分に取り上げられておらず，また，原発の必要性（すなわちエネルギーの代替可能性）に議論が傾いたことから，リスクに関する議論が深まったとも言い難い。そもそも「選択肢」の形成が非常に難しかったように，専門家の見解や主張は多様であり，そのことを「国民的議論」に反映できたか否かは検討を要する。論点設定のプロセスの充実は，こうした議論の場自体と，実施主体への信頼性に直結する要素であり，今後の大きな課題となる。これは翻って，「国民的議論」を誰が主導してどのように進めるべきか，という手続き面の課題に関わってくる。

　最大の問題は，「国民的議論」の結果を政策にどう反映させるのかが見定め

られていなかった点である。この点に窮した政府は事後になってから，世論調査などの専門家を集めた「国民的議論の検証会合」を設けたが，その会合では，「世論」と「輿論」，すなわち「生の世論」と「熟議を経た公論」の違いからあらためて議論されるという付け焼き刃の対応であった。「国民的議論」に採用された3つの手法はそれぞれに異なる意味と役割を持っており，そうした点は事前に検討・整理した上で国民に表明すべきであったが，「熟議」とは何かという根本的な思考を欠いたまま実施された「国民的議論」が，既存の政治過程をしのぐ影響力を持てなかったのも無理はない。もっとも，そうした影響力は逆に熟議の積み重ねによって生み出されるものでもあり，それを受け入れる柔軟性が，まず政府にこそ求められるのである。

(3) 「熟議」のための専門知

　熟議を進める上では，議論の前提となる議題設定そのものも政治的な焦点となる。そこに大きな影響を及ぼすのが，科学的・専門的知見である。そもそもこれまで専門性を理由に熟議が阻まれてきたのであり，科学的・専門的知見の示され方，用いられ方によって，原発をめぐる議論のあり方も大きく規定されてしまう。ここでも原発の便益とリスクを焦点として，その検討過程で政府が依拠した専門的知見のありようを確認していこう。

　原子力政策を「ゼロベースで見直す」とした菅政権の方針を受けて，原発のコストは重要な検証対象となった。原発は経済的・社会的便益の大きさを根拠に推進されてきたから，コスト面の優位性が崩れて便益が小さくなれば，それだけリスクの大きさが注目されることになり，「原発は見合わない」と否定されることにもなろう。

　検証によって明らかになったのは，肝心の原発のコストが単純には定まらないことである。まず発電コストの見積もりに，実際にはかなりの幅が見られる。水力，火力，原子力等のエネルギー技術それぞれの発電コストについて，政府，政府系研究機関，シンクタンク，研究者らが行った7種類の試算を見ると，各エネルギー源のコストはまちまちであり，その最小値と最大値にはかなりの幅がある。しかも，3つのエネルギー源のコストの最小値はほぼ同じであった[12]。

これは，どのエネルギー源が最も経済的かが容易に決まらないことと同時に，計算の条件設定しだいで選択肢の優劣は多様に描き出せることをも意味している。つまり複数の試算を俯瞰してみると，専門的知見の多様性と不確定性が明らかになるのである。

　また，そうした知見の多様性が政府によって恣意的に利用されるという問題もある。たとえば原子力委員会における核燃料サイクルのコスト検証では，使用済み核燃料の「全量再処理」という従来の政策が最も低コストになるよう，事務局が恣意的な計算を行っていた。核燃料サイクル政策からの転換を意味する「全量直接処分」のコストが相対的に高くなるように，試算の前提条件を操作したのである。委員の異論を受けた再計算では，「全量直接処分」が最も安くなるという当初とは異なる結果が示された。

　福島第一原発の安全対策における数々の不備で明らかになったように，原発のリスクについても，これまで過小評価がなされてきた。さらに事故後は，放射能汚染への対応において政府と専門家が恣意的な論証を行い，安全性を強弁している（尾内・調 2013）。その経緯を例に，リスクに関する専門知の問題点を見てみよう。

　低線量の放射線被ばくが健康にもたらす影響は，国際的にさまざまな知見が蓄積されてきたが，現在のところ，科学的に明確な答えが出ているとは言い難い。そのため，より安全を確保できるよう，被ばく線量がどれだけ低くても線量相応のリスクがあるという前提で防護策をとる考え方が，国際的に標準化されている[13]。ところが政府が示した低線量放射線リスクの評価は，避難区域への住民の帰還を急ぐためか，年間20ミリシーベルト以下であれば「十分に安全」であり，むしろ過剰に心配することのストレスの方がリスクになるというものであった。低線量域での発がん性などの健康影響は確かに小さいが，政府のリスク評価を支えた専門家集団の議論は，小さいために，あるいは分析が難しいためにリスクがわからないことを，リスクがないことにすり替え，その際，安全と主張するのに都合のよい科学的データのみを恣意的に用いていた[14]。

　低線量被ばくへの対策は，科学のみで答えを出せないし，出すべきものでも

ない。国際的にも，放射線防護策は当事者住民の参加を得て議論し，策定することが必須と考えられている。この場合のリスク対策にはリスクに向き合う人々の価値判断が関わることを認識しているからだ。しかし政府と専門家は，「住民との十分な対話」を掲げていながら，実際は意見の異なる専門家との議論や，住民とのコミュニケーションを十分に行ってはいない。しかも，対策の内容を決めてからコミュニケーションに取り組むという転倒を犯しており，そこでの「対話」は実質的には「説得」としか言いようがない。こうした恣意的なリスク対策は，放射線問題のみにとどまらず，原発のリスクを再び過小評価し，安全対策の見直しや住民の避難計画にも波及することになろう。それは，原子力政策を議論する上でリスクが軽く扱われるという，これまでどってきた道への回帰を意味している。

　政策決定に用いる知見は，客観的かつ確実であれば確かに望ましい。だが見てきたとおり，原子力政策は，不確実性を帯びた予測と価値判断とに依存せざるを得ない。原発推進という結論から逆算して科学的知見が選別されるという転倒した状態をあらため，まずは政治的な知見の選別を避けることが，熟議の前提となる。そのための科学者・専門家の役目は重要であり，審議会等の人事にも新たな工夫が望まれる[15]。結論ありきではなく，科学者・専門家こそが多様な知見をふまえて十分に熟議するという意識と制度も，市民を含めた熟議民主主義のための必要条件なのである。

4　熟議民主主義の可能性と課題

　いま求められているのは，これまでの政策が前提とし，自明視してきた「現実」を議論に付し，再考することである。そして議論において向き合うことになるさまざまなリスクは，不確実であるからこそ，判断の多様性，多義性を議論に包摂し，当事者の自己決定を確保しなければならない。そのために本章は，熟議民主主義が示す理念と方法の活用を考えてきた。
　とはいえ実際には，本章で見たように経済合理性が優先され，あるいは科学的知見が恣意的に用いられる傾向がある。そうした状況でなされる議論は，保

守的で経路依存的な政策選択を正当化することにつながる。ひいては,「現実を直視できる合理的態度」と「感情的にリスクを恐れる非合理的態度」といった二分法で,社会に過剰な対立をつくり出し,合理的に判断できる官僚制と専門家こそが意思決定すべきという主張に行き着きかねない。だがたとえば,そうした「合理的」な政策分析手法の代表とされる費用便益分析を見ても,データの限界や価値判断のバイアスを含んでいる。一方で,リスクに関して主張される予防原則はしばしば,リスクトレードオフを理解しない「非合理的」なものとして批判されるが,予防原則は客観的なデータを無視するものではないし,コストが過大かどうかは社会の価値観と評価によって判断されるべきである。ましてや,エネルギー源としての原発の便益が社会からの評価に左右されることは,すでに述べた通りである。

冒頭で触れたドイツの脱原発の経緯に目を向けてみよう。政策転換に根拠を与えた「安全なエネルギー供給に関する倫理委員会」は,原発のリスクに関して非常に重要な議論を展開している（安全なエネルギー供給に関する倫理委員会 2013）。とくに「残余のリスク」の評価に,同委員会は慎重な説明を施す。そこでは危険性を絶対的なものとして振りかざすことなく,原発リスクをめぐる「絶対的な拒否」の立場と「相対的な比較衡量」の立場との対立を「根本的」な論争と位置づけ,両者から学ぶべき点を汲み取っている。とりわけ,後者の依拠する「合理性」が「つねに初期条件と文脈条件に依存」することを指摘し,特定の合理性の押しつけに明確に注意を促している点は,日本における議論を思えば非常に重要である。

もっとも,中立的で理性的な議論を求める態度には,それ自体が抑圧的ではないかとの批判もある。だが熟議民主主義は,議論に参加するアクターの権力資源の格差や弱者への配慮,声なき声をくみ取る姿勢とも結びついており,その射程は必ずしも中立的,理性的な議論にとどまるものではない。この点も,熟議民主主義がもつ重要な可能性と言えよう。熟議民主主義論は,行政,専門家,市民のあいだの緊張関係を生み出すことで,討議を実質化することを目指すのである。

こうして,ミニ・パブリックスや国民投票なども含めた市民参加にもとづい

て，多様な熟議の展開を図ることが，本章から見えてきた今後の方向性となるが，残念ながら，熟議の導入がそのまま対立の解消や合意の実現を意味するわけではない。そもそも熟議の場をどのように実現するのか，と考えてみればわかるように，熟議への志向はつねに現実主義の圧力にさらされざるをえない。現に，民主党政権期の「国民的議論」の成果が，それ自体決して十分ではないとはいえ，2012年12月の政権交代によって雲散霧消してしまったことは深刻である。本来は，原発事故を招いた一当事者である政府が熟議へのイニシアティブを取り続けるべきだが，熟議民主主義がまさに批判してきた従来型の政治に逆戻りしてしまった。

　熟議を実現するためには，政府にその制度的な実践を迫る市民の異議申し立ての力も欠かせない。そのように考えるとき，ドイツの「倫理委員会」の議論でさらに興味深いのは，原発をめぐる対立がもたらす「ぎすぎすした社会的雰囲気の悪化が引き起こす諸結果」について倫理的に考察すべき，という指摘である。脱原発によってその状況自体を消そうという狙いであったなら（委員会はそうは述べてないが），一種の責任放棄になりかねず，意思決定としての正当性に疑問も生じる。とはいえ，そう見えるのは，この委員会を単発的な熟議の機会としてのみとらえる場合であり，ドイツの原発論争には長く厳しい歴史がある。市民運動による原発批判を定着させた1986年のチェルノブイリ原発事故から，緑の党の勢力伸長に伴うシュレーダー政権の脱原発決定まで14年，原発推進を探っていたメルケル政権の今回の政策転換までは25年が経っている。その間に積み重ねられてきた議論とそれが背負っている時間も，政治過程の重要な要素なのである。

　熟議民主主義の理念と方法は，このように限界も抱えている。だが，そもそもそれ一つで問題を解決する政治制度というものを想定することには無理がある。新しい政治に向けて動き出した市民が，デモや直接投票といったあらゆる政治手法の活用を探っていることと同時に，さまざまな場で熟議の実現を目指すことが，日本政治の今後の課題と言える。熟慮と討議を通した意志決定の模索は，日本ではまだ始まったばかりである。

注
1) 「平成24年6月8日　野田内閣総理大臣記者会見」
2) 関西電力の工程表では当初，免震重要棟すら「5年以内の完成」という悠長な計画となっていた。免震重要棟は，福島第一原発事故の際にまさに最後の命綱となった設備であり，東京電力の場合は中越沖地震による柏崎刈羽原発への被害を踏まえて自社の各原発に新たに整備し，幸運にも東日本大震災に間に合っていたものである。
3) 火力発電の燃料費高騰にあえいでいた関西電力にとって，再稼働問題とはまず経営問題であった。
4) 熟議民主主義の理論には今日では多様な広がりがあり，理論的な違いを反映して「討議民主主義」という表現を用いる立場もあるが，本章は理論の解説が目的ではないので，「熟慮と討議」を重視した意思決定を追求する民主主義観の総称として「熟議民主主義」を用いている。
5) 読売新聞，社説「展望なき「脱原発」と決別を」2011年9月7日付。
6) いずれも科学技術政策研究所が実施した調査による。これらは平成23年版『科学技術白書』に紹介されている。
7) この円卓会議は原子力委員会が主催し，当時の科学技術庁（のち三菱総研に委託）が事務局を担った。実際の会議の進行や議題選定，提言のとりまとめは，中立性への配慮から「モデレーター」に任されたが，その人選も政府によるものであったことに変わりない。
8) 会議の論点は，安全と安心，エネルギー政策，核燃料リサイクル，原子力と社会との関わりという4点に整理されていた。反対派は，万が一の場合のリスクは科学的な算定可能範囲はもちろん，被害の補償可能範囲も超えていると主張し，推進派は，他の種々のリスクとの比較を通して原子力の安全性を理解することが合理的だと主張した。この推進派のリスク観は，必然的に原子力の必要性や便益と結びつくことになり，一方で反対派は，放射性廃棄物のリスクや原子力によるエネルギー浪費の社会構造を批判していた。福島第一原発事故後に話題となった諸論点は，この円卓会議ですでにほぼそろっていたと言える。
9) 町が実施に抵抗したため，この住民投票は，住民自身による「自主管理住民投票」や町議会での多数派形成，町長のリコールといった手段を経てようやく実現した。投票率88.29％，建設反対1万2,478票，建設賛成7,904票となり，東北電力は2003年12月に正式に計画を撤回した。
10) 政府が国家レベルの政策決定の参考とするために公式に討論型世論調査を実施したのは，もちろん日本で初めてのことであり，世界でも例がない。
11) 革新的エネルギー・環境戦略の素案は，総合エネルギー調査会，原子力委員会，中央環境審議会，コスト等検証委員会がそれぞれに審議しており，会議体が乱立していた。また，原子力政策に批判的な委員が加わったことで予定調和的な議論はできなくなり，なかなか結論が出なかった。

12) 共同通信，2012 年 4 月 19 日。
13) 国際放射線防護委員会（ICRP）の Publication.111 を参照。
14) 放射線の健康影響に関わる政府の多くの文書のうち，最も重要なものとして『低線量被ばくに関するリスク管理ワーキンググループ報告書』を参照のこと。
15) たとえば，イギリスの公職任命コミッショナー制度のように，独立した査定者が公募を通じて委員を選定するしくみも検討されてよいだろう（日隅 2009）。

第 II 部　世界の動き

現在のチェルノブイリ原発 4 号機
(2011 年 6 月 14 日。撮影：Jennifer Boyer. Flickr で公開)

第 7 章

対立と対話
ドイツ

本田 宏

1 原子力体制構築から原発大量発注へ（1955～1974 年）

　本章は，1998 年の赤緑連立政権成立以前のドイツの政治過程を 3 つの時代に区分して見ていく。

　原子力の研究開発体制は，キリスト教民主・社会同盟（CDU/CSU）政権下で整備された（1955 年 10 月の連邦原子力問題省設置や 1959 年 12 月の原子力法制定など）。このことは，CDU/CSU が原子力推進に執着する要因となる。保守政権は同時に，東ドイツの共産主義体制に対抗して「社会的市場経済」を基本原理に掲げており，エネルギー政策においても国家介入を抑え，市場原理を重視する傾向があった。具体的には石炭から石油へのエネルギー転換が容認されたが，原子力開発には巨額の投資が必要なため，結局は国家の強い関与が必要になった。そこで原子力の基礎研究は，連邦や州が出資する政府系原子力研究センター（カールスルーエ，ユーリッヒ）に委ねられた。しかし電力業界は独自に，より安価と喧伝されていた米国型軽水炉を建設する方針を固めていく。

　初の発電炉は，ライン・ヴェストファーレン電力（RWE）とバイエルン電力（BAG）がバイエルン州のカールに共同で発注した軽水炉の実験炉であり，1961 年から運転を開始した。1960 年代後半からは電力会社による原発発注が本格化し，原子力産業も急速に発展した。1969 年にジーメンスと AEG の共同

表7-1 旧西ドイツの原発

		炉型	出力	発注	運転	閉鎖	建設会社
1	VAK カール(カールシュタイン)	BWR	1.6	1958	1961	1985	AEG
2	AVR ユーリッヒ	HTGR	1.5	1959	1969	1988	BBK
3	MZFR 多目的研究炉カールスルーエ	PHWR	5.8	1961	1966	1984	Siemens
4	KRB グントレミンゲン A	BWR	25.2	1962	1967	1980	AEG/Hochtief
5	KWL リンゲン	BWR	25.2	1963	1968	1979	AEG
6	KWO オーブリッヒハイム	PWR	35.7	1964	1969	1985	Siemens/Hochtief
7	HDR グロースヴェルツハイム(カールシュタイン)	BWR	2.5	1964	1970	1971	AEG
8	KKN ニーダーアイヒバッハ	HWGCR	10.6	1964	1974	1974	Siemens
9	KNK カールスルーエ	SCTR	2.1	1966	1972	1974	Interatom
10	KKS シュターデ	PWR	67.2	1967	1972	2003	Siemens
11	KWW ヴュルガッセン	BWR	67.0	1967	1972	1995	KWU
12	ビブリス-A	PWR	122.5	1969	1975	2011	KWU/Hochtief
13	KKB-ブルンスビュッテル	BWR	80.6	1970	1977	2011	KWU
14	KKP-1 フィリップスブルク	BWR	92.6	1970	1980	2011	KWU
15	GKN-1 ネッカーヴェストハイム	PWR	84.0	1971	1976	2011	KWU
16	ビブリス-B	PWR	130.0	1971	1977	2011	KWU/Hochtief
17	KKU ウンターヴェーザー(エーゼンスハム)	PWR	141.0	1971	1979	2011	KWU
18	KKI-1 イーザー(オーウ)	BWR	91.2	1971	1979	2011	KWU
19	THTR-300 ハム・ユーントロップ	HTGR	30.8	1971	1987	1989	BBC, HRB, Nukem
20	SNR-300 カルカー	FBR	31.2	1972	—	1991	INB 他
21	KKK クリュンメル	BWR	131.6	1972	1984	2011	KWU
22	KWS-1 ヴィール	PWR	136.2	1973	—	—	KWU
23	KNK-II カールスルーエ(KNKを改造)	FBR	2.1	1973	1979	1991	Interatom
24	ミュルハイム・ケアリッヒ	PWR	130.2	1973	1987	2000	BBC/BBR
25	KRB-II-B グントレミンゲン	BWR	134.4	1974	1984	2017	KWU/Hochtief
26	KRB-II-C グントレミンゲン	BWR	134.4	1974	1985	2021	KWU/Hochtief
27	KKG グラーフェンラインフェルト	PWR	134.5	1975	1982	2015	KWU
28	KWG グローンデ	PWR	143.0	1975	1985	2021	KWU
29	KKP-2 フィリップスブルク	PWR	145.8	1975	1985	2017	KWU
30	KBR ブロクドルフ	PWR	144.0	1975	1986	2021	KWU
31	KKI-2 イーザー(オーウ)	PWR	147.5	1978	1988	2022	KWU
32	GKN-2 ネッカーヴェストハイム	PWR	140.0	1980	1989	2022	KWU
33	KKE エムスラント(リンゲン)	PWR	140.0	1982	1988	2022	KWU

注:出力は万kW。上記は着工まで至った原発。このほかに発注はしたが着工に至らなかった4基と、発注に至らなかった10基以上の計画がある。25以降の原発の閉鎖年は予定。炉型はBWR(沸騰水型軽水炉)、HTGR(高温ガス炉)、PHWR(加圧重水炉)、PWR(加圧水型軽水炉)、HWGCR(重水ガス冷却炉)、SCTR(ナトリウム冷却実験炉)、FBR(高速増殖炉)。なお、旧東ドイツの原発は6基すべてがドイツ統一後に閉鎖された。
出典:若尾・本田編(2012)。

表 7-2 大手電力会社の変遷

1976 年（西ドイツ）	出資した原発	2011 年
ライン・ヴェストファーレン電力株式会社（RWE）	1, 4, 7, 12, 16, 20, 24, 25, 26	RWE
合同ヴェストファーレン電力株式会社（VEW）	5, 8, 19, 33	RWE
プロイセン電力株式会社（PREAG: VEBA グループ）	10, 11, 13, 17, 21, 28, 30	E.ON
北西ドイツ電力株式会社（NWK: PREAG 子会社）		E.ON
バイエルン電力株式会社（BAG: VIAG グループ）	1, 4, 18, 25, 26, 27, 31	E.ON
バーデン電力株式会社（BW）	3, 6, 14, 22, 29	EnBW
シュヴァーベン・エネルギー供給株式会社（EVS）	6, 14, 22, 29, 32	EnBW
ハンブルク電力株式会社（HEW）	10, 13, 21, 30	Vattenfall
ベルリン都市電力事業株式会社（BEWAG）		Vattenfall

注：出資した原発の番号は表 7-1 の各原発に対応。原発 2, 9, 23 は原子力研究センターが運営。原発 15, 32 はドイツ鉄道などが出資。
出典：若尾・本田編（2012）。

出資で設立されたクラフトヴェルクユニオン（KWU）社は，やがてジーメンスの完全子会社となり，西ドイツの原発製造をほぼ独占した（表 7-1）。高速増殖炉の開発会社，インターアトムもジーメンス系だった。護送船団方式をとった日本とは異なり，西ドイツ政府は複数の原子力企業集団の確立を積極的には支援しなかった[1]。核燃料成型加工産業の分野では 1960 年，デグッサ社と RWEなどの出資でヌーケムが核燃料分野の投資会社として，ヘッセン州南部のハーナウに設立された。ヌーケムはジーメンスとともに，多数の関連会社に出資した（若尾・本田 2012: 57–62）。

　次に電力業界について触れておきたい（表 7-2）。ドイツでは地方や自治体のエネルギー供給企業も含めると，実質的に電力体制の 6 割以上で公共機関が経営に関与していた。なかでもノルトライン・ヴェストファーレン州は RWE, バーデン・ヴュルテンベルク州はバーデン電力，バイエルン州はバイエルン電力の大株主だった。連邦政府や州政府は電力会社が準備する過大な需要予測に基づいてエネルギー政策を策定していた。また電力業界を監督する連邦や州の経済相や財務相は，電力会社の監督役会の役員[2]になっている例が多くみられ（Nelkin and Pollak 1981: 17），両者の癒着が批判される所以となった。

　西ドイツの電力体制は，配電を中心に多数の事業者で構成される（約 1,000 企業）。しかし大手電力会社（1970 年代には 7 社）相互の株式持ち合いと，多数の地方事業者への支配のため，実際の権力は集中している。また大手電力会

社のなかでも 2 大企業の RWE と VEBA（合同電力鉱山株式会社，フェーバ）だけで西ドイツ全土の電力の 50% 以上を発電していた。ドイツの総発電量の 70%（1994 年）は，発電と送・配電の 3 分野を垂直統合している大手電力会社が，残りは産業用発電所と，地方企業や自治体企業が占めていた[3]。

　原子力法制定以来，1975 年まで原子力政策について連邦議会ではほとんど議論されず，所管省や政府系研究センター，製造企業，電力会社，認可行政庁が決定していた。

　2 大政党のもう一方の雄，社会民主党（SPD）は，ドイツ労働総同盟（DGB）とともに，1950 年代には反核（軍備・実験）運動を支援したが，原子力の民生利用は漠然と肯定していた。SPD は，国内石炭産業の保護に見られるように，エネルギー政策への国家介入の必要性や計画化を重視していた。SPD は，1966 年に CDU/CSU との大連立政権に参加し，労使間の協議に基づいて，国内石炭産業の再編・保護政策を進めた。その後，1969 年には，SPD と自由民主党（FDP）の連立政権（ヴィリー・ブラント首相）が発足するが，この政権は，「もっと民主主義を試みよう」（mehr Demokratie wagen）をスローガンに掲げ，市民の政治参加を奨励した。しかし同時に，科学技術の発展に基づく「国民経済の近代化」も掲げ，その担い手として原子力に期待しており，1972 年には原子力開発の所管省を連邦研究技術省（BMFT）に再編した。さらに 1971 年には連邦政府初の環境計画を策定したほか，1973 年 9 月には，連邦政府初のエネルギー計画を策定している。

　原子力施設の建設に対しては，すでに 1950 年代後半から住民や専門家による異議申し立てが散発的に存在していた。1960 年代末になると，市民イニシアチヴ（Bürgerinitiative）という新しい組織的な住民運動が登場し，全国各地の都市再開発や大規模開発事業（特に原発や空港，高速道路）による環境や生活基盤の破壊に反対し始める。こうした住民運動の連合体として，1972 年には BBU（全国環境保護市民イニシアチヴ連盟）が結成される。

2 社民・自民政権下の原発紛争の激化（1975～1982年）

(1) ヴィール原発敷地占拠と原子力「市民対話」

　1974年5月，原子力推進派のヘルムート・シュミットに連邦首相が交代する。この政権下で，同年10月，エネルギー計画の第1次改定が発表され，原発大増設の目標を掲げた。このため各地で原発立地をめぐって緊張が高まった。この当時，独仏スイス国境・ライン川沿いには，この3国がそれぞれ原発建設を進めていた。ドイツ側では，南西部のバーデン・ヴュルテンベルク州を大株主とするバーデン電力と，公営の電力会社EVSが原発の建設を計画していた。同州は，カールスルーエ原子力研究センターを運営するなど，原子力開発に積極的だった。州政府はCDUの単独政権であり，州首相ハンス・フィルビンガーは住民の抗議運動を共産主義の扇動と見なす発言を繰り返した。ヴィールでは村有地売却をめぐる住民投票が行われたが，原発賛成が半数を超えた[4]。これを受け，州政府は1975年1月に原発設置の第1次部分認可と工事の即時執行命令を出した。ドイツでは原発立地手続きが多段階的に行われ，また公益性を根拠に，即時着工命令を認可と同時に発令することが通例となっていた。

　反対運動は周辺自治体で強く，9万人の個人や8自治体が原子力法に基づく異議申し立てを行い，4自治体は行政裁判所にも提訴した。主体はワイン用ぶどう農家などの住民や，フライブルク大学などの学生や研究者であり，国境を越えたフランスの住民からの支援もあった。しかし着工が強行される恐れが高まると，1975年2月，数百人の反対派が予定地を占拠する。州警察はこれを排除したが，住民が排除される様子が全国テレビで放送されると，数日後に2万8,000人が現地に押し寄せ，再占拠した。州政府は再排除を断念し，占拠は半年以上に及んだ。反対派は占拠地に木造家屋を立てて「ヴィールの森人民大学」と称する市民講座を開設し，その「市民科学」の試みは，1977年11月の「エコ研究所」（Öko-Institut）設立につながっていった。

　1975年3月，フライブルク行政裁判所は，即時執行命令の正当性を否定し，工事中断を命じた（ただし上級審に覆される）。これを受けて，州政府は反対

派と交渉する柔軟路線に転換した。1975年11月，裁判の判決が出るまで工事を強行しないことを条件に，反対派は自発的に退去した。1977年3月，第1次部分認可の取り消し訴訟で同行政裁判所は，建屋の設計に対する安全上の懸念を理由に建設を差し止めた。これは後に上級審に覆されるが，その頃にはすでに原発計画は政治的に実現困難となっていた（本田 2001）。

　ヴィール村の占拠が成功したのに刺激され，各地の住民運動は活発化し，相互の連携も進んで，全国規模の反原発運動が生まれた。特に1968年の学生反乱を経験した新中間層の若年世代が多数参入したことによって，反原発運動は勢力を拡大した。当時，政府は，学生運動から派生した少数の赤軍派のテロ活動を理由に過激派条例の導入を進め，公務員志望者の思想調査などを行っていた。これに若年層は強く反発した。彼らのバイブルは，反ナチ抵抗運動を経験したジャーナリスト，ロベルト・ユンクのルポ，『原子力帝国』（原著1977年）である。このルポは，原子力の民生利用が，労働者や科学者に対する監視や人権侵害をもたらす可能性を指摘した。若年層の参加により，反原発運動は，社会システム全体の問い直しへと視点を拡大していった。反原発デモを通じて，他のさまざまな社会運動もネットワークを形成し，緑の党結成の基盤にもなった。こうしてドイツでは反原発運動がいわゆる「新しい社会運動」の中核を占めることになり，かつて権威主義的と評された西ドイツの政治文化の民主化にも貢献したのである。

　ヴィール敷地占拠の成功を受け，連邦研究技術相ハンス・マットヘーファー（SPD）は，1975年3月，原子力「市民対話」（Bürgerdialog）と呼ばれることになる政策対話の実施を約束する。これは元々，スウェーデン政府の原子力情報キャンペーンから学んだものだった。1975年7月から3年以上にわたり，原子力に関する情報提供と政府の立場の周知徹底や，一般市民向けの教養講座や教会，労組，政党，その他の団体における意見形成への支援を目的に，さまざまな討論集会が実施された。どの集会でも推進・反対両方の観点が提示され，そこで出た意見は連邦研究技術省（BMFT）発行の小冊子に掲載された。ただし市民運動側は，原発建設を続けようとする政府には批判的だった。

(2) ブロクドルフ原発闘争からゴアレーベン国際評価会議へ

　連邦議会における与野党の合意は，ドイツ北部，シュレースヴィヒ・ホルシュタイン州ブロクドルフに計画された原発をめぐって崩壊する。VEBA 傘下のプロイセン電力の子会社，北西ドイツ発電（NWK）と，ハンブルク電力（HEW）の原発建設計画である。「ヴィール」の再現を防ごうと，CDU 主導の州政府は秘密裏に第1次部分設置認可を出し，警察は予定地の周囲に濠を掘り，鉄条網を張り巡らした。これに対し，地元の観光業者や農家を中心に住民運動団体が結成され，ブレーメン大学の専門家やドイツ環境自然保護連盟（BUND）が支援したほか，全国から学生活動家が多数駆けつけた。

　1976年10月末，デモ隊の一部が予定地の半分を占拠し，警察に高圧放水や催涙ガスで排除される。11月，約4万人のデモがあり，州警察や連邦国境警備隊との衝突で多数の負傷者と逮捕者が出た。ここでも裁判所が紛争緩和に動き，12月，シュレースヴィヒ行政裁判所は工事の中断を命じる。1977年2月に裁判所は，核廃棄物処分の検討が不十分だとして第1次部分認可の合法性を疑問に付し，当面の工事再開を禁止した。

　その間，労組員がブロクドルフ原発反対のデモに参加する一方，電力会社や原発製造企業の従業員代表委員[5]も推進デモを行い，圧力団体 AKE（従業員代表委員・エネルギー行動会議）を結成した。AKE は1977年11月，ドルトムントのスタジアムでの原子力推進大集会に労組員を約4万人集めた。労組内では原子力をめぐり活発な議論が交わされ，特に州支部や地域支部，青年部で批判論が強まっていく。また労組を支持基盤とする SPD や，SPD と連邦やいくつかの州で連立政権を構成していた FDP の内部でも，原発立地を抱える地域や青年部などが反原発運動の支援に回り，上部組織と対立するようになった。さらに「エリート」の分裂は世論の多様化も促し，1970年代後半から1980年代前半まで，原発への賛否は拮抗し続け，チェルノブイリ事故後に反対派の優位がようやく確立する（図7-1）。

　また上記の1977年2月のブロクドルフ訴訟判決は，1976年8月の原子力法改正に基づいていた。この法改正により，原発事業者は使用済核燃料の中間貯蔵と再処理に，連邦内務省は最終処分場の整備に責任を負うことになった。こ

図 7-1　Emnid 社の西ドイツ世論調査

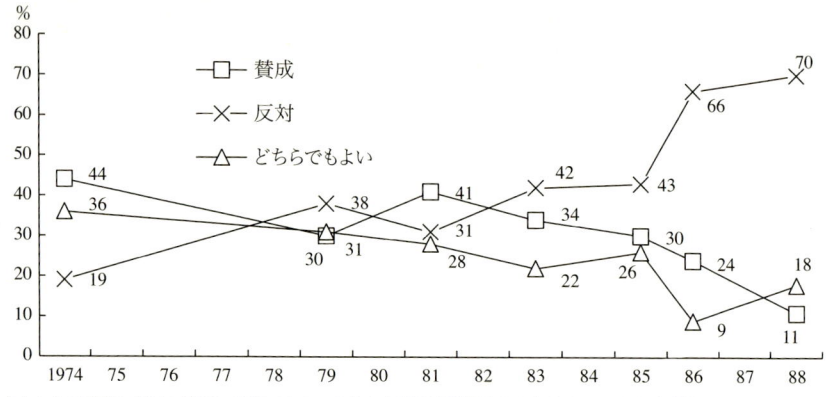

あなたは原則的に原発の建設に反対ですか，それとも原発が建設されようとなかろうと本質的にどちらでもよいですか。
出典：本田（2005）。

れを受け，連邦内務省は，費用負担に消極的な電気事業者に圧力をかけるため，使用済核燃料の処理能力の証明を原発建設認可再開の前提条件とする「処理の抱き合わせ」方針を作成した。この方針は 1976 年 12 月のシュミット首相の所信表明演説にも盛り込まれていた。結果的に，1977 年 7 月から 1982 年 7 月までの間，原発建設認可は皆無となった。

　こうしたなかで，連邦与党の SPD と FDP，および労働総同盟（DGB）の内部では，原子力の推進派と批判派の両者の妥協が図られていった。それを反映したのが 1977 年 12 月に連邦政府が発表したエネルギー計画第 2 次改定である。これは①原発増設目標を抑制し，②新規原発建設や運転開始を許可する条件を国内外の施設での使用済み核燃料の中間貯蔵容量の確保や国外での再処理，および「総合処理センター」の建設とした。そこで連邦政府は，大型再処理工場と最終処分場などを 1 カ所に建設する総合処理センター計画の具体化を急いだ。その候補地に選定されたのは，東ドイツとの国境に遠くないドイツ北部ニーダーザクセン州ゴアレーベンの旧岩塩鉱だった。

　しかし同州首相エルンスト・アルブレヒト（CDU）は，反対運動の激化と州議会選挙への緑の党の参入を見て，着工をためらい，総合処理センター計画の

技術的評価を国際的な専門家の会議に委託した。オーストリア政府の原子力情報キャンペーンの責任者だった物理学者がコーディネーターとなり、「ソフト・エネルギー」で有名な米国人専門家、エイモリー・ロビンズを含む反対派 25 名（うちドイツ人 5 名），推進・中間派 37 名の専門家が会議に参加した。1978 年 9 月にハノーファーで初会合が持たれ，1979 年 3 月に 6 日間のシンポジウムで締めくくられた（本田 2014）。

　その間，連邦政府は試掘工事に着手し，抗議行動を惹起した。3 月末，米国のスリーマイル島原発で事故が発生するなか，農民が運転する 350 台のトラクターによるデモが州都ハノーファーに到着し，当時としては西ドイツ史上最大の 10 万人が参加する反原発集会が開かれた。1979 年 5 月，ついにアルブレヒトは全国テレビ中継された記者会見で，総合処理センター構想について「これだけ大きな論争が起きているので，（政治的に）実行可能ではない」と述べた。州政府に拒否され，連邦首相シュミットは，操業・建設・計画中の原発を抱える 8 州の首相と協議し，1980 年 3 月，再処理と廃棄物処理に関する新しい基本原則に合意し，ゴアレーベンを核廃棄物の最終処分場や中間貯蔵施設の予定地とするが，別の場所に小規模の再処理工場を建設する方向に転換した。

(3)　高速増殖炉問題と連邦議会特別調査委員会

　同じ頃，高速増殖炉の開発と建設も紛糾していた。オランダ国境に近いカルカーでは 1973 年に原型炉 SNR 300 の建設に着手したが，工事は遅れ，建設費用がかさんでいた。国境を越えて反対運動が拡大し，1977 年 9 月には 5 万人のデモが行われた[6]。

　連邦研究技術相マットヘーファーは，「市民対話」の一環として，1977 年 5 月，SNR 300 に関する専門家会合をボンで開き，与野党代表の他，専門家を市民イニシアチヴから 5 名，研究技術省から 5 名推薦する形をとった。この年 11 月のハンブルクでの SPD 党大会は，カルカー原型炉の運転許可や，高速増殖炉の商業化全般の是非を最終的に決定する前に，連邦議会の採決にかけるべきだという決議を採択している。翌年 9 月には SPD の連邦議会会派の研究技術部会が特別調査委員会の設置を提案した。

その間，連邦と同様に SPD と FDP が連立を組んでいたノルトライン・ヴェストファーレン州政府は，同年6月から SNR 300 の第3次部分認可の発令を先延ばしし，憲法判断を仰いでいた。結局，カールスルーエの憲法裁判所は同年12月，認可に連邦議会の決議は必要ないと判断したが，州政府の消極姿勢は続いた。認可を担当する同州の内務相や経済相は FDP に所属していたが，FDP は，ハンブルクとニーダーザクセンの州議会選挙で緑の党に票を奪われ，全議席と州与党の地位を失っており，同様の事態の再現を恐れた。

　さらに衝撃的だったのはオーストリアのツヴェンテンドルフ原発をめぐる同年11月の国民投票である。完成した原発の運転開始の中止が過半数ぎりぎり（50.47％）の支持を得たのである。その後，1986年のチェルノブイリ原発事故が，オーストリアの原発計画に止めをさした。1978年11月のマインツでのFDP 党大会は，高速増殖炉技術の商業利用を拒否するとともに，連邦議会特別調査委員会の設置を要求する決議を採択した。野党の CDU/CSU も最終的に委員会設置に賛成した。同年12月，連邦議会は，高速増殖炉問題を中心にエネルギー政策全般を検討する特別調査委員会の設置を決定した。

　一般的に特別調査委員会の任務は「包括的で重要な問題群についての意思決定の準備」とされる（連邦議会運営規則）。委員は，全会派最低1名の議員のほか，会派間の交渉に基づいて専門家が選ばれる。審議は非公開だが，しばしば参考人の意見聴取会も行われ，連邦や州，および省庁の代表者は出席権を持つ。報告書は一般向けに刊行もされる。

　1979年5月に発足した「将来の原子力政策」特別調査委員会の任務は，特に SNR 300 の運転開始の是非に関する連邦議会への勧告の作成や，将来原子力を放棄する可能性の評価とされた。委員の構成は，会派や州のバランスのほか，連邦議会の関連常任委員会すべての委員が入るよう配慮された。また専門家が単なる各会派の利益代表になってしまうことを避けるため，推進・反対両派の専門家を与野党全会派が一括承認する形をとった。

　連邦与党からは，議長に SPD のラインハルト・ユーバーホルストが選ばれた。彼はブロクドルフのあるシュレースヴィヒ・ホルシュタイン州の選出議員で，企業の組織問題や集団コミュニケーションを専門とし，特別な対話法を開

発したコンサルタント会社で働いた経験を持っていた。このほかに SPD からはバーデン・ヴュルテンベルク州の原子力批判派，ハラルド・B. シェーファーと，鉱山エネルギー産業労組（IGBE）に近い議員が選ばれた。FDP は 1 名の議員を特別調査委員会に送り込んだ。連邦野党は CDU が副議長に選ばれた 1 名と石炭会社出身の 1 名，バイエルンの CSU が 1 名の議員を送り込んだ。

専門家委員は，エコ研究所の創設者で生物学者・哲学者のギュンター・アルトナーら原子力批判派 3 人，推進派 3 人（施設・原子炉安全協会 GRS の創設者や，高速増殖炉開発の元責任者，および電力会社 VEW の社長），中間派 2 人（ミュンヒェン大学の省エネルギー専門家と DGB の連邦執行部員）が選ばれた。

特別調査委員会は 1980 年 6 月 27 日に報告書を提出する。2030 年までの 50 年間にわたる 4 つのエネルギー・シナリオ（原発について第 1 は大増設，第 2 は増設，第 3 は長期的な廃止，第 4 は早期の廃止）を併記し，いずれも経済的・技術的に可能であると全委員が同意したことが画期的だった。最終的にどのシナリオを選択するにしても，1980 年代に省エネルギーの強化と再生可能エネルギーの開発を行い，増殖炉の技術開発は継続すること，「エネルギー・システムの 4 つの評価規準」（経済性，国際適合性，環境適合性，および社会的適合性）にも合意した。さらに委員会の多数派（与党議員と専門家委員全員）は，原子力の長期利用について賛否を表明せず，1990 年以降に上記の 4 規準に基づき，4 つのエネルギー・シナリオのなかから 1 つを選ぶこととした。高速増殖炉の是非にも判断を保留し，SNR 300 の安全性に関する推進派と批判派の両方の科学者による「並行研究」を勧告した。ただしこれらの妥協点に CDU/CSU の 3 人の議員は同意せず，少数意見を出した。

一般的に，専門家中心の政策対話は，その勧告が政府から無視される危険性は否めない。そのほかにも①専門的な論点に限定され，法律的・科学的用語で表現できない論点は議題から外され，素人の参加は排除される。②長期間に及ぶ公聴会は反対運動を消耗させ，メディアや市民の関心を低下させる。③議長の采配に左右されるといった弱点を有する。

しかし第 1 次特別調査委員会は以下の点が評価できる。①議長がモデレータ

ーとしての特別な経験を持ち，党派・原子力の賛否を越えた合意の形成を重視し，議題を経済合理性や技術的効率性に限定せず，すべての選択肢を公平に検討した。②特別の場の設置の時点ですでに反原発運動が大きな動員力を持っており，③独自の対抗専門家と研究所も確保していた。エコ研究所のシナリオも含め，省エネルギーの強化を前提とする脱原子力の選択肢は科学的かつ公的に裏付けられ，労組や SPD に態度の転換を促した。

他方で高速増殖炉の運転開始の是非について判断は先送りされ，この判断をまかされた第 2 次特別調査委員会（1981 年 9 月～1982 年 12 月）は，運転開始を急ぐ連邦政府や野党 CDU/CSU の圧力にさらされた。第 2 次委員会ではこのほかに，議長が原発批判色の強い SPD のシェーファーに交代したほか，原子力推進派の委員が多数派となったこと，また「並行研究」がうまくいかなかったことなどの要因で，対立が強まった。結局，CDU/CSU が主導する多数派が SNR 300 の運転開始を勧告した。

またシュミット政権は第 1 次特別調査委員会が勧告した省エネルギーの強化を指示しつつ，第二次石油危機の発生を背景に，原子力への回帰を図ろうとした。象徴的なのは，ブロクドルフ原発工事の再開であり，1979 年 12 月，シュレースヴィヒ行政裁判所が工事再開を認めたのを受け，1981 年 2 月，CDU の州政府が第 2 次部分設置認可を出した。並行して連邦政府は原発建設の許認可手続きを簡略化し，1982 年 2 月，新規の原発 3 基を，同じ規格という理由で一括認可した。この 3 基は結果的に西ドイツ最後の新規原発となった。しかし原発推進に与党内の合意はなく，NATO（北大西洋条約機構）による中距離核ミサイル配備問題とともに，政権崩壊の重要な要因となったのである。

3　コール保守政権下の紛争と交渉の試み（1983～1997 年）

(1)　1980 年代の政治的文脈の大変動

1982 年末から，原子力問題の政治的文脈は大きく変化する。第 1 に，FDP が SPD との連邦レベルの連立を解消し，1982 年 10 月，CDU/CSU との連立政権（ヘルムート・コール首相）へと鞍替えした。FDP 内の原子力論争は終焉

し，連邦与党内では推進の合意が確立した。第2に，緑の党が1983年3月の選挙で初めて連邦議会に進出した。第3に，野党転落後のSPDが，原子力への批判姿勢を強めた。第4に，労組が原子力施設の労働現場の問題に向き合うようになった。契機はユンクの『原子力帝国』が，フランスのラアーグ再処理工場での劣悪な放射線管理や環境汚染，被曝労働を押しつけられる派遣労働者，原子力施設の武装警備や労働者の厳しい身元調査に光を当てたことである。

さらに1986年4月，チェルノブイリ原発事故が発生する。翌月，ハンブルクでのDGBの大会は「できるだけ早期の」脱原発を要求する動議を採択した。その際，最大労組の金属産業労組（IGM）の転換が大きかった。8月のニュルンベルクでのSPD連邦党大会も，10年以内の脱原子力を要求する決議を圧倒的多数で採択した。

ただし鉱山エネルギー産業労組（IGBE）は，電力用石炭補助税を維持するため，原子力産業と妥協した。また化学製紙窯業産業労組（IGCPK）は脱原子力（Ausstieg）ではなく原子力からの「乗り換え」（Umstieg）を唱え，回帰の選択肢を残そうとした。第2の大労組，公務運輸労組（ÖTV）は医療・福祉従事者やゴミ収集人，消防士，発電所労働者など多様な職業集団を抱えていたが，脱原発派が優勢になっていた。ÖTV中央執行部の設置した委員会の報告書（1987年7月公表）は，脱原子力の前提として，今世紀中のエネルギー供給の基本条件を政党党首や州首相，労組や経済界のトップの合意によって決めること，連邦議会と連邦参議院の「幅広い多数派」の同意を要求した（Mohr 2001）[7]。

(2) ヴァッカースドルフ再処理工場反対闘争

1980年代に最も紛糾したのは，バイエルン州ヴァッカースドルフへの再処理工場建設計画である。予定地は州やバイエルン電力（BAG）が所有しており，州の政治はCSUの一党優位だった。初代連邦原子力相だったフランツ・ヨーゼフ・シュトラウス州首相は，再処理工場の建設を強力に推進した。BAGも出資するドイツ再処理会社DWKは1985年2月，正式に建設を決定した。9月，州環境省が原子力法に基づく第1次部分認可と即時執行命令を出し，行政裁判所は12月，予備工事の着手を認めた。

炭鉱や鉄鉱山の閉鎖で経済が停滞するヴァッカースドルフ村は建設を歓迎したが，周辺自治体で強い反対運動が起きた。最初の聴聞会（1984年2月）では約5万2,000人分の異議が申し立てられた。1985年10月にはミュンヒェンで5万人デモが行われ，全国的な反原発グループも支援に入った。また敷地占拠が1985年8月と12月に試みられるが警察に排除される。1986年3月末のデモでは「外部」の若いデモ隊に若干の地元民が加わり，警察と衝突した。チェルノブイリ原発事故後は1万5,000人が現地でデモを行い，5月にはデモ隊の一部が警察と衝突して数千人が負傷し，警察はヘリコプターからガス弾を投下して論議を呼んだ。警察は反テロ法を含む法律を総動員して反対運動を抑え込みにかかった。それでも1987年10月のデモには3万人が参加した。

　1987年4月，バイエルン行政裁判所は第1次部分設置認可を無効と判断しながらも，敷地での予備工事の差し止めは却下し，翌年1月には地下水汚染対策の不備を理由に1985年2月に許可された土地利用計画を無効と判断した。しかし個別部分の工事は続いた。

　DWKが1988年1月，原子力施設建設の第2期部分の認可を申請すると，国境を接するオーストリアの反原発グループは41万人，ドイツの反原発グループは47万人，合計88万1,000人の反対署名を集め，州政府に提出した。その聴聞会は7月から8月にかけて23日間審議されたが，州政府の判断に変化はなかった。バイエルン行政裁判所と最終審の連邦行政裁判所は工事差し止めの申し立てを却下したが，連邦裁判所は第1次部分設置認可の合法性の再検討については差し戻した（Rüdig 1990）。

(3) エネルギー・コンセンサス会議

　1988年10月，バイエルン州首相シュトラウスが死去した。半年後の1989年4月，VEBA社は再処理工場の建設を断念し，フランスに委託する再処理の量を拡大する意向を表明する。その間，ドイツの原子力産業の展望は決定的に悪化していた。1月にはドイツ最後となる原発が運転を開始し，原発の建設工事はまったくなくなっていた。また連邦政府は1991年3月，カルカーの高速増殖炉を運転開始直前に閉鎖することを決定した[8]。さらにいくつかの州で，

明確に脱原子力を掲げる SPD 主導の州政権が選出され，原子力法上の安全規制を厳格に適用し，原子力産業に打撃を与えていた。

こうしたなか，1991 年から 1992 年にかけ，ニーダーザクセン州首相ゲアハルト・シュレーダーと VEBA 社長クラウス・ピルツが，化学産業労組 IGCPK の仲介で，非公式の協議を重ねる。IGCPK はすでに 1988 年 9 月の組合大会において，産業界，労組，州や自治体の代表が参加するエネルギー円卓会議の招集を要求する執行部動議を採択していた。

連邦政府もまた，1991 年 12 月のエネルギー計画で第 10 項目を追加し，「可能な選択肢を超党派で追求することを通じて，経済界にとっての投資の安定性と市民や消費者からの信頼に」つなげることを謳っていた。連邦首相コールは 1992 年 10 月，原子力に関する超党派の合意の可能性を検討するため，政党の代表者との対話をエネルギー業界に提案する。これを受け 11 月，VEBA と RWE の両社長はコールに書簡を送り，12 月に公表した。彼らは原子力を長期的なエネルギーの選択肢の 1 つとして残すことを前提に，「連邦と州の政権を担当する政党の代表者」を脱原子力の交渉に招聘することを求めた。特に原発の残存運転期間の設定や，英仏との再処理契約の将来的な終結，直接最終処分を廃棄物処理方法として認知することを提案していた[9]。

こうした流れの中で 1993 年 3 月，政党代表者で構成する「エネルギー・コンセンサス交渉団」と利益団体で構成する「諮問機関」からなる「エネルギー・コンセンサス部会」がボンで開始された。参加者は以下の通りである。①連邦与党は CDU が連邦環境相クラウス・テプファーなど 3 名，CSU がバイエルン州環境相など 2 名，FDP は連邦経済相など 2 名。②連邦野党は SPD がニーダーザクセン州首相シュレーダーを筆頭に，バーデン・ヴュルテンベルク州環境相シェーファーを含む 6 名。また緑の党はヘッセン州環境相ヨシュカ・フィッシャーなど 2 名。③産業界は原子炉製造企業 KWU の役員 1 名を含むドイツ全国産業連盟（BDI）の 2 名，および中小企業や公共機関が加盟するエネルギー購入者連盟代表 1 名。④電力業界は電力会社経営委員 3 名。⑤労組は IGBE と ÖTV の議長と DGB 連邦執行部員の計 3 名。⑥環境団体は核戦争に反対する国際医師の会（IPPNW），グリーンピース，BUND の 3 名（Stadt Frankfurt 1993)。

　しかし参加者間に歩み寄りがなく，10月に決裂した。それでも電力業界の要求を受け，エネルギー関係法規の一括改正案が連邦与党の賛成多数で成立した（1994年5月）。それには再生可能エネルギー発電の買取価格の引き上げのほか，使用済み核燃料の直接最終処分も再処理と同格の選択肢に加える原子力法改正が含まれる。

　上記の法改正により，直接最終処分を目的としていれば，中間貯蔵も核廃棄物の処理能力の証拠と認められたため，ゴアレーベンへの中間貯蔵施設への使用済み核燃料の搬入が強行されることになった。これを阻止しようとする抗議行動が1994年7月から活発化していた。11月，リューネブルク行政裁判所が搬入認可の即時執行命令を無効と判断，輸送が中止されるが，上級審に覆される。

　同じ11月，連邦首相コールは，エネルギー・コンセンサス会議を再開する意向を宣言し，新任の環境相アンゲラ・メルケルに采配を委ねた。しかし1995年3月に開始された会議には環境団体や労組ばかりか，電力業界の代表も参加せず，6月までに決裂した。

　1995年4月，使用済み核燃料輸送容器（Castor）の最初の搬入が強行される[10]。2回目の搬入は1996年5月に行われ，6,000人の反対派による妨害を，警察と連邦国境警備隊の9,000人が放水車と警棒を使って排除した。1997年3月，3度目の輸送では座り込みに約9,000人が参加した。これ以後，核輸送反対運動はドイツの反原発運動の中核を占め，福島第一原発事故後まで動員力を維持する。こうした動員力は，1998年秋の連邦議会選挙後に誕生するSPDと緑の党の赤緑連立政権（次章参照）に対しても，脱原子力政策の実現を迫る圧力として機能したのである。

4　ドイツの原子力政治過程の力学

　このようにドイツの原子力をめぐる政治過程では，ある種のパターンが繰り返され，徐々に政策の選択肢が絞られていったといえる。

第1に，政府や電力会社による計画の実施に触発され，反対派が直接行動に訴えることで，政治過程が起動された。さしあたり直接行動は弾圧を受けるが，紛争が激化すると，裁判所が冷却期間を設定する[11]。

　第2に，工事が中断し，原子力政策が全体的に遅れるにつれ，連邦政府の連立与党内に反原発を主張する州支部が現れたり，州政府の与党が選挙への影響を恐れて計画の執行をためらうようになる。こうしたエリートの分裂は，裁判所の判断や世論にも影響を与え（Kolb 2007: 242, 254），それがさらにエリートの分裂や政策の遅れを助長したと考えられる。逆にヴァッカースドルフ闘争の場合，連邦与党 CDU/CSU と州政府与党 CSU は再処理工場推進で一致しており，裁判所の判断も両義的だった。立地闘争は力で抑え込まれかかったが，チェルノブイリ原発事故や全国の反原発運動の積み重ねによって，政策の執行は遅れたため，電力業界は最終的に再処理工場の建設を断念した。

　第3に，開放的な政治制度が，上記のパターンを助長した。連邦制の下では，州政府や裁判所の第一審，地方の政党や労組の組織において，中央レベルとは異なる意見が許容される余地が大きい。州議会選挙をはじめ，国民の意志を示す多数の機会もある。州政府は原子力施設の許認可権限を持つとともに，大手電力会社の経営にも関与してきたため，州の政治が原発問題にとって重要な焦点となった[12]。

　原子力法も司法メカニズムの起動を助長した。工期を細かく分けて部分認可を出していく原発立地手続きの多段階性が，その都度，異議申し立てや聴聞会，および行政訴訟の機会を提供した。また裁判所の判断や連邦政府の方針により，核廃棄物処分と原発認可の抱き合わせ原則が追加された。裁判官の世代交代も，積極的な司法判断を刺激した（Nelkin and Pollak 1981: 164-165）。ドイツでも多くの原発訴訟は上級審で敗訴しているものの，工事は中断し，安全規制が強化されたため，建設費用が増大し，原子力計画の縮小を促した（Kolb 2007: 243-244）。

　第4に，原子力をめぐる政治的・社会的合意の崩壊を受けて，新たな合意形成を目的とした政策対話が節目節目で行われてきた。まずヴィール原発敷地占拠後の「市民対話」は数年間にわたって実施された。次にゴアレーベン・ヒアリングは再処理工場問題に議題を限定した約半年間の専門家会議だった。また

連邦議会「将来の原子力政策」第 1 次特別調査委員会は，直接には高速増殖炉論争を背景に，SPD 議員の主導で約 1 年間，原子力政策全般に関して幅広い議論を行った。第 2 次特別調査委員会は，本来政治家が決定すべき高速増殖炉の運転開始の是非の判断をまかされたため，原子力の推進・反対の立場に沿って意見が分かれた。またエネルギー・コンセンサス会議は，連邦と州・政党・利害関係団体によるコーポラティズム的な交渉の枠組みだったが，それゆえに利害対立を乗り越えられずに決裂した。脱原発交渉の決着は赤緑政権の誕生を待たねばならなかった。その後，メルケル保守政権は「安全なエネルギー供給に関する倫理委員会」を立ち上げ，脱原子力政策の決着を図ることになる。

注
1) ブラウン・ボベリ・シー（BBC）社が建設したハム・ユーントロップのトリウム高温ガス炉とミュルハイム・ケアリッヒ原発は，ほとんど運転をしないまま閉鎖された。
2) Aufsichtsrat は取締役会の業務執行を監督する機関で，株主総会によって選出される。監査役会と訳されることもあるが，その業務は会計監査にとどまらないので，監督役会と訳されることもある。ここでは後者の訳をとる。労組役員でもある従業員代表委員（注5）や，政党の役職経験者が電力会社の監督役会に入ることも珍しくない。
3) ドイツ統一後，旧東ドイツの国営電力会社は西ドイツ企業に分割吸収された。さらに 1996 年以降の EU 電力市場自由化の流れのなかで，大手電力会社は 4 社に再編された。最大手は RWE と E.ON である。3 番手のバーデン・ヴュルテンベルク・エネルギー社（EnBW）には，フランス電力 EDF が 2000 年から資本参加したが，2011 年 2 月に州が買い戻した。また HEW と BEWAG はスウェーデン国営電力 Vattenfall 社の傘下に入ったが，脱原発に訴訟で抵抗する同社の姿勢への批判が高まった。2013 年 9 月の連邦議会選挙と同時に行われたハンブルク州の州民投票は，州が同社から送電網を買い戻すことを求める提案が多数となった。同社のドイツからの撤退が取りざたされている（Spiegel online 15.10.2013）。
4) ドイツでは国民投票はないが，州や自治体の住民投票は制度化されている。
5) ドイツでは労組が産業別に組織される一方で，事業所ごとに従業員代表委員会（Betriebsrat）の設置が経営組織法に規定されている。委員の 7 割程度は労組が推薦する。
6) この項は主に Altenburg（2010）に依拠している。詳しくは本田（2014）参照。
7) 原子力に対するドイツやスウェーデン，米国，カナダ，フランスなどの労組の態度については本田（2013）参照。
8) 高速増殖炉には核燃料が装荷されず，汚染されなかったので，後にオランダの業者が安値で買い取り，遊園地に改造した。

9) 発電に占める原発の比率が高いバイエルン電力（BAG）はこの提案に批判的だった。
10) CASTOR とは cask for storage and transport of radioactive material という英語の頭文字で，ドイツでは高レベル放射性廃棄物の輸送・貯蔵容器を指す用語として一般化している。日本ではキャスクと呼ばれるものに相当し，さらにその中にステンレス容器（キャニスター）が収容される。
11) コルプ（Kolb 2007）は，社会運動が（政治条件に助けられて）政府の政策の変更を促す効果を及ぼす場合に働く「メカニズム」を攪乱，司法，政策選好，政治的アクセス，および国際政治という5つに分類している。ドイツの反原発運動の場合，エリート間対立の発生や開放的な政治制度といった有利な政治条件の下，敷地占拠などの直接行動による攪乱メカニズムと裁判闘争による司法メカニズムが起動し，原発建設を抑制したと結論づけている。一方，政策選好メカニズムとは，政治エリート（政府・政党・議員）と有権者の選好がずれている場合に，選挙での敗北を恐れて政治エリートが自らの選好を有権者の選好に適応させる結果，政府の政策の転換が起きることを指す。また政治的アクセス・メカニズムとは，社会運動出身の政治家が議員となり，さらには政権に参加することによって，政府の政策の転換が起きることを指す。緑の党や，活動家出身の SPD 議員の政権参加が例に挙げられる。このほか国際政治メカニズムとは，社会運動が人権規範に訴え，国連や国際世論などの外圧を利用して，国内政治の変化を促す「ブーメラン効果」を指す。
12) なおドイツには電源三法のような制度はない。立地のメリットは事業税収入等である。立地地域から電気料金割引措置が要求されたことがあるが，連邦政府は料金原価上不公平になること，原子力は「危険ではない」ことなどを理由に退けている（若尾・本田 2012: 99）。

ドイツの原発立地地点

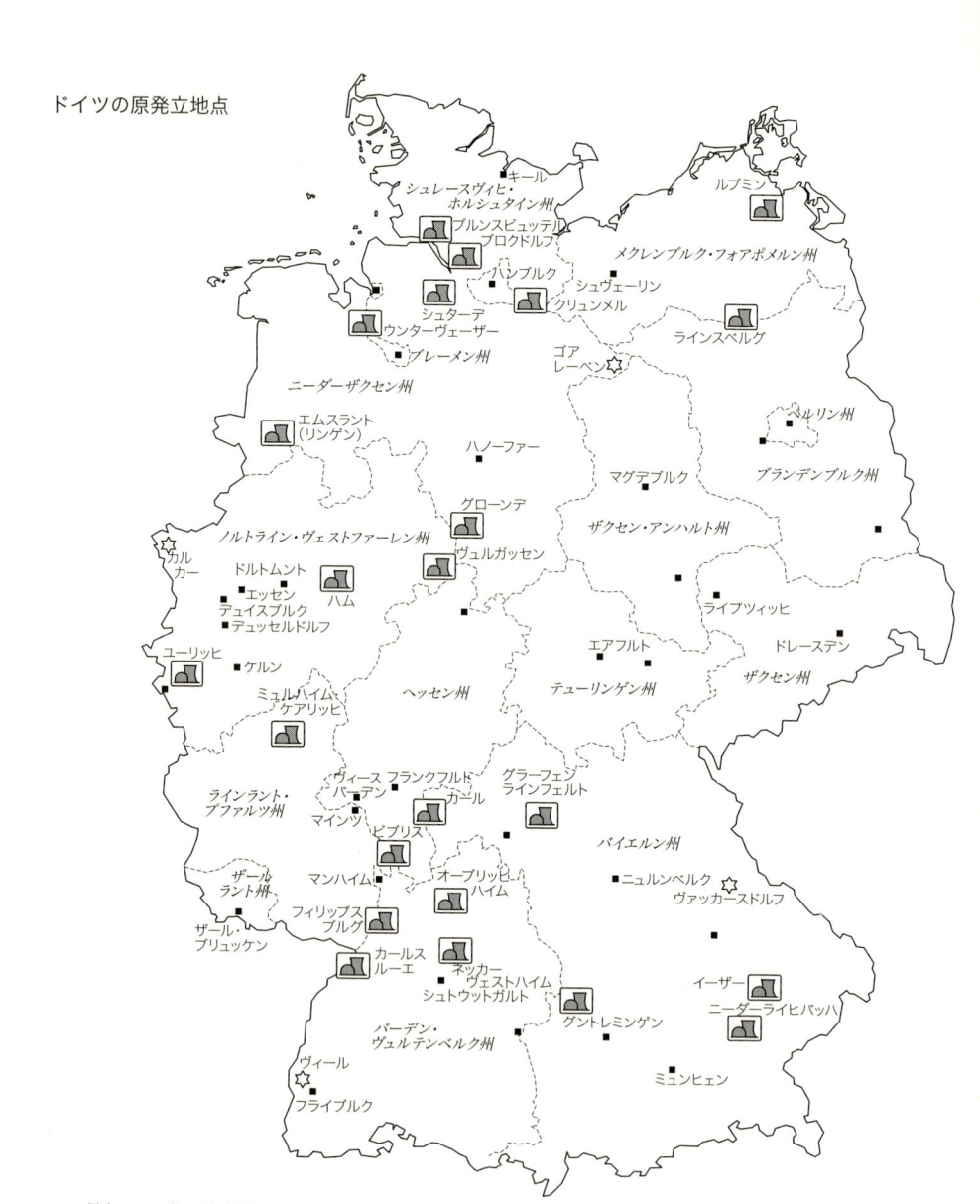

（地図）

主な地名：
- シュレースヴィヒ・ホルシュタイン州：キール、ブルンスビュッテル、ブロクドルフ、ハンブルク
- メクレンブルク・フォアポメルン州：ルプミン、シュヴェーリン、ラインスベルク
- ニーダーザクセン州：シュターデ、ウンターヴェーザー、ブレーメン、エムスラント（リンゲン）、ハノーファー、グローンデ
- ゴアレーベン
- ベルリン州
- ザクセン・アンハルト州：マグデブルク、ヴュルガッセン
- ブランデンブルク州
- ノルトライン・ヴェストファーレン州：ドルトムント、エッセン、デュイスブルク、デュッセルドルフ、ハム、ケルン、ミュルハイム・ケアリッヒ
- カルカー、ユーリッヒ
- ザクセン州：ライプツィッヒ、ドレスデン
- テューリンゲン州：エアフルト
- ヘッセン州：ヴィース バーデン、フランクフルト、ビブリス、マインツ
- ラインラント・プファルツ州
- ザールラント州：ザールブリュッケン
- バイエルン州：グラーフェンラインフェルト、カール、オーブリッヒハイム、ニュルンベルク、ヴァッカースドルフ、グントレミンゲン、イーザー、ニーダーライヒバッハ、ミュンヒェン
- バーデン・ヴュルテンベルク州：マンハイム、フィリップスブルク、カールスルーエ、ネッカーヴェストハイム、シュトゥットガルト、ヴィール、フライブルク

星印はその他の重要係争地点。■は主要都市。うち州都と人口50万以上の都市は地名表記
出典：Harenberg Aktuell Deutschland 2009. Mannheim: Meyers Lexikonverlag, 2008, p. 204 を参考にして作成。

福島原発事故後のバーデン・ヴュルテンベルク州議会選挙で緑の党が躍進。初の州首相となるクレチュマン（写真中央）が、社会民主党との連立政権に合意。2011年4月27日（写真：Grünen Baden-Württemberg）

第8章

連立と競争
ドイツ

小野 一

1 ドイツ政治へのアプローチ

(1) 連邦制構造と政党政治

2011年3月の福島原発事故後のドイツの素早い反応は，世界的に注目された。2022年までの全原発停止を決断できた理由のひとつは，脱原発を支持する者が71%に達するという世論を背景に，左翼党（左派党）から自由民主党（FDP）まで原発からの撤退を求める一大連立が形成された（*SPIEGEL* 2011/14: 63）ことに求められる。本章では，主要政党の原子力政策の変遷をあとづけ，その意味を問うことで，脱原発全党コンセンサスを可能にした政治的ダイナミズムの解明をめざす。まず，政治制度の概略的理解から始めよう。

ドイツは16の州からなる連邦制国家である（うち旧東ドイツ5州と東ベルリンは1990年に連邦に加入）。それぞれの州は議会を持ち，比較的強い権限を有する。連邦制構造は，ドイツ政治を理解する鍵のひとつである。連邦，州，地方自治体の3層構造に加え，欧州連合（EU）に見られる国境を越えた経済統合にも注目する必要がある。

連邦議会（Bundestag）は，国民の直接選挙で4年任期で選ばれる。連邦首相もここで指名される。すなわちドイツは議院内閣制の国である。しばしば「小選挙区比例代表併用制」と紹介される連邦議会選挙では，有権者は第1票を各

選挙区の候補者に，第2票を政党に投票する。第2票は全国（連邦）単位で集計され，議席定数は各党に比例配分される。獲得された議席は得票に応じて各州に再配分され，選挙区からの当選者を差し引いた数の議席が各党の候補者リストから充当される。ただし第2票得票率が5％に満たないか，選挙区議席を少なくとも3つ獲得できない政党には，議席は配分されない。実質的な比例代表制の下で小党分立を防ぐため，このような方策がとられる。

州議会選挙については，州ごとに若干の違いがあるが，基本的なルールは連邦議会選挙と同様である。各州は人口比に応じて，3〜6名の議員を連邦参議院（Bundesrat）に派遣する。州の代表者の集まりで，党派政治とは建前上独立とされる連邦参議院だが，その多数派政党が連邦議会と異なる場合は，連邦与党の政局運営はしばしば困難に直面する。二院制の下では起こり得ることだが，ドイツではそこに連邦制の論理が色濃く反映される。

70年代までの西ドイツは，基本的には，キリスト教民主・社会同盟（CDU/CSU），社会民主党（SPD），FDPから成る3党制だった。穏健保守主義のCDU/CSUと，穏健改良主義のSPDが，保革の二大政党である。両党とも単独では過半数議席をとれず，中道保守（CDU/CSU＋FDP）または中道革新（SPD＋FDP）のいずれかで連立政権を形成するのが一般的だった。コンラート・アデナウアー政権（1949〜63年）およびヘルムート・コール政権（82〜98年）が前者の，ヴィリー・ブラント政権（69〜74年）およびヘルムート・シュミット政権（74〜82年）が後者の例である。こうした状況は，緑の党の登場により一変する。

新しい社会運動に起源を有する同党は，地方を足がかりに議会に進出し，連邦議会では1983年選挙以来議席を得ている（90年選挙時を除く）。その背景には，脱物質主義的な価値観の伸張があったと言われる。SPDとの関係はしばしば緊張したが，ごく例外的な場合を除き，緑の党は赤緑連立[1]により政権入りしている。ゲアハルト・シュレーダー政権（98〜2005年）は，現在までのところ，連邦レベルで唯一の赤緑連立政権である。こうしてドイツでは，赤緑連立対中道保守のブロック間対立を基調とし，いずれの陣営も多数派形成できない場合に大連立（CDU/CSU＋SPD）が成立するという図式が一般化した。

今ひとつ，左翼党という政党がある。再統一後の旧東ドイツ地域では社会主

表8-1　連邦議会選挙結果　　　　　　　　　　　　　　　得票率(%)　括弧内は議席数

選挙日	CDU/CSU	SPD	FDP	緑の党	左翼党	その他	計	投票率
1949.8.14	31.0(139)	29.2(131)	11.9(52)			27.9(80)	100.0(402)	78.5
1953.9.6	45.2(243)	28.8(151)	9.5(48)			16.7(45)	100.0(487)	86.0
1957.9.15	50.2(270)	31.8(169)	7.7(41)			10.4(17)	100.0(497)	87.8
1961.9.17	45.3(242)	36.2(190)	12.8(67)			5.7(0)	100.0(499)	87.7
1965.9.19	47.6(245)	39.3(202)	9.5(49)			3.6(0)	100.0(496)	86.8
1969.9.28	46.1(242)	42.7(224)	5.8(30)			5.4(0)	100.0(496)	86.7
1972.11.19	44.9(225)	45.8(230)	8.4(41)			1.0(0)	100.0(496)	91.1
1976.10.3	48.6(243)	42.6(214)	7.9(39)			0.9(0)	100.0(496)	90.7
1980.10.5	44.5(226)	42.9(218)	10.6(53)	1.5(0)		0.4(0)	100.0(497)	88.6
1983.3.6	48.8(244)	38.2(193)	7.0(34)	5.6(27)		0.4(0)	100.0(498)	89.1
1987.1.25	44.3(223)	37.0(186)	9.1(46)	8.3(42)		1.5(0)	100.0(497)	84.4
1990.12.2	43.8(319)	33.5(239)	11.0(79)	5.0(8)	2.4(17)	4.1(0)	100.0(662)	77.8
1994.10.16	41.5(294)	36.4(252)	6.9(47)	7.3(49)	4.4(30)	3.5(0)	100.0(672)	79.0
1998.9.27	35.1(245)	40.9(298)	6.2(43)	6.7(47)	5.1(36)	5.9(0)	100.0(669)	82.2
2002.9.22	38.5(248)	38.5(251)	7.4(47)	8.6(55)	4.0(2)	2.8(0)	100.0(603)	79.1
2005.9.18	35.2(226)	34.2(222)	9.8(61)	8.1(51)	8.7(54)	3.9(0)	100.0(614)	77.7
2009.9.27	33.8(239)	23.0(146)	14.6(93)	10.7(68)	11.9(76)	6.0(0)	100.0(622)	70.8
2013.9.22	41.5(311)	25.7(193)	4.8(0)	8.4(63)	8.6(64)	11.0(0)	100.0(631)	71.5

義体制の流れを汲む民主社会主義党（PDS）が活動していたが，2005年連邦議会選挙に際し西側の選挙グループ「労働と社会的公正のための選挙オルターナティブ」と統一会派を組んだ。この種の政党が旧西ドイツ地域で地歩を占めることはないと言われたが，今日では左翼党として5党制の一角に定着し，政権形成に少なからぬ影響を及ぼす存在となっている。赤緑連立も中道保守も過半数を制し得ない議席配置がしばしば出現するため，実際，アンゲラ・メルケル政権（2005年〜）も，中道保守連立による2期目（2009〜13年）を除き大連立政権である。

なお，2013年9月22日の連邦議会選挙ではFDPが議席を失い，4会派となった。これまでの連邦議会選挙の結果は，表8-1のとおりである。

(2) 原子力政策への立場

次に原子力をめぐる政治課程を概観するなら，2つの重大事故（チェルノブイリ，福島）が各党の立場にも大きな変化をもたらしていることがわかるだろう。

西ドイツも戦後，原発推進路線をとる。初の商業用原発は1961年に運転を開始し，20世紀末には19基の原発が総電力の約30%を発電していた。緑の党を除く主要政党は，原発支持である。だがチェルノブイリの事故（1986年）が起きると，当時の最大野党SPDは，後述するように，同年8月のニュルンベルク党大会で脱原発を決議した。

　コール首相率いる中道保守政権は核エネルギーの放棄には否定的だったが，ドイツでは89年を最後に新規の原発建設はなされていない。脱原発への決定的な一歩となったのは，赤緑連立連邦政府の誕生である。シュレーダー首相の下で，2000年，再生可能エネルギー法を制定して自然エネルギー電力の固定価格買取制度の改善をはかるとともに，電力業界との間で原発からの漸次的撤退が取り決められた。

　この脱原発合意は，保守政権の復調でいったんは後退するが，福島原発事故を機にメルケル首相は方針を再転換し，主要政党は少なくとも公式には脱原発を掲げるようになった。再生可能エネルギーが比較的順調な伸びを見せたドイツでは，2010年までには，総発電量のうち原子力が21.7%，化石燃料（石炭，石油，天然ガス等）が60.3%，再生可能エネルギーが18%となっていた（*SPIEGEL* 2011/14: 67)[2]。こうしたエネルギー構成の長期的トレンドが，福島原発事故後に世論が脱原発を受け入れる上での有利な条件となった。

　ここで，主要5党の基本綱領に示された原子力政策[3]を見ておこう。

　SPDハンブルク綱領（2007年採択）第3章第5節の中の「エネルギー政策の転換と環境保護」の項では，核分裂は永続的に利用可能なエネルギーという希望を抱かせたが，それは実現不可能との認識の下，「私たちは脱原発を実現する」と宣言される（ドイツ社会民主党 2008）。緑の党綱領（2002年改訂）には，「原子力は，けっしてエネルギー問題の解決策にはならず，ただ計り知れない新たな問題を生むだけである。したがって原子力からの撤退作業が，法的ルールの範囲内で，極力早いテンポで完了に向かわなければならない。そのためには代替エネルギーが緊急に用意されねばならない」とある（同盟90／ドイツ緑の党 2007: 45-46）。左翼党の基本綱領は2011年末に採択され，「我々は，すべての原発を遅滞なく運転終了させるとともに，原子力技術の輸出禁止を求め

る」との表現が盛り込まれた。2007年の現行綱領制定時点でのCDUの立場は,「ドイツの電力供給において, 見通し可能な期間内に核エネルギーを放棄することはできない。核エネルギーは, 経済的かつ地球環境に優しい新エネルギー源が十分に利用可能となるまでの橋渡しを可能にする」というものである。福島原発事故当時のFDP綱領に原発に関する具体的言及はなかったが, 2012年採択の現行綱領は「10年以内に我々は脱原発と再生可能エネルギー時代への移行を成功裡に実現せねばならない」と述べている。

　これだけで各党の相違を読みとれると考えるなら, 性急にすぎる。強いて言えば, CDU綱領は経済界の主流意見に近いものだったが, その後の脱原発路線との間に乖離が生じている。原発輸出禁止に言及するのは左翼党のみだが, これは同党が政権から遠いためとの見方もできる。政党綱領は, 現実政治における実践とあわせて検証されねば意味がない。また, 政党の立場は時代を超えて不変ではないし, 同一政党内でもさまざまな方向性が混在する。逆に言えば, 党内世論や勢力関係を反映した各党の立場の変位は, 政治変動を読み解く手がかりとなる。

　現実の政治過程は, 赤緑連立が脱原発で中道保守が親原子力といった図式的理解を超え, 複雑である。たとえば, ヘッセン州ハーナウの核燃料工場をめぐる攻防は, 多くの問題が絡み合った象徴的事例である。赤緑連立州政府は, 連邦政府の親原子力路線に対峙せねばならなかったが, 連立崩壊（1987年）の直接の原因は, SPDの州首相や経済相がアルケム社への操業許可を下す方向で行動したことにある。工場の許認可権が州側にあることは, 脱原発派にはかけがえのない橋頭堡と思われた。脱原発派が連邦制構造の恩恵を戦略的に利用しつつ地歩を固めてきたのは事実だが, 州政府が連邦政府に真っ向から反対し得ると考えるのは非現実的である。その一方で, 事故続きの核燃料工場が猛毒で兵器転用も可能なプルトニウム製造に関わる施設だったことは, 世論喚起に大きな意味を持った。

　原発をめぐる主要政党の立場の変化を, 各ブロックごとにやや詳しく見ていこう。

2　赤緑連立の脱原発政策

(1)　SPD 綱領史における原子力問題

「現代の矛盾，それは人類が原子の根源的な力を解放し，しかも今やその結果に恐れおののき……」。これはバート・ゴーデスベルク綱領（1959 年採択）の書き出しの一節である。その少し後には，「原子力の時代にある人類が，日々増大していく自然に対する制御能力を平和目的だけに利用するならば，生活の労苦はなくなり，不安をなくし，そしてすべての人に福祉をもたら」すとの文言が続く（永井 1990: 12）。これは，当時の SPD の立場がどのようなものだったかを物語る。原子力の軍事利用を否定する一方で平和利用[4]に賛意を示し，FDP との連立政権の成立後は，安価で安定的なエネルギー供給源として経済成長や福祉に寄与することに期待した（若尾・本田 2012: 72）。シュミット首相の下では，2 度の石油危機を経て原発建設に拍車がかかった。石油依存度の引き下げはエネルギー政策の最優先課題であり，そのための手段が原子力の拡大だと考えられた。

同綱領の下で SPD は，国民政党へと変貌を遂げる。社会福祉の充実や高学歴化に伴う脱物質主義的価値観の伸張とともに流入した世代は，シュミット政権崩壊後に主導権を握る。エコロジーやオルターナティブが党エリートの思考を特徴づけるようになり，党内左派の束の間のルネサンスを迎える（小野 2009: 345）。1984 年の党大会は，綱領改訂のための委員会を設置した。政党連立問題でも，緑の党との連立を容認する方向で党内世論が変わりつつあった。ただしこうした変化は単線的に進行するわけではなく，新たな価値志向と依然として強い物質主義とが緊張をはらみつつ併存していた。

チェルノブイリ原発事故がヨーロッパを震撼させたのは，そうした状況下のことである。その影響は，赤緑連立が中道保守政権に 1 議席差まで詰め寄ったニーダーザクセン州議会選挙（86 年 6 月 15 日）にも見てとれる。すでに赤緑連立が政権の座にあったヘッセン州では，連邦よりも厳しい環境基準が適用された。中道保守の支持者でさえ過半数が原発増設に反対するなかで，連邦首相コ

ールは，環境省5)を設立などしつつも，原子力推進姿勢は崩さなかった（若尾・本田 2012: 199-201）。それに対して SPD では，脱原発派が勢いづく。ニュルンベルク党大会では，全原発停止を目的とした原子力法改正，新規原発への操業・建設許可交付の拒否，使用済み核燃料再処理の禁止，プルトニウムの経済的利用の放棄，原発輸出の禁止などを盛り込んだエネルギー政策案が採択された。原発によらないエネルギー供給を 10 年以内に実現すべくあらゆる措置を講じる，とも付記された（SPD 1986: 827-828）。

　こうした議論はベルリン綱領（1989 年採択）に結実する。第 4 章「自由で公平で連帯的な社会」第 4 節「エコロジー的ならびに社会的に責任のある経済」の「エコロジー的革新」の項には，「われわれは原子力を使用せずに，無公害で確実なエネルギーの供給をできるだけ早く達成したいと思う。われわれはプルトニウム経済を誤った道であると考える」という文言がある（永井 1990: 111）。

　今にして思えば，日本の社会民主主義研究者の間には，ベルリン綱領の進歩的側面を過度に強調する傾向があった（小野 2009: 351）。多様な利害関係を包摂する大政党が脱原発で均衡点を見出し得た，特殊な条件に留意する必要がある。SPD の場合，伝統的支持基盤である労働組合を無視することはできない。景気低迷や雇用機会喪失につながりかねない脱原発路線への支持調達は，いかにして可能となったのだろうか。実は SPD は，早い段階から労働組合との新しい関係を模索している。1985 年には「労働と環境」特別大会を開催し，十分な環境保護と技術革新を通じた雇用創出策を打ち出そうとした（坪郷 1989: 134-141）。環境と経済の両立可能性を強調するテクノロジー重視の方策は，エコロジー的近代化路線と呼ばれ，今日の先進社会の環境政策の基本理論となっている。

　「エコロジー的近代化にとって鍵となるのは，ビジネスにとってそこに金が生まれること」だが（ドライゼク 2007: 212），このような政策展開は，米国グリーン・ニューディールが最初ではない。市場経済を重視した環境対策は，経済的に割に合わないものを退出させる。原子力事業の採算性悪化に際し事業者が撤退しやすい環境にあったドイツ（若尾・本田 2012: 64）は，これに適合的な例である。一部の環境保護運動に見られた価値的・原理的な反原発路線は，まっ

たく影響力を失ったわけではなくとも，主流言説とはなりにくい。「エコロジー的に有害なものは高価につき，エコロジー的に適切なものは経済的に有利にならなければならない」というベルリン綱領の文言（永井 1990: 113）は，エコロジー的近代化の基本思想である。そのすぐ後に「エネルギー価格はもっと高価でなければならない」などと，環境と経済を対立的にとらえていた頃の残滓のような一節が続くのは，移行期の産物として理解されるべきだろう。

このように，かつては原子力エネルギー支持だった SPD が公式プログラムとして脱原発を掲げることで，その後の脱原発全党コンセンサスに向けての貴重な一歩が記された。

(2) 州における先行事例

赤緑連立連邦政府は 1998 年 9 月 27 日の選挙を経て成立するが，それに先立つ州レベルでの経験は重要である。

ヘッセン州では，85 年 12 月，緑の党のヨシュカ・フィッシャーが環境大臣として入閣する。当時，SPD と緑の党の隔たりは大きかったが，ハーナウの原子力施設（ヌーケム社，アルケム社）に関して妥協の見通しが生まれたことが，史上初の赤緑連立州政府の誕生に道を開いた。だが数カ月後のチェルノブイリ原発事故が，最初の試練となる。SPD のホルガー・ベルナー首相の親原子力路線に緑の党は反発したが，連立危機はひとまず回避される。しかし 87 年はじめ，先述のように，アルケム社の操業許可をめぐり両党関係は決定的に悪化する。議会は解散され，選挙の結果 CDU と FDP の連立政権が成立した。原子力問題での歩み寄りにより成立した赤緑連立政権は，原子力問題を躓きの石として崩壊した。

石炭・鉄鋼産業の一大中心地を擁するノルトライン・ヴェストファーレン州では，1980 年から 95 年まで SPD 単独政権が統治していた。脱原発を求める党内世論の高まりのなかで，同州の SPD も，原発を抱える州の政権党として対応が注目された。州政府は，87 年 9 月，計画中の 4 原発の凍結を決める。10 月の州党大会に向けた執行部議案を受けてのことである。カルカーの高速増殖炉の操業許可が拒否されたものの，ハム・ユーントロップのトリウム高温

炉や沸騰水型原子炉（ヴュルガッセン）については，安全審査や使用済み核燃料処理に問題がなければ操業を認めるとされた。それに対し，州内すべての原発の即時停止を求める党内左派からの修正提案が予想された。だが執行部が対決せねばならないのは，左派だけではない。石炭産業への補助金を継続させるべく，IGBE（鉱山エネルギー産業労組）は，脱原発により連邦政府との交渉条件を悪化させないよう SPD に圧力をかけた。行方が注目された党大会だが，対立を回避すべく，あいまいな決議で幕切れとなった。

　ヘッセンの SPD とは対照的に，緑の党との緊張関係がほとんど問題にならなかったノルトライン・ヴェストファーレンでは，政治過程は執行部主導の党内改革というかたちをとることが多かった。エコロジーというテーマも産業社会の根本的な問い直しとはならず，強力な石炭ロビーと弱い反原発勢力という構造が，同州 SPD のエネルギー政策を規定した（小野 2009: 130）。ニュルンベルク党大会決議にもかかわらず，煮え切らない対応となった背後には，そうした事情がある。その後ヘッセンでは，91 年に赤緑連立が政権に返り咲き，ノルトライン・ヴェストファーレンでも 95 年に赤緑連立が成立した。いずれの州でも 2 期にわたり政権を担当する。

　1998 年の赤緑連立連邦政府の成立は，新しい社会運動に起源を有する勢力が権力の中枢に到達したことを意味する。そこに転機を期待するのはある意味で自然なことだが，実際はどうだったのだろうか。選挙時には 16 年に及ぶコール政権への「飽き」が支配的になっていた。シュレーダー政権は，エコロジー改革を望む情熱に支えられて誕生したわけではないのである。

(3) 100 日プログラムの挫折とその帰趨

　シュレーダー政権の連立協定は，3 段階の脱原発プランを定める。まず「100 日プログラム」の一環として連邦原子力法を改正し，原発の安全審査強化と放射性廃棄物の発電所施設内保管を義務づける。続いて連邦政府は，1 年以内に電力会社と協議する。第 3 段階では，損害賠償なき撤退を定めた法律を施行する（SPD, Grünen 1998: 16）。

　ここには，急進的な環境保護運動の痕跡が読み取れる。だがすでにこの時代

には，緑の党でも現実主義が優勢になりつつあった。連邦環境省秘書ライナー・バーケによれば，即時停止を決めれば原子力産業は訴訟を起こし，高額の損害賠償を請求してくるだろう。そうした事態を回避しつつ脱原発を実現するには，操業年数に上限を定める立法以外に選択肢はない（Rüdig 2000: 55）。文言上のラディカルさとは裏腹に，交渉を通じたプラグマティックな撤退路線が確立しつつあったのは，ヘッセン州赤緑連立政権の経験によるところが大きい。

政権内の確執もあって 100 日プログラムが挫折した後，連邦政府は，漸次的な脱原発の可能性を探る。電力業界との交渉は水面下で続けられたが，焦点となったのは撤退完了までの期間である。難航する話し合いに事態打開の見通しが出てきたのは，99 年 11 月末のことである。新しい案では原子炉の操業年数は 30 年とされ，第 1 号の運転終了までに 3 年の猶予期間が認められる。この「30＋3」案は妥協の限界線だったが，12 月，緑の党はこの案に同意した。法廷闘争をちらつかせていた電力業界にも歩み寄りが見られた。

こうして 2000 年はじめ，脱原発交渉が再開された。ノルトライン・ヴェストファーレン州議会選挙で赤緑連立が再選を果たすと，話し合いは加速する。シュレーダー首相は 6 月 14 日に最終案を提示，その夜のうちに合意は成立した。この交渉には，連邦首相，ヴェルナー・ミュラー経済相，ユルゲン・トリッティン環境相，および電力会社数社の責任者が参加した。

(4) 脱原発合意の政治的含意

合意内容は 3 点に要約できる。第 1 に，原子炉の平均稼働年数を 32 年とし，耐用年数に達したものから運転終了とする。第 2 に，英仏に委託していた使用済み核燃料の再処理は 2005 年までとし，それ以降は最終処分場（原発敷地内）での貯蔵に限定する。第 3 に，当面の措置として中間貯蔵場を認める。合意は，既存原発の残余期間に発電してよい電力量の総量というかたちで取り決められた。具体的には 2 兆 6,000 億 kWh（年間 1,600 億 kWh）で，これが各電力会社に割り振られる。この範囲内での発電許容量の使い方には電力会社の裁量が認められるため，旧式炉を早めに運転終了した分を能率のよい新型炉に回してもよい。そのため「平均」寿命の 32 年を超えて運転される原子炉もあり得る。

第 8 章　連立と競争：ドイツ　　**161**

すべての原発が停止するのは，順調にいっても20数年先のこと。その間に不測の事態が発生しないとは限らないし，推進派の巻き返しも予想される。実際，CDU/CSUやFDPは，政権奪回の暁には脱原発合意を破棄すると表明していた。保守政党だけではない。数カ月前には「30＋3」案が妥協の限界だと説明されていた脱原発派には，大きな不満が残る。それでも6月24日の緑の党党大会は，脱原発合意への支持を表明した。

　数々の妥協を伴ってなお，脱原発合意は容易でなかった。緑の党にはアイデンティティと関わるテーマだけに，ためらいがちなSPDを諭して具体的成果を上げようとのインセンティブが働いた。だが見過ごされてはならないのは，新しい社会運動に起源を有する政党から議会政党ないしは政権党へと，ポグントケのいう4つの発展段階を経るなかで，緑の党自体が性格を変えていることである (Poguntke 2003: 94-95)。

　反原発運動は，新しい社会運動のなかでも有力な潮流のひとつである。草の根の環境保護運動から州政府に地歩を得た緑の党政治家まで，さまざまな人が脱原発という一致点で共闘する体制が生まれた。リューディヒはそれをアドボカシー連合という概念を用いて説明するが，赤緑連立連邦政府はその終着点だった。幾ばくかの成果と引き替えに，即時撤退を求める環境保護活動家たちと緑の党政治家の亀裂は決定的になった。それゆえ，連邦政府への入閣により脱原発アドボカシー連合が解体されたとの評価 (Rüdig 2000: 46, 71) には一理ある。脱原発派がチャレンジャーだった頃とは別の論理が働くのであり，政権党としての現実路線に満足できない者は離反するしかないのである。

　政策決定のスタイルの変化も興味深い。100日プログラムの挫折後，連邦政府は電力業界との合意による脱原発を追求した。かつてのドイツでは政労使代表の交渉による政策決定（ネオ・コーポラティズム）が見られたが，その名残とでも言うべき利害関係者の協議の場では，ニューカマーであるエコロジー運動は重要な地位を占められなかった。既存の行政ネットワークは強固であり，政策転換は起こりにくいことを示す例である。だが，70年代から80年代にかけて原子力をめぐるコンセンサスが揺らぐなかで，政府が政策対話の場を設ける試みもなされた（第7章参照）。そうした意味では，ドイツの政治機構が特定

の条件下で脱原発派に有利な機会を提供することもある。

　逆に言えば，緑の党を含む脱原発派が，比較的開放的な公的政治制度の利用に習熟してきたわけである。いまや環境政治は，反体制派が気勢を上げる場から，具体的政策をプラグマティックに交渉する場になった。脱原発合意は，戦後ドイツのエネルギー政策上の転換点であるとともに，環境保護運動内での再編成を促す意味も持った。

(5)　赤緑連立連邦政府の終焉

　いったんは脱原発を選択したドイツだが，その後の展開は順調とは言い難い。1999年のヘッセン州議会選挙以降，赤緑連立は連邦参議院で過半数を割り，州議会選挙での連敗とあいまって，連邦政府は厳しい政局運営を強いられた。9.11同時多発テロ後の治安対策強化や経済問題への重点シフトのなか，環境政策関連テーマは優先度と注目度が低下した。脱原発合意は2002年6月14日の連邦原子力法改正により，法的な下支えを得る。だが具体的成果は，シュターデ原発およびオーブリッヒハイム原発の運転終了（2003年, 2005年）まで待たねばならなかった。2002年選挙で2期目の継続を果たしたシュレーダー政権は，新自由主義的色彩の強いアジェンダ2010にもかかわらず目立った成果を上げられず，2005年9月18日の繰上連邦議会選挙を経て終焉する。

　メルケル政権の第1期は，いわゆる大連立政権である。この時期の原子力政策は，推進派と脱原発派の水面下でのせめぎ合いとして特徴づけられる。連立協定には，両党の立場の違いゆえに2000年の脱原発合意を変更できないが，原発の安全な営業運転は重大な関心事であり，そのための研究を継続・拡張すると，かなり含みのある文言がある（CDU/CSU, SPD 2005: 50）。電力業界においては，運転期間の延長や（脱原発合意では想定されていない）新型炉から旧式炉への発電割当量の移譲を求める声も聞かれた。

　米国バラク・オバマ政権の成立により，グリーン・ニューディールが注目を集めたのも，この頃である。ドイツは，地球温暖化対策（CO_2削減）のために原発推進を，といったレトリックには比較的高い免疫力を示していた。だが気候変動を実感させる出来事が増えるなか，世界的な原発回帰傾向はこの国でも

無縁ではなかった。報道機関も21世紀に入ってから,原発問題よりも気候変動の悪影響を頻繁に報道する[6]。2009年9月27日の連邦議会選挙を見越し,保守側の反転攻勢を印象づける動きも見られた。

3 メルケル政権の原子力政策

(1) 原発回帰から再び脱原発へ

赤緑連立時代の原子力政策が転換されるのは,第2次メルケル政権期のことである。同政権の連立協定は,原子力を過渡的エネルギーと位置づけ,原発の新規建造禁止は堅持しつつも,既存原発の運転期間延長を明言する (CDU/CSU, FDP 2009: 29)。

2010年9月はじめ,連邦政府と電力業界との間で合意が成立した。それによれば,17基の原発のうち,旧式炉(1980年以前に運転を開始したもの)は8年,新型炉は14年程度の運転期間の延長を認められる。すべての原発が運転終了するのは2040年頃と見込まれた。しかし,(2000年の脱原発合意と同様)撤退期限ではなく残余期間に発電してよい電力量として定められているため,割り当てられた発電許容量の使い方次第では長期間運転される原子炉もあり得る。一部には,撤退完了は2050年頃までずれ込む,との見方もあった。新型炉から旧式炉への発電許容量の移譲も,例外措置として認められた。

原子力法の改正案は,2010年10月に連邦議会で承認され,12月に施行された。連邦政府は,環境保護を見据えた画期的なエネルギー・コンセプトだと喧伝する。たしかに,新税(核燃料税)を基金として再生可能エネルギーの開発やインフラ整備(送電線の設置など)を行う案も打ち出されている。しかし原発の運転期間が延びれば再生可能エネルギーへの投資は減速するのでは,との懸念もある。全体として電力業界に配慮した対応だったことは,交渉の経緯からも明らかである。新たに追加された発電許容量(約1兆8,000億kWh)は,270～640億ユーロの電気料金収入に相当すると言われる(*SPIEGEL* 2010/37: 77)。

こうした措置は,中道保守連立の産業界寄りの立場からすれば,驚くに当たらない。だがその方針が,わずか半年で再転換されるとは誰も想像しなかった。

福島原発事故を受け，メルケル首相は，2011年3月14日に原発運転期間延長を凍結し，翌15日には旧式炉7基を3ヵ月間停止すると発表した。さらに5月30日の政府与党幹部協議で，脱原発の基本線が決定される。運転休止中の原発8基は再稼働させず（うち1基は冬季の電力不足に備えて再開可能状態を当分留保），残る9基は2015年から2022年にかけて5段階で運転終了する。すなわち，全原発停止の時期は，赤緑連立時代の脱原発合意とほぼ同じである。この法案[7]は6月30日に連邦議会で可決され（CDU/CSU, FDP, SPD, 緑の党が賛成），7月8日には連邦参議院でも承認された。

　エネルギー政策転換後のドイツでは，政府自らがモニタリング活動を開始するとともに，民間の環境団体による政策提言も活発に行われている（坪郷2013: 114, 134）。連邦政府内には脱原発に批判的な声もあり（*SPIEGEL* 2011/13: 17），CDU内の経済派と環境派の相剋のなかでメルケルが主張を貫徹できるかどうかは予断を許さない。大手電力会社4社（RWE, E.ON, Vattenfal, EnBW）による，再生可能エネルギー基金への支払い凍結や訴訟の準備が伝えられたこともある。欧州では，ドイツをはじめとする脱原発国に，フランスやロシアのような原発推進国が対峙する。

　不確定要素はなお残るが，ドイツはエネルギー政策転換の道筋を示した。2022年までの全原発停止という目標は，第3次メルケル政権（2013年～）にも継承される。連立協定第1章第4節の中の「核エネルギーからの撤退」の項は，「原発の安全」，「最終処分場」，「放射線防護法」などの小項目を含み，かつてなく詳しい記述となっている（CDU/CSU, SPD 2013: 59-61）。また，経済・エネルギー相に任命されたのはSPD党首で連邦副首相を兼務するジークマール・ガブリエルだが，彼は第1次メルケル政権でも環境相として原子力問題を担当している。連邦政府の形態が大連立に変わることでどのような効果が表れるかは，今後の分析を待つ他ない。だが，保守政党主導の脱原発がなぜ可能になったのかについては，現下の知見を動員して明確な政治学的説明を提示しておく必要がある。

(2) 倫理委員会の提言をめぐって

　原子力政策を転換するにあたって，メルケルは2つの委員会に助言を求めた。そのひとつが原子炉安全委員会（RSK）である。16人の原子力専門技術者から構成される常設委員会で，福島原発事故後は連邦政府から国内原子炉のストレステストを要請された。同委員会は，2カ月後，ドイツの原発は（航空機の墜落を除けば）比較的高い耐久性を有している，との鑑定書を提出する。だが注目度がより高かったのは，もうひとつの委員会，すなわち「安全なエネルギー供給に関する倫理委員会」（以下，「倫理委員会」）のほうである。

　連邦環境相や国連環境計画事務局長などを歴任したクラウス・テプファーとドイツ研究振興協会会長マティアス・クライナーを長とする倫理委員会には，社会学者や哲学者，宗教関係者など，エネルギー問題には縁の薄い知識人が名を連ね，しかも原子力に批判的な者が目立つ。原子力技術のプロでもない人びとが，RSKのみる技術的なリスクを倫理的・社会構造的に評価し，社会的な合意をすることを任務として（永井 2012: 89），福島事故後に設置された。同委員会は「ドイツのエネルギー大転換――未来のための共同事業」をまとめる。こちらも審議期間が2カ月と短く，データ処理や対案提示が粗略なのは否めないが，2021年までに原発を全廃するよう政府に提言した（安全なエネルギー供給に関する倫理委員会 2013: 20）。また，モニタリング制度を作り原発の停止と他のエネルギー源による代替が予定どおり進んでいるか，電力の価格や供給に悪影響が及んでいないかを監視するよう要請した。さらには，原発を放棄しても連邦政府が2010年10月に立案した2050年までの温室効果ガス削減目標（1990年比で80％削減）は堅持すべきことも確認された（前掲書: 58）。メルケルの脱原発政策は，基本的には倫理委員会の提言に沿うものだったことがわかる。

　政府が諮問委員会を設置することはこれまでにもあったし，そのなかには，法制化されたり政治慣行として定着したものもある。たとえば，1963年に連邦経済省学術顧問委員会の提案により設立された経済諮問委員会（通称「五賢人会」）は，経済政策の専門的助言機関として年次レポートを作成している。また，70年代にはネオ・コーポラティズム的政策決定を能率よく機能させるために「協調行動」という慣行が発達した。前者は専門家委員会，後者は利害

関係者の交渉の場としての性格が強い。

　倫理委員会は，そのどちらとも言えない。メンバーは学識経験者ではあっても原子力やエネルギーの専門家ではないし，特定の利益を代表する者でもないからである。もちろん，その提言に法的拘束力はなく，首相はそれを参考意見にすぎないとして聞き流すこともできたはずである。実際にはそうしなかったばかりか，専門家集団であるRSKの鑑定書や，「倫理」と関わる常設組織[8]より重用した。これは，メルケル首相の政治判断以外の何ものでもない。

　フクシマの映像が脳裏に焼き付いていたとは，連邦首相の迅速な決断にまつわるエピソードとしてしばしば紹介される。だがいかなる動機に基づくにせよ，政治家の行動には政治的計算がつきまとう。「メルケルは政治家としての鋭い直感力によって，福島事故が座標軸の変化をもたらし，有権者の感情を大きく動かすことを察知した。だからメルケルは，純粋に市民の健康や財産に対するリスクを減らすためだけではなく，政治的な生き残りのためにも，心の中で原子力発電所を廃止することを固く決意した。……メルケルにとって脱原子力という結論はすでに決まっていたが，『首相が独断で決めた』と後世の人々から批判されないように，原子力について厳しい見方を持つ知識人を集めて倫理委員会を作り，急遽，提言書をまとめさせたのだろう」とは，在独日本人ジャーナリストの判断である（熊谷 2012: 199）。

　倫理が政策決定を左右するというのは，日本政治の現実を日々見せつけられている者には羨ましいかぎりである。だが同時に，政治的駆け引きや社会状況をリアルに分析することも忘れてはならない。メルケル首相の原子力政策転換で際立っているのは，従来の保守政権の基本線とは異なる方向性を突然打ち出した大胆さと，それを貫徹する手法である。それだけに，政策転換の質と深さが問われねばならない。

(3) 原子力政策の不可逆的変容？

　ここで別の政策領域を参照することを許されたい。シュレーダー政権の終盤以降，家族政策において重大な変化が進行した。近藤正基によれば，育児施設建設法（2005年施行）に基づき（3歳未満児のための）育児施設を増設するこ

とは，ドイツ政治の伝統的経路とは異なる。母親の家庭内育児を促進するため，女性に取得有利な育児休暇や育児手当は拡充するが，社会サービスは提供しないというのが，従来の方針だったからである。赤緑連立はパラダイム転換を推し進め，家族福祉の充実や女性の家庭内労働からの解放を促進したとして，従来型福祉国家モデルからの離脱が示唆される（近藤 2009: 125-126）。

ホールは，政策転換を3つのパターンに区分する（Hall 1993: 278-279）。第1に，政策目標も政策技術も変わらないまま微調整が行われる場合，第2に，政策目標は大きく変わらないが，新しい政策手段やアプローチが政策エキスパート主導の下で発展する場合，第3に，政策目標そのもののパラダイムシフトが生じる場合である。第3のパターンでは，既存のパラダイムの内部で解決できない事例の増大に伴い，制度内部での権威関係が何らかのかたちで変化し，選挙など外部の政治的な圧力やメディアも深く関わる（宮本 2006: 77-78）。このモデルでは，高次元の政策転換は低いレベルの政策転換を内包し，最終段階の秩序転換には政治的言説上の重大な変化が先行すると想定される。

ホールが念頭に置くのは，70年代終わりの英国経済政策の変容である。制度化が進んでから日が浅い環境政策にもこのモデルが適用可能だとすれば，脱原発は第3段階の政策転換であり，その要件が満たされるほどの変化がなければ，改革は完遂できない可能性もある。メルケルの場合，脱原発に好意的な世論，メディア，選挙結果[9]などに直面して，所属政党の伝統的経路とは正反対の方向で一点突破をはかった。RSKよりも倫理委員会の提言に耳を傾けたのは，前例踏襲型の行動をとりがちな政策エキスパートの影響力を封じ，世論の変化に敏感であろうとしたことの表れとも言い得る。いわば，政策エキスパート間での調整よりも一般公衆を対象にしたコミュニケーション的手法に頼った改革だが，そこには一種の危うさがはらまれる。

SPDが今日までに脱原発路線を確立したとすれば，数々の内外からの揺さぶりを経るなかで選びとってきた結果である。それに匹敵するレベルの議論の深まりが，福島原発事故後の短期間のうちに，保守主義陣営で進行したのだろうか。筆者は，保守政党主導の脱原発の行く手を過度に楽観視することには，なおも慎重な立場をとりたいと思う。安定したメルケル政権の下で脱原発全党

コンセンサスを堅持しているとすれば，政治機構，伝統・文化，欧州におけるドイツの経済的・地政学的位置，世論・言説状況などのさまざまな意味においてそれを追求するのに有利な条件が整っていたからに他ならない。

2013年12月，ヘッセン州で黒緑連立（CDU＋緑の党）政権が成立した。本章にもあるように，同州は重要な政治的実験が行われてきた土地柄である。これについての論評は，しかしながら，現時点では留保せざるを得ない（先行事例はハンブルクの黒緑連立が1件あるのみ）。ただ，CDUが脱原発に転じたことが，緑の党への接近を容易にする前提条件だったことは確かである。

4　政治的再編成の渦中で

ドイツは全党コンセンサスに基づき，原発から撤退する道を選択した。これは，日本があれほどの重大事故を経験しながら，世論の変化を政党政治に変換するインフラの欠如ゆえに，なし崩し的に原発再稼働へと向かったのとは対照的である。注目すべき事例ではあるが，移行期の模索のなかで生み出された解でもある。

ドイツは大規模な政党政治再編成[10]の渦中にある。5党制の下で，各党が自らの立ち位置や他党との関係を再検討せねばならないからだが，それだけではない。現代社会の複雑な問題状況の下で，政治的対立構造の自明性が揺らいでいる。そのようななかでは，個々のイシューごとに超党派的な協力（敵対）関係が発達することもあろう。政党政治（国民政党）そのものの危機も取りざたされる。政党は，市民が政治的意見を表出し，社会的関与を行うための唯一の回路とは限らない。

フランスを含む欧州諸国が核燃料サイクルから撤退した今，ドイツがかつてのような原子力積極推進路線に復することは，まず考えられない。だが脱原発合意を「いつまでに」，「どのように」実現するのか，使用済み核燃料や代替エネルギーをどうするのか，近隣諸国からの電力輸入（原発由来のものも含む）をどこまで許容するのか，多国籍企業化したドイツ資本の行動（特に途上国の原子力開発と関わる場合）をどこまで規制すべきか，などといった問題をめぐ

り，脱原発コンセンサスの再編成が見られるかもしれない。その際，政治的対抗関係が既存の政党政治の分界線に沿ったものとなる保証はないのである。

注
1) SPDと緑の党のシンボルカラーにちなんで，このように呼ばれる。日本では中道左派との言い方もされるが，本章では現地の呼称に従う。
2) 資源エネルギー庁発行『エネルギー白書 2013』の第2部第2章第3節に掲載された「主要国の発電電力量と発電電力量に占める各電源の割合」によれば，2010年度の日本の総発電量のうち原子力は 25.9% である（ドイツは 22.6%）。http://www.enecho.meti.go.jp/topics/hakusho/2013/index.htm よりダウンロード可。
3) 本文中に情報源の表示がないものについては，若尾・本田（2012: 250）参照。
4) 1953年の国連総会で行われた米国ドワイト・アイゼンハワー大統領の演説（第2章参照）に由来する平和利用のレトリックは，西ドイツでもキャンペーンを通じて次第に認容されていった（若尾・本田 2012: 159, 190）。
5) 正式名称は，連邦環境・自然保護・原子力安全省。
6) 熊谷徹が2007年に行ったインタビューのなかで，ドイツ原子力フォーラムの関係者は，「地球温暖化が社会の関心を集めるようになってからは，ドイツのメディアの原子力についての報道姿勢が，以前ほど感情的ではなくなってきた」と語る（熊谷 2012: 137–138）。これに対し坪郷實は，ドイツの最新の研究も引証しつつ，「原子力ルネサンス」の議論は根拠がなく有害であると指摘する（坪郷 2013: 128）。
7) 第13次原子力法改正法，再生可能エネルギーの利用率を高めるエネルギー供給構造改革のための6つの法律のこと。法改正の経緯および内容の概略は，渡辺（2011）を参照。
8) ドイツ倫理評議会（Deutscher Ethikrat）のこと。永井（2012: 89）を参照。
9) 福島原発事故後に行われた州議会選挙ではおおむね赤緑連立が好調で，特にバーデン・ヴュルテンベルクでは脱原発の波に乗る緑の党が史上初めて州首相を出した。
10) 2005年連邦議会選挙後の政党政治再編成を，左派政党の動向を中心に概観した拙著（小野 2012）も参照。

第9章

政党主導
スウェーデン

渡辺博明

1 スウェーデンの原子力政策──「脱原発」から「脱・脱原発」へ？

　スウェーデンは，原子力政策に関する国際比較において，多くの点でユニークな事例である。まず，同国は原子力発電（以下，発電所をさす場合も含め「原発」）を導入した国々のなかでも，早くからその是非を政治的な論議の対象にしてきた。1970年代から原発に反対する市民運動や世論の高まりがみられただけでなく，主要政党のなかにも「反原発」を掲げるものがあり，一時はそれが政党政治の中心的な争点にもなっていた。また，1980年には原発をめぐる国民投票が行われ，その結果を受けて，長期的に廃止を目指すという決定もなされた。さらに1999年には，耐用年限に達する前の原子炉を政治的判断で閉鎖し，廃炉に向けた作業を進めており，この点でも世界で最初の国となっている。

　他方で，国民投票を経て「脱原発」を決めたにもかかわらず，今日まで約30年にわたり，その規模は大きく変わってはいない（2基が廃止されたが，他の原子炉の出力増強があった）。それどころか，2000年代に入ると原発を容認する世論が強まるとともに，より積極的な利用を主張する政党も現われ，2010年には議会で「脱原発」の目標を撤廃するに至っている。

　そのようなスウェーデンでは，2011年3月の福島第一原発の事故の後も，

原発の安全性に関する国民の認識に一定の変化がみられたものの，市民運動としても，政党政治の面でも大きな動きにはならず，その点では，いち早く政府が「脱原発」へと舵を切ったドイツや，国民投票の実施へと向かったイタリアやスイスとも対照をなす。

スウェーデンは一般的に環境保護に熱心で，情報公開や民主的な政治過程という点でも定評を得ている国である。それが他国に先駆けて「脱原発」を掲げながら，のちに「脱・脱原発」へと転じて現在に至っているという事実を，「脱原発の比較政治学」という文脈においてどう解釈すべきなのだろうか。

原子力政策の変遷は，政党，所管官庁，産業界，市民運動，世論などの複雑な相互作用の帰結であろうが，それらを体系的に説明することは容易ではない。他方で同国の場合，政治一般においても，原子力政策においても，政党の果たす役割が大きい点に特色がある。本章では，多様な要因に注意を払いつつも，特に政党政治に注目して，現代民主政治における「脱原発」の可能性と限界という視点から，スウェーデンの原子力政策の動向を検討していく。

2　原子力政策の変遷をとらえる視角

(1)　原発の概況

スウェーデンは人口940万人ほどの小国であるが，19世紀末葉から急速に産業化が進み，第二次世界大戦後には自動車，工作機械，家電，通信機器などの生産・輸出を拡大してきた北欧最大の工業国でもある。同国の電力事情としては，その地理的特性ゆえに水力利用が盛んで，近年でも総発電量に占める割合が45〜50％と大きいことに特徴がある。同時に，原子力も40％前後を占めており，水力と並んで2大電力源となっている。2011年末の総発電量における原子力の割合は40％で，西ヨーロッパでは，フランス78％，ベルギー54％，スイス41％に次いで高くなっている（Statistiska centralbyrån 2013: 563）。

また，現在のスウェーデンには3カ所・10基の原発があり，その数においても，発電量においても，人口に比して大規模に原発を展開している国だといえる。1972年に最初の本格的な原子炉が運転を始めてから1985年までに12

表9-1 スウェーデンの原発（2012年）

原発名(所在地)		形式	出力(MWe)	始動年	予定稼働期限	経営主体
オスカシュハムン	1号機	沸騰水型	473	1972	2022	オスカシュハムン電力グループ
	2号機	沸騰水型	638	1974	2034	
	3号機	沸騰水型	1,400	1985	2035	
リングハルス	1号機	沸騰水型	859	1976	2026	ヴァッテンファル
	2号機	加圧水型	866	1975	2025	
	3号機	加圧水型	1,045	1981	2041	
	4号機	加圧水型	950	1983	2043	
フォシュマルク	1号機	沸騰水型	987	1980	2040	ヴァッテンファル
	2号機	沸騰水型	1,000	1981	2041	
	3号機	沸騰水型	1,170	1985	2045	
バシェベック	1号機	沸騰水型	—	1975	1999年廃止	シドクラフト
	2号機	沸騰水型	—	1977	2005年廃止	

出典：世界原子力協会ウェブサイト（http://www.world-nuclear.org/info/Country-Profiles/Countries-O-S/Sweden/、2013年9月15日閲覧）。一部加筆・修正。

基が稼動するようになり，その後2基が廃止されて現在に至っている（表9-1）。

(2) 原子力政策とスウェーデン政治

原子力政策の推移を検証する際には，対象の複合的な性格に注意しつつ，さまざまな政治的条件をも考慮しなければならない。そのためにもここで，スウェーデン政治の基本的な制度や特徴を簡単に確認しておきたい[1]。

スウェーデン政治の特徴の一つとして，まずは，政党が単位となって展開される面が大きいことが挙げられる。同国では，1920年頃までに男女普通選挙の実現や比例代表制選挙の導入を含め，議会制民主主義の基礎が固まったが，その時点で共産主義，社会民主主義，保守主義，自由主義，農業者の5つの政党が議席を分け合う状況が生まれ，それが約70年にわたって続いた。その間，社会民主党（以下，社民党）の優位が際立っていた他，5つの政党が社民，共産からなる左派と他の3党からなる右派とに分かれ，両者の議席数のバランスによって政権のゆくえが決まる「ブロック政治」の慣行も定着していた。1980年代以降，環境主義政党とキリスト教政党が議会進出を果たしたが，それぞれが左派と右派に加わる形でブロック政治の枠組みは持続しており，政党システムは比較的安定している。

次いで，社会的な利害が職能団体を通じて調整される傾向が強いことが挙げられる。特に労使の 2 大集団は高度に組織化されており，社民党の長期政権の下では，両者の中央組織と政府との交渉によって社会経済政策の基本的な方向性が決まることも多かった。

政策形成過程に関しては，法案の準備段階で活動する調査委員会（審議会）の役割が大きいといえる。それは所管大臣の諮問を受けて設置され，問題状況の調査や対処方法，その影響などを検討するもので，委員の人数や構成はそのつど異なるが，政党政治家や専門家の他，有力利益集団の代表が加わることも多い。この調査委員会の答申は，政府の活動を拘束するものではなく，場合によってはそれとは異なる法案が作成されたり，法案作成自体がなされなかったりすることもあるが，たいていはその内容が尊重される。さらには，より広く国民が関与しうるものとして，国民投票の制度もある。それは諮問的な性格のものであり，法的拘束力はもたないが，重要争点については幾度か用いられてきた。

スウェーデンでは，過去の主要な政策形成や制度改革がこうした手続きを通じてなされてきており，原子力政策についても基本的には同様である。

3 原発問題の政治争点化

(1) 原発推進の時代

1945 年 8 月に広島と長崎に原子爆弾が投下されると，スウェーデンでも軍の内部では核兵器の研究を求める声があったが，社民党政府は，同年 11 月に核の非軍事的利用の可能性を検討するための調査委員会を設置した。これが同国の原子力政策の出発点となった。

その後，1947 年に国が設立した原子力公社が，当初は国産の天然ウランを活用する重水炉発電の開発を目指したが，やがて原子力事業にも乗り出した国営電力会社ヴァッテンファル[2]が，技術面での優位性から濃縮ウラン燃料を用いる軽水炉に絞って開発を進めていった。同方式での最初の原子炉は，スウェーデン南東部のバルト海沿岸のオスカシュハムンに建設され，1972 年から商

業運転を開始した。

　この時期までのスウェーデンでは，他国と同様，原発が新時代の技術として期待されていただけでなく，同国固有の文脈において環境親和的なエネルギーとみなされてもいた。すなわち，スウェーデンの発電は水力によるところが大きかったが，環境保護運動の興隆もあって発電ダムによる河川環境の破壊に批判が集まっており，その点で原発はダム開発の抑制につながるとみられていたからである。当時は，後に反対派の急先鋒となる中央党議員も原発を支持する発言を繰り返しており，原子力政策をめぐる政治的な対立はほとんどみられなかった。社民党政府も，支持基盤の労働組合とともに原発推進の立場であり，1970年には国会で原子炉を11基にまで増やすことが決定された。

　また，1970年代初頭には，全使用エネルギーにおける石油の割合が70％に達しており，高まる石油依存への危機感からも，社会全体に原子力に期待する雰囲気があった。こうした追い風を受け，電力会社がつくる原発事業主体連合は，上記決定の11基にさらに13基を加えて1990年までに原子炉の数を24にまで増やし，総発電量の3分の2を原子力でまかなうという構想を練りあげて産業大臣に提出し，大臣もこれを認めた。この案は結局，反対運動が高まり始めた1973年の議会産業委員会で否決されたが，これがスウェーデンの原発の計画規模における頂点であった。

(2) 反原発運動の高まりと原発問題の争点化

　1970年代の初頭には，原発推進計画が過熱する一方で，国政の場でそれに対する異論も出はじめた。72年には，原発拡大に批判的な物理学者らの影響を受けた中央党議員ビルギッタ・ハンブレーウスが，議会で原発の危険性と核廃棄物問題とを結びつけて発言した。かつての農民政党で，この時期までに地方分権や環境保護をも主張して中道右派の最大勢力となっていた中央党の内部では意見が分かれたが，やがて党首トールビヨン・フェルディーンも反原発の姿勢を固め，1973年3月，党として原発に反対していくことを決めた。その直後には，共産党も反原発の立場を明らかにした。

　こうして9月に選挙を控えた1973年の春に，5つの議会政党のうち2つが

反原発の立場をとるに至ったことで，政党政治において原発問題が争点化することとなった。後述するように，この頃には市民の間でも反原発の動きが広がりはじめており，中央党はこの選挙でさらに議席を増やした。

議会外では，1960年代から環境保護運動の担い手であった諸団体や学者らが原発の安全性に疑問を投げかけ，反対運動を展開するようになっていた。それは専門家の間だけでなく，スウェーデン特有の成人教育組織が拠点になって市民の間にも浸透していった。多くの市民が，労働運動系の「労働者教育協会」をはじめとした成人教育組織が主催する学習サークルに参加するようになり，1974年にストックホルムで「原子力阻止行動」が結成されると，反対運動はさらに大きくなっていった。また74年以降，中央党は原発の問題点として，事故時の被害の大きさと放射性廃棄物の処理の難しさを2つの技術的リスクとみなしてその危険性を指摘し，反原発の市民運動とも連携を進めていった。

こうした動きにはメディアも注目したが，ジャーナリストの多くは反対運動を支持しており，その立場から情報提供を行った。これに対し，原子力エネルギー公社や民間の関連企業，製造業の経営者団体など，産業界や推進派の専門家が反発し，激しい論戦が繰り広げられた。

この時期に与党として国政の中心にあった社民党は，執行部内に異論もあったが，基本的に原発推進の立場であった。同党は，石油ショックによる原油価格高騰の経験から，石油依存を弱める狙いもあって，1975年までに，70年に承認されていた計画数に2基分を加えて最終的に13基を建設するという案をまとめあげ，保守党の支持を得て議会で可決した。それは，かつての計画数24基に比べると控えめなものとなっていたが，議会内外での反対運動の高まりにもかかわらず[3]，なおも原発推進路線がとられていたことを表していた。またこの法律によって，エネルギーの開発と利用に関しても，農業や住宅供給の分野のように，国の関与が強まることとなった（Radetzki 2004: 46）。

4 「脱原発」へ

(1) 政権交代

　半年後に選挙を控えた1976年3月，中央党党首フェルディーンが，ラジオ演説で原発廃止を党の公約に加えることを表明した。これにより原発問題が選挙の争点に加わることが決定的になるとともに，一時は専門家と一般市民の意識の乖離から停滞しつつあった反対派市民運動も再び勢いを増していった。9月に行われた選挙では，原発問題が主要争点となるなかで議席を減らした社民党が政権を失い，3党で議席の過半数を制した中央党，保守党，自由党による中道右派連立政権が誕生した。

　この連立政権では，最大勢力が反原発を掲げる中央党で，いまや個人的にも熱心な原発廃止論者であったフェルディーンが首相となった。しかし同時に連立与党の保守党と自由党は原発推進派であり，同政権は最初から深刻な対立をはらんでいた。

　新政権は，発足後まもなく「エネルギー調査委員会」を設置し，原発問題の検討をひとまずそこにゆだねる形をとった。同委員会の課題は，原発を含めて将来のエネルギー政策を検討するための前提条件を整理することであった。しかし，国家電力委員会のメンバーが名を連ねた内部の専門家グループでは電力会社が主導権を握り，中央党の思惑とは異なって業界利益を排除することができなかった。結局，1978年に出された答申の趣旨は，「現在の科学的知見では，原発を廃止するか，継続するかについて結論を下すことはできない」としながら，暖房用の石油に代えるために建設中の原子炉については完成させるとするもので，1975年の決定の内容と実質的に変わるところがなかった。

　この間にバシェベック2号機が完成し，その稼働を阻止しようとした中央党と，他の2与党との関係が悪化し，連立政権は危機に陥った。これを乗り切るためにフェルディーンは，その操業を認める代わりに，以後の原発により厳しい安全基準を課し，高レベル放射性廃棄物の処理責任をも明確化することで妥協し，保守党と自由党の同意を得て1977年に「原発操業条件法」を制定した。

同法は，原発事業主が使用済み核燃料の処理に目処をつけるか，安全な処分場を確保しない限り操業を認めないという規定を含んでおり，中央党の意図は，満たすことが難しい条件を定めることにより，さらなる原発の操業と建設を止めることにあった。ただし，それは建設済みの6基の操業を認めることでもあったため，原発の完全廃止を求める市民運動やそれを支持する人々からは「裏切り」として批判を浴びることになり，議会外の反対運動はさらに盛り上がって「反原発国民運動」へと発展した。

(2) 国民投票へ

「条件法」成立後の1978年，電力会社がフランス企業コジェマと使用済み核燃料の再処理契約を結ぶことにより，リングハルス3号機とフォシュマルク1号機の操業を目指したため，連立政権内では新たな論争が起こった。結局この問題をめぐる対立が悪化し，3党連立政権は崩壊に至った。後に続いたのは，原発推進派で，当時は社会保障分野を中心に左派とも接点のあった自由党を，社民党が閣外協力で支える形の変則的な少数派政権（議会第4党の単独政権）であった[4]。

下野した中央党は，その少し前から，原発問題をめぐって国民投票を行うよう提案して与党内の原発推進派に圧力をかけていたが，連立政権崩壊後は，同党と共産党に「反原発国民運動」も加わり，国民投票の実施を求める動きが強まった。他方，社民党，自由党，保守党はそれに強く反対した。

1979年になるとイラン革命により原油価格が再び上昇し始めたこともあり，石油消費を抑えるためにも原発の建設を続けたい社民党，自由党，保守党は，3党間での意見調整を経て，最終的な原子炉数を12とするエネルギー計画を打ち出し，3月には中央党と共産党の反対を押し切って議会で可決した。

その直後の3月28日，アメリカのスリーマイル島原発で放射能漏れ事故が起こった。この事故についてはスウェーデンでも連日報じられ，反原発の世論はさらに高まった。事故から約1週間後の4月4日，社民党党首ウーロフ・パルメが国民投票に同意することを表明すると，自由党，保守党もそれに続き，まもなく自由党政府が1980年春に国民投票を実施すると発表した。このとき

の社民党の決断は，世論に押された面があるとともに，同年9月の国政選挙で原発問題が争点になれば自党が不利な立場に置かれることから，それを選挙戦から切り離すことを狙ったものでもあった（Möller 2011: 214-215）。

しかし，国民投票の実施が決まると，テレビも含めたメディアは原発問題を主要争点として押し出そうとした。実際，1979年選挙では原発問題が中心的な争点となり，投票の際に原発問題を重視したと答えた人の割合は24％に上り，76年選挙の21％をも上回った（Esaiasson 1990: 277, 308 n104）。

選挙結果は，もう一つの反原発政党であった共産党が支持を伸ばした一方で，中央党は，原発問題をめぐる妥協的な態度を批判されたうえに，経済問題への対応力にも欠けると見られて議席を減らした。他方で保守党が票を伸ばし，中央党を上回る議席を獲得したため，僅差ではあったが右派ブロックが多数派となり，2度目の3党連立政権が発足した。

(3) 国民投票とその帰結

1979年選挙の後は，国民投票がスウェーデン政治における最大の関心事となったが，まずはその実施形態が注目された。すでに1950年代の年金改革論争の際に，異なる論点を組み合わせた3つの選択肢を設けて国民投票を実施した経験があり，このときも各党の思惑が交錯し，それぞれの立場と結びつく形で3つの選択肢がつくられた。

第1案は，長期的には原発を廃止することを掲げるが，それは電力需要や雇用と福祉の維持に配慮しながら進められるとし，稼働中および建設中の12基は活用するが，増設はしないとするものであり，保守党が推していた。第2案は，第1案と同じ文面に加えて，原発は国ないし自治体によって所有されるべきであるとするもので，社民党と自由党が支持していた。第3案は，原発の増設に反対し，操業中の6基についても10年後までに廃止するというもので，中央党と共産党が支持していた。

こうした選択肢設定が意味していたのは，推進派が，産業界とつながりが深い保守党と他の2党との間の所有形態をめぐる見解の違いを利用して，3つのうち2つを推進派の案が占める形にしたということである。また推進派は，

「廃止」を謳いつつも，実質的には建設中・計画中の原子炉を完成させ，運用できるようにすることを目指していた。

　各陣営が国民投票に向けたキャンペーンに入ると，反原発の運動も活発化し，投票を約1週間後に控えた3月15日には13万人が参加したデモも行われた。こうしたなか，3月23日に投票が行われ，第1案が18.9％，第2案が39.1％，第3案が38.7％の支持を得る結果となった。ここで重要なのは，推進派政党が支持した第1案と第2案が合わせて過半数（58％）になったことである。すなわち，長期的には原発を廃止するとし，またそれ以上の増設は断念するとしながらも，建設中のものを含めた12基を運用することが，国民を巻き込んだ手続きによって承認される形となったのである。

　その後，議会では国民投票の結果をふまえた原子力政策が議論され，同年中に，建設中のものも含めた12基の操業を認めるとともに，2010年までにはそれらをすべて廃止することが決められた。ただしこの時点では，原子炉の耐用年数が25年と見積もられており，最後に完成する2基が1985年に操業を開始する予定であったことから，実質的にはそれらについても十分活用することが見込まれていた。結局，国民投票を経て確実になったのは，原発の早期廃止という選択肢が正式に除外され，75年の計画がほぼそのまま実行されるということであった。

5　「脱・脱原発」へ

(1)　原子力政策の揺らぎと「脱原発」の撤回

　1985年に12基の原発がすべて操業する状態に入った一方，この時点で社民党政府は80年決定による「2010年までに全廃」の方針を改めて確認した。するとその翌年，ウクライナのチェルノブイリで原発事故が起こり，放射性物質が飛来したスウェーデンでは，再び反原発の世論が高まった。その圧力もあって1988年には社民党政府が，95年以降にリングハルスとバシェベックの原発を1基ずつ廃止することを決めた。しかし，この決定には，保守党や産業界が，経済活動への負担が大きく企業の国際競争力を低下させるとして激しく反発し

ただけでなく，社民党の支持基盤の労働組合も雇用を脅かすものであるとして反対した。その結果，エネルギー大臣の交代を経て，1991年春に改めて，安全で効率的であることに加え，持続可能性や再生可能性に配慮した電力供給システムの構築を目指すとの決定がなされ，88年決定は破棄された。

1991年からの中道右派政権を経て94年選挙で再び政権についた社民党は，再びエネルギー政策の検討に入り，97年には当時ブロックの枠を超えて部分的な協力関係にあった中央党と，一貫して原発に反対してきた左翼党（91年に共産党から改称）の協力を得て，新たなエネルギー政策をまとめ，法制化した。それによれば，再生可能なエネルギーの開発に向かう点は以前と同じであるが，原発の廃止は雇用，福祉，国際競争力，環境を損なうことのないように進めるとされた。この時点でそれらを強調することは，実質的に2010年までに原発を全廃するという目標の断念を意味しているようにも見えたが，その代わりに，バシェベックの原子炉を1998年と2001年に1基ずつ廃止することも明記されていた。88年決定とは異なり，バシェベックの2基を対象としたのは，海峡を挟んでコペンハーゲンと向き合う同原発についてはデンマーク側からの批判が強まっていたからであった（Bäck och Larsson 2006: 309）。

それをうけて1999年11月，予定よりやや遅れたもののバシェベック1号機が運転を停止した。さらに2005年，社民党政府を左翼党と環境党が閣外協力で支える体制の下，やはり予定より大きく遅れたが，バシェベック2号機も運転を停止した。

ただし，この2基が廃止されたにもかかわらず，他の原子炉が発電量を増やしたため，国のエネルギーの総量における原子力の割合は，さほど下がることはなかった。また，その間にかつて25年と見積もられていた各原発の耐用年数は，40年以上に改められたが，これらの変更の際にも特に大きな論争は起こらなかった。この頃までに原発をめぐる世論は変化しており，調査では原発を増設すべきだという意見も増えていた（Möller 2011: 217）。

2006年には3期12年ぶりに保守中道4党連立政権が誕生したが，その際，中央党は表立って原発に反対することを控えていた。近年の同党は，農業者だけでなく，中小企業経営者の間でも支持を広げ，産業界に配慮するようになっ

第9章 政党主導：スウェーデン 181

ていたことに加え，このとき党首マウド・ウーロフソンが4党間の協力を進めるための調整役を果たしていたからでもあった。

　この中道右派連立政権は，新たなエネルギー政策についても議論を進め，2010年3月に法案をまとめた。その趣旨は，将来にわたって原発が重要なエネルギーであることを確認した上で，既存の原発については必要に応じた建て替えを認めるとするものであった（同時に，その場合にも国家からの財政支援はしないことが決められたが，この点については後述）。これにより，1980年に決まった「脱原発」の方針が撤回されることとなった。3月に法案が可決されると，同年9月の選挙では，その旨を明記した合同政権公約を携えた中道右派連合が勝利し，今日に至っている。

(2) 「フクシマ」以後

　スウェーデンが「脱・脱原発」ともいうべき方向へ動き出した後の2011年3月，東日本大震災により損壊した福島第一原発から大量の放射性物質が流れ出す事故が起こった。それはスウェーデンでも大きく報道され，直後の世論調査では，原発を廃止すべきとの意見がそれ以前に比べて20％近く増えたが，それでも全体の30％程度を占めるに過ぎず，多くは原発維持を支持する結果となっていた（Holmberg 2011: 61）。また，原発に対する見方を問う調査で同年5月分と前年8月分とを比べると，「政治的判断で廃止していくべきだ」という意見が19％から24％に増えた（他方，「既存の原発を使い続けるが，新設はしない」は37％から36％，「既存の原発を必要に応じて再建しながら使い続ける」は40％から33％に減少）（NOVUS 2012: 3）。こうした結果から見て，国民の原発に対する態度に一定の変化があったとはいえ，全体として世論が原発廃止を求める方向へ大きく動いたとは言いがたい。スリーマイル島やチェルノブイリの事故の後と比べても危機意識の広がりが見られない理由としては，次のような事情がある。

　第1に，過去20年以上にわたってスウェーデンの環境保護問題における中心課題は地球温暖化の防止であり，化石燃料の消費量をいかに減らすかが重視されてきた。近年では，産業界と結びつきの強い現政権でさえそれらを政策目

標に掲げていることに表れるように，同国は，日本とは比較にならないほど国を挙げてこの問題に取り組んでいるが，その分，原発の早期廃止を求める動きは弱まっている。

第2に，国内で放射性廃棄物の貯蔵施設を確保する目処がついたことが挙げられる。この点については，1984年に「核技術法」が制定され，85年にそれに基づく検討体制が整備されて以降，地盤の安定性と自治体の受け入れ可能性という2つの観点を中心に，20年あまりをかけて候補地が絞り込まれていった。2009年に最終決定がなされ，原発の所在地でもあるエストハンマル自治体のフォシュマルクに地下貯蔵施設を造ることが決まり，その建設が始まっている。これによって原発と不可分の難題の一つが一応の決着を見たと考えられているからである。

第3に，福島の事故の直接の原因が巨大地震だった点が挙げられる。スウェーデンの人々がたびたび口にするのは「スウェーデンに地震はない」ということである。スカンジナビア半島は，世界でも有数の古く安定した地盤の上にあり，実際にスウェーデンでは，坑道の崩落などによる小規模のものを除けば，火山活動や地殻変動による有感地震はほとんどない。このことは，地下貯蔵施設の建設についても有利な条件をもたらしており，放射性廃棄物処理問題の「解決」とも深く関わっている。

これらの要因が重なった結果として，福島の事故を経ても，原発に肯定的な世論の傾向は，大きく変わってはいないのである。

6　原子力政策をめぐる政治の考察

(1)　1980年決定の意味

スウェーデンの原子力政策の変遷からわかるのは，1980年の国民投票とそれを受けてなされた決定がその後の原発をめぐる議論を規定し続けているということである。すなわち，原発の是非を直接論じるのではなく，既存の原発の数からの加減の問題としてとらえる思考様式が社会全体に定着し，それが今日まで続いているのである。

1980年の議会決定は，（政党間の交渉を経て数の上では1基減っているとはいえ）実質的に1975年の決定を追認するものであった。国民投票の実施に至るまでにはさまざまな議論や諸勢力間の攻防もあったが，最終的な選択肢はすべて（時期は別として）原発の廃止を掲げる形となっており，その意味では，投票前から「脱原発」の結論は出ていた。他方で，第1案と第2案は時期を明記しておらず，80年の決定において，その期限をすべての原子炉が耐用年限に達すると想定される2010年としたことは，実際には「12基までしか建設しない」という以外には何も決めていないに等しかった。その後，「脱原発」の姿勢を強調するために2基が廃止されたが，基本的には，稼働中の原発（の数）を前提に，それらを耐用年限まで活用するか，年限を延ばすか，年限に達したものの再建設を認めるか，といった選択の枠のなかで議論が続けられている。

　かつて，アメリカとフランス，スウェーデンの原子力政策の展開を比較検討したジェームズ・ジャスパーは，3国ではいずれも石油ショックを機に原発問題が争点化したが，その際に主要な政策的態度が分かれ，それが各国のその後の原発のあり方を規定していったと論じた（Jasper 1990）。すなわち，アメリカでは費用対効果の観点が重視され（国内の油田開発が進んだこともあって）原発の建設計画が変更・縮小されたのに対し，フランスでは開発期からの技術主義の優位が続いて建設がいっそう進み，相対的な費用の低下や電力総量における原発の比率の上昇とともに反対運動も抑え込まれていった。これらに対し，スウェーデンでは，環境保護志向の倫理主義の影響が大きく，反原発の政治勢力も強かったため，政党間対立が激化し，結果として，問題を先送りにするような長期的廃止の路線が選択されることとなった。

　ジャスパーの分析は1980年代までにとどまっていたが，少なくともスウェーデンについては，その後の四半世紀近くの展開を見ても，概ねそうした解釈が当てはまる。原発推進から「脱原発」へ，そして「脱・脱原発へ」という変遷については，それぞれに政治的議論を経た決定や変更が重ねられている一方で，その実態としては，現状維持を基調に，むしろ大きな変化を避けるような形で推移している点に注意すべきであろう。

(2) 政党政治的要因

次に政党政治面での特徴を見ると，まず何より，1970年代に当時の議会第2党であり，原発問題をめぐる論争のなかで政権にもついた中央党が反対勢力の中核をなしていたことが挙げられる。原発保有国のなかでも，この時期に与党の中心勢力が反原発を強く志向していた例はなく，そのことが論争を拡大させる要因の一つとなった。

他方で原発問題は，スウェーデンの政党政治にとっては，対応がきわめて難しい争点でもあった。原発をめぐっては中道右派の中央党と左派の共産党とが反対派を形成したが，それは同国の伝統的なブロック政治の枠組みを揺るがすものであった。さらには，最大政党の社民党とその支持者との間にも軋轢が生じていた。すなわち，その組織的な基盤である労働組合（中央組織LO）が原発推進を求める一方，一般の組合員を含む支持者層には反対派も多く，同党は困難な立場に置かれ，実際に原発をめぐる論争のなかで政権を失うことにもなった。そして，それに代わる中道右派政権もまた，原発問題が原因で崩壊したのである。

その後，各党が国民投票の実施で合意したことは，政党政治になじまない争点を国民投票にゆだねたという意味では妥当な選択であったが，実質的には，原発問題をそこから切り離すことにより，危機に陥りつつあった従来型の政党政治を守ろうとする側面もあった。特に社民党は，やはり原発をめぐって支持者との間に不一致を抱えていた自由党とともに，保守党と交渉を進め，推進派に有利な形で選択肢を設定することに成功したのであり，自身がその展開に翻弄されながらも，基本的には論争の流れをコントロールしていた。彼らは，本来は民主的な合意形成を促すための諸制度をも，戦略的な行動の舞台として巧みに活用していたといえよう。

また，1990年代以降は，政党間の競合のあり方の変化が，原発問題の位置づけにも影響を与えている。1980年代以降，保守党が中央党に代わって中道右派の中心勢力となると，1990年代の終わりから2000年代にかけては，環境党，キリスト教民主党をそれぞれの陣営に加える形で左右のブロック間対抗が明確化していった。それと同時に，支持率20〜30％台の2大勢力である社民

党と保守党が経済，産業，福祉，雇用などの分野を中心に政権争いを展開する一方で，支持率5〜10％の他の各党は，ブロック間での政権争いを考慮しつつも，同時に独自の主張を展開して（ブロック内の）他党との差異化を図らなければならなくなった。そのようななかで，左派では環境党が，社民党との関係に配慮しつつ，原発の危険性を指摘してその廃止を求め続けており[5]，中道右派では，2004年以降協力関係を強めてきた現政権内部で，自由党が原発のより積極的な活用を主張するようになる一方，中央党はその長期的廃止の目標を掲げ続けている。現状では，原発問題は，諸政党がたびたび言及はするが政権争いや連立交渉に直接関わることはない論点となっている。

　最後に，各政党の立場とそれぞれの支持者の意見との関係の変化にも注目したい。国民投票の際には，原発問題が政党間抗争に変換されたという面が大きく，当初は社民党や自由党を中心に党と支持者の立場に不一致が目立ち，さらに全体として反対が多かった世論も，各陣営によるキャンペーンを経て，投票時には政党支持が大きく影響する結果となり（Flam 1994: 191），結果として原発維持（第1案と第2案への支持）が多数となった。さらに，現在に至るまでを見ると，有権者全体として原発に肯定的な意見が増えるとともに，各政党とそれぞれの支持者の原発に対する態度は概ね一致する方向に変化してきた（Holmberg and Hedberg 2012）。当初は政党政治の枠組みになじまず争点化した原発問題が，その後30年近くかけて政党間対立に沿ったものへと変わってきたといえる。

(3) 民主主義

　原発問題については，争点の複合的な性格を考慮するとしても，有権者（さしあたりは多数派）の意見が反映された決定がなされているかどうかは重要であろう。

　原発問題が議会内外で議論されていた1970年代半ばから，その後の原子力政策の展開を大きく規定することになった国民投票までを見ると，当初は特に社民党と自由党で顕著であったように，原発推進派政党の支持者の間にも反対者が少なくなく，政党と支持者の立場に不一致が目立った。しかし，反対派が

多数であった一般市民や議会外の運動の意向とは離れたところで，政党間の駆け引きを通じて，とりわけ社民党を中心とした推進派政党の意向が貫徹する形で国民投票が実施され，事実上の原発維持が決まった。こうした点からみれば，民主的な決定がなされたとは言いがたい。

　しかし他方で，政党政治において多数派であった推進派勢力が，70年代半ばには産業界の意向に反して原発の拡張計画を抑制し，国民投票を経て現状維持的な結論を導いたのは，議会外の運動や世論の高まりに配慮しなければならなかったからでもある。少なくとも，国と産業界が結束してさらなる原発拡大に向かうことを防いだという点では，世論ないし有権者の声が一定の影響力をもったともいえよう。

　もっとも，技術的にきわめて複雑な原子力政策に関して，有権者がどれほど有意義な意見をもちうるかという点については，市民の側にも当初から不安が根強く存在しており，スリーマイル島事故をきっかけに国民投票へと向かったにもかかわらず，後の調査でその実施を肯定したのは少数派であった（Möller 2011: 215-216）。民意を反映した決定かどうかという基準そのものが成り立ちにくいのは，核廃棄物の処理をめぐる議論においても同様であった。最終貯蔵施設の建設場所を選ぶプロセスでは，地質や自然環境，地元自治体の事情などの検討に20年以上をかけて決めた形をとっていたが，候補地が絞られた時点で残ったのは，従来から原発関連施設があり，住民の反対も少ない3カ所のみであった。こうした事実は，科学や技術に関わって十分に合理的な根拠を示しながら決定を導くことが実際にはきわめて難しいことを示している（Sundqvist 2002）。

　また，原子力政策への影響力については，1970年代後半の調査委員会の活動において見られた産業界のネットワークの強さだけでなく，国民投票キャンペーンの際に市民運動が集めた額の10倍を超える資金を提供した産業界の影響力を過小評価してはならない（Flam 1994: 189-190）。スウェーデンでは労働組合も（たとえばドイツのそれと比べて）より純粋に利益集団的な性格をもち，実利志向で原発を支持し続けており（Jahn 1993），労使で利害が一致する場合は相当な推進圧力として作用すると推察される。

とはいえ，これらの留保をつける以前に，今日ではスウェーデン国民の多く が原発容認の立場をとるようになっている。現時点で有権者の多数派と「脱・ 脱原発」の方向性が一致しているため，民主的決定の問題として論じられるこ とは少ない[6]。

7　今後の展望

現在，野党第一党の社民党は，政権を奪回した折には「脱原発」の撤廃を決 めた2010年のエネルギー法を破棄する意向である。2014年9月の次期選挙で 政権が代われば，再度の転換が起こるかもしれない。しかしそれだけであれば， これまでの経緯からして，現状維持を基本にした言説レベルでの方針変更であ る可能性が高いと見るべきであろう。

むしろここで重要なのは，今後10年足らずのうちに，古い原子炉から（延 長された分を含めても）耐用年限に達し始めることであり，それゆえ数年内に は老朽化した原発の扱いについて現実的な対応を議論せざるをえなくなること である。2010年の決定も，再建設の可能性を開いたに過ぎず，具体的な方向 性を示しているわけではない。

その際に注目すべきは，2010年に現政権が，新たな原発事業には国の補助 金を一切投入しないと決めた点である。スウェーデンの原子力開発は，他の原 発保有国と同様，当初から国策事業としての性格が強かった。原発の所有自体 は民間の企業にも開かれており，また既存の原発の一部は株式の分有による官 民合同の企業体によって運営されているが，1970年代にエネルギー政策への 国家の関与が強化されたこともあって，原発は，国営か民営かという以上に公 的な資源配分と管理の下におかれてきた。上記の決定は，経済社会への国家介 入の否定という，右派政党やその支持基盤でもある産業界の伝統的な姿勢を反 映したものに過ぎないかもしれない。しかし，補助金や助成金，何より事故時 の補償を考えたとき，産業界も大きなリスクを負うことになる。この点につい ては，前エネルギー庁長官も，高まるコストゆえにスウェーデンで原発を新設 することはますます難しくなっているとの見解を示している（脇阪 2012）。

スウェーデンは間もなく，30年以上にわたって棚上げされてきた難題と正面から向きあわざるを得なくなり，その時，原発問題が再び現実的な政治課題として浮上する可能性が高い。1,000万人足らずの人口で10基の原発をもち，総発電量の40％以上を原子力が占める「小さな原子力大国」の今後の動きが注目される。

注
1) スウェーデン政治の概要については渡辺（2009）を参照されたい。
2) 1909年に設立された王立水力発電公社を前身とする公営企業で，現在では多国籍企業化しているが，スウェーデン最大の電力供給主体でもある。
3) 1974年から75年にかけての原発に対する世論としては，反対派が賛成派を15～20％上回っており，また1975年時点で国民の半数が当時稼働していた5基以上に原発を増やすべきではないと考えていた（Flam 1994: 180）。
4) 議会の解散は制度上可能だが，選挙時期が固定されており，再選挙の場合も，当選者は前回選ばれた議員の任期を引き継ぐのみであるため，実際に解散することはほとんどない。このときも，次の選挙まで1年しかなかったことが，そのような対応をもたらした。
5) 環境党は，国民投票時の既成政党の動きに不満をもった人々によって結成されており，その意味では原発問題から生まれた政党ではあるが，社会的な争点としての原発の重要性が低下したこともあり，彼らがその後の原子力政策の展開に与えた影響は限定的なものにとどまっている。
6) 政治学者のセーレン・ホルムベリらは，原発に関する意識調査に基づき，スウェーデン人がもはや原発に反対していないことは明らかであるとし，次のように述べる。「2010年の調査では，そして2011年の福島の事故の後でさえ，原発の建て替えを支持する意見が多数派となっている。1970年代から80年代にかけて反原発が優勢だった世論はこれほどまでに変わってしまったのだ」（Holmberg and Hedberg 2012: 72）。

第 10 章

国民投票
イタリア

高橋 進

　イタリアはこれまでに2度，国民投票で原子力発電所を拒否した。1度目はチェルノブイリ事故の翌年の1987年11月，2度目はフクシマ原発事故後の2011年6月である。しかし当然のことながら，2つの原発事故によって突然市民が目覚め，脱原発の国民投票を成功させたわけではない。さまざまな市民団体・環境団体，労組員，政党員などの地道でダイナミックな活動が，諸団体，有力政党，労働組合，マスコミ，地方自治体，政府を動かし，原発推進・維持の既存の権力機構に動揺と亀裂をもたらし，国民投票という制度を活用して政策転換に至らしめたのである。本章ではこの政治過程を分析し，イタリアの脱原発への転換をもたらした要因とデモクラシーとの関係を明らかにする[1]。

1 イタリアにおける原子力発電所の建設の歩み

(1) 原子力発電所建設の「英雄時代」

　イタリアの核エネルギーに対する取り組みは1946年「情報・研究・実験センター」(CISE) の創設に始まる。これは，エディソン社とフィアトなどによって設立された核エネルギーに関する資料収集と研究を目的とする小さなセンターであった。その後しばらく進展はなく，1952年にイタリア政府は，CISEを支援するために学術会議の下に核研究全国委員会 (CNRN) を設立したが，原発に関する具体的な技術，強い熱意や明確な方針，予算を持ってはいなかっ

た（CNRN は 1960 年に「核エネルギー全国委員会」（CNEN）として組織強化）。
イタリアで原発建設が具体化するのは，1953 年 12 月の米国のアイゼンハワー大統領の国連における「平和のための核」演説以後である。つまり，ソ連や英国の核兵器開発の成功によって米国の核独占が破綻した後，米国の新しい世界的な核管理構想として提起された「核の平和利用」政策によって，核技術の輸入が可能になってからである。

1955 年の核エネルギーの平和利用に関するジュネーブでの最初の国際会議の頃は，原子力発電によって豊かな電力を低価格で供給できるようになるという楽観論が世界的に広がっていた。それゆえ，原子力発電事業にエディソンをはじめとする有力民間企業だけでなく，南部電力会社やエンリコ・マッテイが率いるイタリア炭化水素公社（ENI），産業復興公社（IRI）など公企業もこぞって参入した。こうした競争下で 1956～58 年に，米英の 3 企業から原発の重要部分を供給される形で 3 つの異なる型の原子炉が発注された。

最初のラティーナ原発は，ENI によって建設された。中部のローマ市から南へ約 50 km のアドリア海に面したラティーナ県ラティーナ市に属するボルゴ・サボティーノという小村落で 1958 年 11 月に着工され，1964 年 1 月から営業運転を開始した。この原発は天然ウランを燃料にし，イギリスの企業 Nuclear Power Group 社の技術を使ったマグノックス炉（発電力 15.3 万 kW）であった。天然ウランを燃料とする英国方式を採用した理由は，その入手が比較的簡単であることと，濃縮技術を唯一もっていた米国への従属を避けたいマッテイの考えがあったからである。施設の建設はイタリア南部核エネルギー社（SIMEA. 同社は ENI の子会社アジップ核開発が 75%，産業復興公社が 25% 出資して設立）が行った。この原発は，1969 年 2 月と 3 月に給水装置の故障等で停止し，以後，出力を 20% 引き下げざるをえなくなった。1986 年 11 月から故障のため運転を停止した。

2 基目のガリリアーノ原発は，南部のカンパーニャ州のナポリから北へ約 50 km のガリリアーノ川畔のカセルタ県セッサ・アウルンカという小村に建設された。1959 年 11 月に着工され，1964 年 6 月から営業運転を開始した。この原発は低濃縮ウランを燃料とし，米国のゼネラルエレクトリック社（GE）の沸騰

水型であり（15万 kW），国の機関である核研究全国委員会の支援を受け，全国原子力発電会社（SENN）によって建設された。この原発は構造がきわめて複雑で故障も多く，営業運転を開始した年に1次冷却系のバルブのボルトの破断，1970年に原子炉緊急冷却システムの故障と電源喪失を起こし，1978年に蒸気発生器が壊れ，停止した。停止中の1979年11月に洪水で原発敷地内が水浸しになるなかで夜半に発生した全国的な大停電時に予備電源が当初作動せず，炉心溶融寸前までいった。また，原発からの放射能漏出による大気や川の汚染が日常的に起こっていた。度重なる事故や放射能汚染，周辺住民の健康不安による原発閉鎖を求める声，そして，設備交換の莫大な費用や設備の寿命を考慮した結果，全国電力公社（ENEL）は1981年3月に廃止を決定し，翌年3月に閉鎖された（Isola 2004; Rossi 2011: 187-200）。

3基目のエンリコ・フェルミ原発（トゥリノ原発）は，北部のピエモンテ州のトリノから東へ約50 kmの距離にある，ポー川流域のヴェルチェッリ県トゥリノで1961年7月から建設が始まり，1965年1月に営業運転が開始された。この原発は低濃縮ウランを燃料とし，米国のウェスチングハウス社（WH）の加圧水型である（26万 kW）。その建設は，フィアトやモンテカティーニ，エディソン・ヴォルタ等の民間企業，南部電力会社やIRI等の公企業が設立したイタリア原子力発電会社（SEI）によって行われた。この原発は，1基の発電量としては当時，世界最大であった。最初の燃料交換後，原子炉の核燃料棒容器の亀裂が原因で1967年から1970年まで約3年間停止し，その間，ポー川にトリチウムを放出し続けた。1979年からは補助電力システムなどの安全システム等の改善のため，約4年間，運転を停止した。1987年3月からの点検停止中にスリーマイル原発事故が発生し，再稼働しないまま閉鎖された。

このように，1964～65年に3つの原発が運転を開始し，イタリアは名目上合計56万 kWを有する世界3位の「原発大国」になった。イタリアでは最初の原発建設着工からこの頃までを「英雄時代」と呼んでいる（De Paoli 2011:23-25）。しかし，実際には事故や故障の多発によって稼働率は低く，3基合計で国内需要電力の0.5％程度しか供給していなかった（Nebbia 2009: 202）。電力会社や政府による事故と放射能汚染の隠蔽によって，住民の不安と反対運動を引

き起こした。建設場所の選定・発注から稼働までに長期間を要することや低い稼働率など，巨額の建設費用に見合う経済性はなく，原発は経済的合理性を欠いていることが明らかになった。また，輸入による原発導入を優先した結果，政府の研究開発への投資や企業の技術発展はきわめて不十分なままであることなど，多くの問題を抱えていた。

(2) 電力国有化と原発建設の停滞

初期の原発建設ブームが過ぎると人々の熱気は冷め，経済合理性への疑問が公然と主張され始めた。原発の開発と建設の主体についての諸機関の争い，エネルギー政策をめぐる争いも強まってきた。他方では全国的に工業化を推進するために電力供給の安定化と強化が求められた。1962年に公企業の全国電力公社（ENEL）が設立され，公私の電力事業を買収し，独占・国有化することとなった。この結果，ラティーナ原発は1964年に，ガリリアーノ原発とトゥリノ原発は1965年にENELに移管された。ENELは原発建設の狂騒を見直し，当面の重点事業を国有化した諸電力会社の経営統合，電圧や送電網の整備と再編と定めた。CNEN事務局長で原発開発の主導者であったイッポーリトはENEL理事に就任していたが，1963年に政争と利権争いに巻き込まれ，失脚した。英米蘭の石油メジャーと対立していたENIのマッテイは1962年10月に乗っていた自家用機が爆破され，墜落死した。これらの事件の背後には，電力と原発，石油をめぐる内外の経済・政治勢力の暗闘があった。こうして，イタリアの原発の「英雄時代」の主役たちは舞台から去り，「英雄時代」は終焉した。

新たな原発は，その後，1970年1月にミラノから南東へ約50 kmのエミリア・ロマーニャ州のポー川流域のピアチェンツァ県カオルソに4基目が着工された。このカオルソ原発の建設は難航し，約9年を要した。1978年に完成し，電力網に接続したが，その日に事故で停止し，それから3年半後の1981年12月からようやく営業運転を開始した（本格稼働は1983年4月）。

1973年の石油危機は，日米欧の諸政府を原子力発電に突き進ませる契機となった。イタリアも1975年の全国エネルギー計画では，既存の火力発電所の

表10-1　1987年11月のイタリアの原発の状態

名称	場所	型	出力(万kW)	建設着工	営業運転	稼働状況	建設企業	閉鎖時期
ラティーナ	ローマから50km	GCR（英国）	15.3	1958年11月	1964年1月	1969年以後出力20%減 1986年11月〜故障停止	SIMEA	1987年12月
ガリリアーノ	ナポリから50km	BWR（GE）	15	1959年11月	1964年6月	1978年〜大故障で停止 1981年3月廃止決定 1982年3月閉鎖	SENN	1982年3月
エンリコ・フェルミ（トゥリノ）	トリノから50km	PWR（WH）	26	1961年7月	1965年1月	1967〜70年事故の大修理のため停止 1979〜83年安全システムの強化改造のために停止, 87年3月から停止	SEI	1990年7月
カオルソ	ミラノから50km	BWR（GE）	86	1970年1月	1981年12月	1986年11月〜87年11月事故, 総点検, 安全確認のため停止	アンサルド	1990年7月
モンタルト	ローマから50km	BWR（GE）	98.2×2基	1982年7月		1基は約7割完成 火力発電所に転換	アンサルド	1988年
トゥリノ2	トリノから50km	PWR（WH）	98×2基	計画中, 基礎工事段階			アンサルド	

出典：注に記載の諸著作を参考に筆者作成。

発電力2,400万kWに対して，1990年までに6,200万kWの原発（計62基）を建設するという途方もない原発大増強計画を立てた。現実には，1982年7月にローマから北西へ約80kmのティレニア海に面するヴィテルボ県モンタルト・ディ・カストゥロで2基の原発の建設が新たに着工されただけであった。この原発は各々約98万kWのGE沸騰水型軽水炉（BWR）で，アンサルドが建設した（国民投票が実施された1987年には未完成）。1985年にトゥリノに2基の原発の増設（トゥリノ2, WH）が発注されたが，チェルノブイリ事故時は，建設作業が始まる直前であった。

日本など他の先進工業国では1970年代〜80年代に原発の建設が急速に進んだが，イタリアではわずかにカオルソ原発1基が新たに運転を開始しただけであった。この大きな違いの理由としては，エネルギー源をめぐる原発業界と石油業界との争い（石油業界は強力な反原発勢力），原発開発をめぐる公私企業間の対立，対アラブ・ソ連など独自外交による石油メジャーとの格闘，これらの利権に関係する諸政党の争い，原発の発注主体，安全管理の基準や核エネルギー全国委員会（この組織は1982年に新技術・エネルギー・環境公社，

ENEA に改組）の役割をめぐる争いなどさまざまな激しい対立が挙げられる。当時のイタリアでは諸勢力と諸機関が対立し，国策として原発推進の「挙国一致体制」が形成されていなかった（Diani 1994: 201-206）。このような業界・機関対立に終止符を打ち，原発建設を推進する体制が 1981 年に作られた。ENI，アンサルド，モンテディソンなど公私企業間および ENEL との妥協が成立し，標準プロジェクトでの原子炉は加圧水型のみとし，発注・建設に関しては企業間で配分する取り決めがなされた。この時，イタリアにいわゆる「原子力利益共同体」が形成され始めた。しかし，それはその数年後には国民投票によって崩壊した。

2 1987 年の国民投票

(1) 原発建設促進法：地方の同意権の剥奪と補償金政策

　原発の新規建設をめざす政府や企業間の利害調整を終えた後に原発推進側に残された課題は，建設予定地の住民の反対運動であった。これを押さえ込み，立地決定をスムーズに進めるために，1983 年 1 月に法律第 8 号が制定された。この法律の主な内容は次の 2 点である。第 1 は，原子力発電所および石炭火力発電所が立地する基礎自治体と隣接の基礎自治体に，国有企業である ENEL が特別の補償金を支給する。それまでの 1975 年法律第 393 号によって ENEL が支払っていた寄付金は，発電所の建設に関連して基礎自治体が行わなければならない二次的な都市計画事業のための寄付という趣旨であった。原発や大型石炭火力発電所の建設推進のための特別の補償金という性格はなく，原子力・水力・石炭・石油・天然ガスなどあらゆる種類の発電所について同額で，名目出力 1 kW あたり 2,200 リラを 1 回だけ支払う制度であった。しかも，それは基礎自治体の都市計画事業の進展に応じて納付された（試算では，86 万 kW のカオルソ原発では，総額 18.9 億リラ＝10.8 億円）。

　これに対して，1983 年法では以下のように変更された。既存の発電所に関しては原発と石炭火力発電所についてのみ，実際の発電量に応じて補償金を支払う（120 万 kW 未満の石油火力発電所には補償金はない）。今後建設される

発電所に関しては，名目発電量による補償金があり，それは以前と比べて，原発は 5.5 倍，石炭火力 3.4 倍，石炭転換石油火力 1.1 倍であった。これは明らかに原発および大規模石炭火力発電所の建設受入の誘導のための措置であった。98.2 万 kW が 2 基のモンタルト原発について試算すると，235 億リラ＝43.1 億円である（日本の電源交付金はこの 10 倍以上）。なお，州にも原発の発電量 1 kWh あたり 0.5 リラの寄付が定められていた。

第 2 に，この法律は，原発立地に関する基礎自治体の同意権と州の同意権・選定権を奪い，中央政府が一方的に決定できるようにした。1975 年の法律では，候補地の決定には当該の州と基礎自治体の同意が必要であり，それがなければ建設計画は停止することになっていた。同法第 2 条 3 項で，基礎自治体や州の合意がなくとも法律を制定して政府が一方的に立地場所を決定できると規定されていたが，それは地元無視の暴挙であり，現実には不可能であった。その結果，70 年代以降，候補地の選定が停滞していた。それゆえ 1983 年法律第 8 号によって，政府が候補の州を決定後 150 日以内に州が州内の候補地を選定できない場合は，政府が建設候補地を決定できる権限を持つように改めたのである。

しかし，この法律に対しては自治権を侵害し危険を金で購うものとして，住民や自治体から強い反発が起こっていた。建設候補地での反対運動はいっそう高まり，法廷闘争や建設予定地の占拠闘争も展開された。自治体の法律上の立地同意権は奪われても 1985～87 年には候補地の州や基礎自治体の議会が建設反対を決議し，政治的な効果を発揮していた。いくつかの基礎自治体では住民投票が実施され，圧倒的多数が反対を表明した (Diani 1994: 215–216; Nebbia 2009: 13–14)。

政治・社会レベルでも変化が生じていた。イタリアでも環境保護運動が盛んになり，環境団体が次々と結成され，1979 年の米国のスリーマイル島原発事故以後，反原発の動きも高まっていた。運動の中心は急進左翼から穏健な環境グループに移った。環境グループ「緑のリスト」が 1985 年の地方選挙で政治の舞台に登場した。プロレタリア民主党 (DP) は反原発の国民投票を提案し，急進党はフランスと共同で進められている原発計画（高速増殖炉スーパーフェ

ニックス計画) を阻止するための国民投票を始めようとしていた。社会党は司法問題について国民投票を，また，いくつかの環境団体が狩猟の廃止を求める国民投票の署名運動を開始していた。このように，さまざまな運動が国民投票に向けて動き出していた。また，中距離ミサイル配備反対の反核平和運動がイタリアでも広がっていた。1983年10月のローマでの反核平和集会には約50万人が参加し，エコロジーと平和運動が結合した「エコロジー平和運動」が誕生した (舟田 1990: 85-98)。

　チェルノブイリ原発事故までは，急進党とDPの2つの小政党以外は，キリスト教民主党から共産党までイタリアの既成政党はすべて原発に賛成であった。しかし，労組や青年団体，政党の底流では脱原発への動きが徐々に起こっていた。

(2)　チェルノブイリ：「脱原発の母」——国民投票の政治過程

　このような状況下で1986年4月26日にソ連のチェルノブイリ原発事故が発生した。その影響はイタリア各地に及び，水，牛乳，粉ミルク，生鮮野菜，肉，果物，牧草などが放射能汚染され，販売が禁止された。放射能の数値に関する政府発表の嘘と隠蔽は政府への不信を広げた。事故の危険と健康への不安から原発反対運動が次第に広がり，5月にはローマで20万人の全国集会が行われた。こうした状況を見て，国民投票を模索するさまざまな政治勢力・環境団体のばらばらの動きが一気にまとまり，5項目についての国民投票を求める運動に集約された。それらはそれぞれ独立しつつも，相互に協力しあった。5項目とは，①司法官の民事責任を定めた規定の廃止，②大臣の犯罪に関する調査委員会の廃止，③原発建設候補地の自治体が建設を認めない場合に，政府が決定できる法律の廃止，④原発と火力発電所の建設を受け入れた自治体に補償金を交付する法律の廃止，⑤ENELが外国で原発の建設・管理に参加することを認める法律の廃止である。

　ところで，イタリアの国民投票制度は憲法75条に規定されており，50万人の有権者または5つの州議会が要求するとき，既存の法律の全部または一部の廃止を決定するために国民投票が実施される。有権者の過半数が投票し，有効

投票の過半数が賛成すると，その法律の廃止が可決される。

　チェルノブイリ原発事故による食料品の放射能汚染が明らかになる一方で，政府がその販売禁止を解除し始めるという混乱が続くなか，1986年5月に原発国民投票実施のための実行委員会が結成され，署名運動が開始された。実行委員会には，政党・政治団体では，DPと急進党，緑のリスト，共産主義青年同盟，「継続闘争」，『マニフェスト』紙，環境団体では地球の友，我らのイタリア，世界自然保護基金（WWF），環境同盟，反狩猟連合，野鳥保護連合など主要な環境団体が参加した。国民投票の署名運動が地域へ浸透するとともに，既存の原発立地自治体や候補自治体の議会にも反対の声が広がり始めた。1986年7月，エミリア・ロマーニャ州政府はENEAの実験炉の建設中止を申し入れ，プーリア州議会が原発および石炭火力発電所の建設中止を要求する決議を，キリスト教民主党，社会党，共産党の賛成で採択した。1986年8月6日，広島原爆の日に提出された100万人に達する署名運動の広がりと反原発世論の増大，各地でのデモや集会，建設予定地の占拠，工事現場封鎖行動など非暴力直接行動の活発化を見て，諸政党は政策の再検討を迫られた。その後，議会解散，総選挙実施による国民投票の実施の延期はあったが，多くの政党が若干の曖昧さを残しつつも脱原発へと政策転換し，廃止に賛成を表明した[2]。3大労組も国民投票前には脱原発に転換した。

　このような反原発運動の展開とチェルノブイリ事故によりイタリア世論はどのように変化したのであろうか。1986年7月のイタリア国営放送の調査では，75％が「チェルノブイリ事故がイタリア人の健康に影響を与えた」，40％が「事故後に政府がとった措置は適切ではない」，80％が「新しい原発は作るべきではない」と回答していた。同時に，50％強が「既存の原発は稼働せざるをえない」と答え，約40％は「核エネルギーは必要」と考えていた（Borrelli and Felici 2012: 35-45）。世論調査機関Doxaの調査では，1986年12月には，72.5％が原発廃止であり，原発賛成は21.3％であった。1978年に原発廃止が25.6％，81年に31.7％であり，原発賛成が44.8％，40.6％であったことと比べると，チェルノブイリ事故と国民投票運動によって世論が劇的に変化したことがわかる。週刊誌『レスプレッソ』によれば国民投票直前の10月25日には，

原発反対が 49.5％，原発賛成が 30.5％，「決めかねている」が 15.9％ であった（福島 1988: 34-37）。

(3) 1987 年国民投票の結果とその政治的意味

1987 年 11 月 8～9 日に実施された国民投票では，5 項目とも 65.1％ の投票率で国民投票が成立し，賛成が過半数に達した結果，各法律の廃止が決定された。詳細は以下の通りである。

 ①司法官の民事責任を認めた法律の廃止　　　　　賛成 80.2％，反対 19.8％
 ②大臣の犯罪に関する国会の調査委員会の廃止　　賛成 85.0％，反対 15.0％
 ③経済関係閣僚会議の原発立地決定権の廃止　　　賛成 80.6％，反対 19.4％
 ④原発・石炭発電所立地自治体への補償金の廃止　賛成 79.7％，反対 20.3％
 ⑤外国における ENEL の原発建設・運営の禁止　　賛成 71.9％，反対 28.1％

投票率に照らしてみると，①～④については全有権者の過半数が廃止に賛成であった。

1987 年の国民投票が成功した要因と結果に関して次の点が指摘できる。第 1 に，市民運動と小政党の連携で展開された反原発運動が国民投票請求の署名運動を通じて，原発立地（計画地も含む）での地方的な反対運動を全国的なアジェンダへ転換することに成功した。原発問題を環境問題から生命の安全・健康問題へと転換・政治化し，広範な反原発の世論を作り出し，主要政党や 3 大労組などの既成の大組織内部に亀裂と変化をもたらした。第 2 に，チェルノブイリ原発事故の被害を全国の国民が直接被り，原発事故の被害の大きさと恐ろしさを認識し，脱原発へと世論が変化した。第 3 に，政府と ENEL によるイタリアの原発事故の隠蔽，チェルノブイリ事故によるイタリアの被害の実態の隠蔽と虚偽発表が暴露され，原発と政府への不信が決定的に高まった。第 4 に，州や基礎自治体など地方の自己決定権の剥奪という，イタリアの自治の伝統に反する政策を政府が進めたことが，自治体と住民の怒りを高めた。第 5 に，原子力発電への依存度が低く（平均で約 1％，ピークの 1986 年で 4.5％。Rossi 2011: 202），原子力利益共同体は産業界，労組，地域，学会，マスコミ等を全面的に取り込むほど巨大でも堅固でもなかった。第 6 に，著名な物理学者たち

の賛否論争がマスコミ上で行われ，科学・技術界に意見の相違があることがが国民に明らかになり，「安全」への疑問が拡大した。第7に，新しい政治主体，つまり環境政党「緑のリスト」の誕生および政策決定に影響を与えるまでの環境団体の発展。第8に，イタリア国民は国民投票という直接民主主義により，自らの手で具体的な政策転換が可能であることを初めて体験した。

　国民投票は1987年までに離婚法や中絶法のような国民的な社会問題，政党への国庫補助の廃止や賃金の物価スライド制のような政治・労働問題など，計4回9項目について実施されたが，すべて否決されてきた。今回初めて国民投票によって現行の法律の条文の廃止が可決され，それによって政策転換がもたらされたという点で画期的な出来事であった。

　この結果，具体的には，中央政府による原発立地決定権の喪失，立地自治体への補償金給付の廃止がもたらされた。ただし，それは今後の原発建設を事実上不可能とするだけで，建設中および既存の原発の稼働に直接影響を及ぼすものではなかった。しかし，国民の多数が反原発であることが明確に示されたことを受けて，環境・市民団体・政党や地方自治体から原発停止の要求が出され，政府は既存原発についても対応を迫られた。1987年12月に政府はいったん次の決定を下した。①今後5年間，新規の原発の建設中断，②ラティーナ原発の閉鎖，③トゥリノ2原発の建設中止，④建設中のモンタルト原発のガス炉への転換可能性の調査，⑤停止中のトゥリノ原発とカオルソ原発の国際基準による安全審査の実施。つまり，5年間は新規原発の建設を行わないが，原発再稼働と建設継続の余地を残し，将来の「超安全な原発」を目指して核融合や原子力技術の研究開発を継続，実験炉を維持する決定であった。しかし，各界からの反発は強く，その後，政府は全原発と核燃料サイクル施設の閉鎖（現在，廃炉作業を継続中），モンタルト原発の火力発電所への転換を決め，事実上の脱原発政策を行うこととなった（Diani 1994: 222-223）。その背景には，イタリアの原発は事故と故障が頻発し，当時稼働していた原発が1基もなかった事実があった。

3　幻の「原子力ルネサンス」

(1)　ベルルスコーニ政権の「原子力ルネサンス」

　政府は原発閉鎖を決定した当初は，原発代替分と経済成長に伴う増加分を大規模石炭火力発電所の新設で賄う予定であったが，大気汚染を心配する住民の反対にあって建設は進まなかった。1992年にアルジェリアからパイプラインによる天然ガスの供給が開始され，ENELは大型ガス火力発電所の建設，既存の石炭・石油火力発電所のガス複合施設への転換を進めたが，需要の増大に電力生産は追いつかなかった。他方，多数の原発を抱え恒常的に余剰電力を持つ隣国フランスから安定的かつ安価に購入できること，電力自由化やヨーロッパ送電網の整備などによって電力の輸入が増大した（2004年は全供給電力の14％）。

　2001年5月選挙で勝利・成立したシルヴィオ・ベルルスコーニ政権は原発の再開を目論んでいた。2003年6月の猛暑による需要増と渇水による全国的な停電，同年9月のイタリア・スイス間の高圧線断絶によるほぼ全土の停電を理由に，2004年7月に政府は「エネルギー政策再編成法」を制定し，ENELがイタリアへの電力供給を目的として，国外で原発を含む発電所の建設や運営に関与することを可能にした。政府は原発を復活させる下準備として，未解決の放射性廃棄物貯蔵施設問題に着手し，2003年12月に法律第368号「放射性廃棄物の安全な収集，解体，貯蔵に関する法律」を制定していた。この法律は，第1に，高レベル放射性廃棄物の恒久的な貯蔵施設は軍事防衛事業であること，第2に，その建設地を自治体の同意なしに首相令で決定できること。第3に，高レベル放射性廃棄物が残置されている原発や核燃料サイクル施設の自治体（基礎自治体，県，州）に対して，その最終的な解体まで放射性物質の存在量に応じて政府が補償金を支払う。また恒久的な貯蔵施設の立地自治体に対しては，放射性廃棄物の搬入量に応じて政府が補償金を支払うという内容であった。いわば，放射性廃棄物保管の危険補償，恒久貯蔵施設の立地自治体の買収法と呼べるものであった[3]。

その後の中道左派政権期（2006年5月～08年5月）では，原発政策に大きな進展はなかったが，2008年5月の選挙で第4次ベルルスコーニ政権が成立すると，国内での原発建設に大きく舵を切り，2009年7月に法律第99号を成立させた。この法律は，原子炉の安全基準，放射性廃棄物の貯蔵に関する規則，建設地の選定方法，立地自治体への補償など原子力施設の建設に関連する諸規則を半年以内に政府が定めること，および原子炉の安全規制を担当する原子炉規制庁の設立を定めていた。

これを背景に同年8月，ENELとフランス電力（EDF）が50％ずつ出資して「イタリア原子力開発」を設立し，少なくとも4基のヨーロッパ加圧水型原子炉（各165万kW）を建設することに合意した。9月には米国と原子力協定を締結した。政府の計画では，2030年までに電力の50％を化石燃料，25％を再生可能エネルギー，25％を原発で供給，そのために13 GWの原発（8～10基）を建設，4基はENELとEDFで，残りを他企業で建設するとしていた。9月に核アンサルドとWHが合弁企業の設立に合意し，GE日立核エネルギーも参入を表明した。2009年法律第99号を受けて，政府は2010年2月の閣議で原発の立地基準等を定めた暫定措置令第31号を決定した。

原発復活のための法的整備と並行して，核ロビー・原子力利益共同体が再建された。2009年にテスタによって創設された「イタリア核フォーラム」がその代表である。そのメンバーは，Alstom Power，核アンサルド，アレヴァ，イタリア工業総連盟，E.ON，EDF，エディソン，ENEL，GdfSuez，Sogin，ロシアやフランス企業，イタリア送電会社，WH，ミラノ・ポリテクニクやローマ大学他の諸大学で，まさに産官学の原発グローバル・ネットワークであった。彼らは，安価で安定，安全，地球温暖化防止に有益，燃料と電力の外国依存の軽減などを根拠に原発を復活するための宣伝をマスコミ等を使い大々的に繰り広げた。

(2) 政府vs自治体・住民の対決

2009年法律第99号（および2010年2月の暫定措置令第31号）は，重大な内容を含んでいた。この法律は，核施設や原発立地場所に関して政府と州とが

合意しなかった場合には政府に最終的な決定権を与えると規定しており，1987年国民投票で廃止された法律の復活であった。しかし，1987年当時とは異なり，2001年に州の分権制を強める形で改正された憲法第117条第3項は，エネルギーの生産，輸送，配給に関しては政府と州の競合的立法事項であると明記していた。したがって，州の権限を一方的に剥奪する法律第99号は，憲法違反の疑いが強かった。また同法35条では，核施設を平和目的に限定した条文が削除され，軍事利用も可能に変更された。立地場所を「国家的な戦略的利害地域」と宣言する権限が政府に認められ，軍事化・秘密化の危険性を包含していた。

　このような民主的な議論抜きの一方的な原発の復活や強権的な立地決定手続きは，州・県・基礎自治体の自治権と住民自治権を奪うものであり，自治体や住民から強い反発が起こった。2010年1月に開かれた国家と州の権限に関わる問題の調整機関である国家・州会議では，ロンバルディア，ヴェネト，フリウリ・ヴェネツィア・ジュリアの3州が政府の原発政策を支持しただけで，他の州や2つの自治県は反対し，3対18の圧倒的多数で原発の建設再開は否決された（国家・州会議の決定に法的拘束力はない）。つまり，ベルルスコーニの中道右派が握っている州政府でさえも反対したのである。

　これより先の2009年9月と10月に，トスカーナ，バジリカータ，ピエモンテ，ラツィオ，エミリア・ロマーニャなど中道左派政府の11州が，2009年法律第99号を憲法117条，118条，120条に違反すると憲法裁判所に提訴した。しかし，憲法裁判所は2010年6月，この訴えを却下，合憲と判断した（ただし，州の意見を聞く義務はあるとした）。カンパーニャ，プーリア，バジリカータの各州議会は，州内に原子力発電所，核燃料製造施設，放射性廃棄物貯蔵施設の建設を禁止する州法を2009年末に制定した。これに対して，政府はこれらの州法が州の権限を逸脱していると憲法裁判所に異議を申し立てた。憲法裁判所は2010年11月に政府の主張を全面的に認める判決を出し，これらの州法を無効とした。

　サルデーニャ州ではサルデーニャ民族独立党の提案に基づいて2011年1月州法第1号を制定し，「原子力発電所および放射性廃棄物の貯蔵所を州内に建

設することについて反対しますか」という諮問的住民投票を，2011年5月15〜16日に州議会選挙と同時に実施した。結果は有権者の33% という州民投票の有効要件の最低投票率を大きく上回り，59.5% に達した。反対97.1%，賛成2.9% と，圧倒的多数が原発および放射性廃棄物施設の州内建設に反対の意思表示をした。この住民投票の結果は，政府や州政府を拘束する法的効力はないが，州民の意思表示として政治的に大きな意義があった。

4　2011年脱原発国民投票──フクシマ事故の余波のなかで

(1)　広範な市民運動としての国民投票

　上記のように，政府対自治体・住民・市民団体の対立が深まるなかで2010年4月，アントニオ・ディ・ピエトロが率いる小政党「価値あるイタリア」が原発建設法の廃止を求める国民投票を，「イタリア水運動フォーラム」が水の民営化法等を廃止する国民投票の署名運動を開始した。この運動はイタリアの政治社会運動に新たな地平を切り開いた。水と原発の署名運動から国民投票までの14カ月間，非宗教系団体とカトリック系団体との共同活動が展開された。この運動には民主党や社会党の支部，緑連合や「左翼と自由」「スミレの人々」を含む11の政治団体，機械金属労組やCobas，労働総同盟などの労働組合支部も最初から参加した[4]。中心は環境・市民団体で，グリーンピース，WWF，我らのイタリア，生活協同組合，イタリア人民スポーツ連盟，カトリック行動団，イタリア・カトリック・スカウトガイド協会，イタリア・キリスト教労働者協会，イタリア文化レクレーション協会などそれぞれ数十万人の会員を持つ広範な社会・文化団体が参加した。署名は140万人を超え，国民投票史上最高を記録した（Zunino 2011）。2011年1月に憲法裁判所による審査が終了し，6月実施が決まった。署名運動の進展とともに原発や再生可能エネルギー，地球温暖化等に関して，科学者たちも参加して原発賛成・反対の双方からの活発な議論が展開され，「開かれた政策討議」が各地で行われた。

　このような状況下で2011年3月に東日本大震災による福島第一原発の大事故が発生した。科学技術先進国である日本で起きた大惨事の衝撃は大きかった。

国民世論が反原発に傾き，原発建設法の廃止が決まることを恐れたベルルスコーニ内閣は，2011年5月25日に原発建設再開に関する措置を1年間凍結する法律を制定し，国民投票を回避しようとした。しかし，憲法裁判所はこれを認めず，国民投票は6月12〜13日に実施された。

　2011年6月の国民投票は原発（③）だけでなく，①地方公営サービスの民営化の法律，②水道事業への投資に対する収益を事業者に認める法律，④首相と大臣にその任期中は公判の延期を求める法律（「正当な出廷拒否」，それにより時効が成立しやすくなる）の廃止を問うものであり，さまざまな運動が合流した結果であった。①と②は，水道をはじめとする公共サービス事業の民営化や事業者に収益を認めるなど，生活の基盤である水道という公共財が民間企業の利潤対象にされ，国民負担が増すことの拒否，④は「価値あるイタリア」が単独で取り組んだ項目で，ベルルスコーニが10件以上の刑事事件で起訴されながら，特別立法や裁判遅延戦術で有罪判決を免れてきた不正義をただすことが目的であった。つまり，この国民投票は，公共性と安全，人間の基本的な生存権，公正と正義を問うものであり，それゆえに新しいレベルと質の広範な人々の協働と参加が実現した（Bersani 2011: 45-48）。

　このような運動を通じて世論が変化し，イポス（Ipos）の世論調査では，2008年に原発反対は35％であったが，2010年には62％に増加していた（Borrelli and Felici 2012: 1）。2011年の国民投票では一部の中道政党を除いて，全項目について右派と左派，与党と野党で明確に分かれていた。与党は一致して原発推進であり，国民投票の不成立を狙って「自由投票」という棄権戦術を取った。ベルルスコーニ首相や北部同盟のウンベルト・ボッシは公然と「投票には行かない」と述べたが（イタリアでは投票義務制度は廃止されたが，閣僚や政党指導者が棄権を表明するのは異例），棄権戦術は成功しなかった。左派や中道左派の野党勢力は脱原発を宣言し，国民投票実行委員会に組織として参加していなかったが，国民投票を成功させるべく積極的に行動していた。1987年の国民投票とは異なり，政界の2極分化が原発問題でも現れていた[5]。

　国民投票は投票率54.8％で全有権者の過半数に達して成立し，廃止賛成が90％を超えた。詳細は以下の通りである。

①地方公営サービスの民営化の法律の廃止　　　　　　　　賛成 95.4%,
　反対 4.6%
②水道事業の投資に対する収益を事業者に認める法律の廃止　賛成 95.8%,
　反対 4.2%
③イタリア国内での原発建設関連法の廃止　　　　　　　　賛成 94.0%,
　反対 6.0%
④首相と大臣が任期中の刑事事件の公判延期の法律の廃止　賛成 94.6%,
　反対 5.4%

　原発建設関連法の廃止に賛成した人は全有権者の 51.6% であり，過半数に達していた。ちなみに，国内外の有権者総数は約 5,040 万人，投票者は約 2,760 万人であった。

(2)　2011 年国民投票：「新しい参加する主体」の登場

　1987 年と 2011 年の 2 つの脱原発国民投票には多くの共通点がある。チェルノブイリとフクシマという 2 つの大惨事の影響，市民運動・環境運動のイニシアティヴ，原発依存度の低さ（2011 年はゼロ），原子力利益共同体の脆弱性，弱い「安全神話」，政府の強権的な手法への反発，州・基礎自治体の同意権（自治権）侵害への住民と自治体の抵抗，原発・放射性廃棄物の危険性を金銭で購うことへの怒り，3 大労働組合の脱原発の姿勢などが挙げられる。しかし，政治状況に関しては以下のような大きな相違がある。

　ディアマンティは，投票直後の世論調査に基づき次のことを指摘している（Diamanti 2011）。第 1 は，人々の参加欲求の噴出である。1997 年以来，6 回実施された国民投票は投票率が 30% 前後で，すべて不成立であった（最高は 1999 年の下院の比例区廃止請求で 49.6%。高橋 2009: 198-199）。それゆえ，署名運動が始まる前は全有権者の過半数という成立要件を満たすか心配されていた。しかし今回は，与党の無関心や敵視，大新聞の軽い扱い，公共テレビの無視にもかかわらず[6]，投票率が 54.8% に達した。国民投票を推進した左翼や中道政党の支持者が 70～100% 近く投票しただけでなく，ベルスコーニの「自由の人民」支持者の 26%，北部同盟支持者の 42% が投票し，その多くが廃止

に賛成票を投じた。人々が重視した項目は，原発と水の民営化問題という自分たちの生命・安全と公共財に関わるテーマであり，ベルスコーニに関わる「正当な出廷拒否」を重視したのは13%であった。投票の動機として，54.8%が「テーマの重要性」，32.8%が「政府への反対の意思表示」，12.4%が「両方」を挙げた。つまり，反ベルスコーニ感情の表明という以上に，人々の新しい価値欲求の表現の場を国民投票が提供したのである。

第2に，新しいアクターが登場し，与党やマスコミが描いた「ベルスコーニ対反ベルスコーニ」の図式を，「公共財」というアジェンダに書き換えた (Carrozza 2012: 264–270; Grandi 2011: 28–36)。運動の「参加者」の変化がそれを示している。従来は成人男性が主であったが，今回は多様で拡散的・分節的な形と場で「運動」が出現した。投票者の28.1%（推計780万人）が何らかの選挙運動を行ったが，それが初めての体験であった人は56.3%（同440万人）であり，その51%が友人・親戚・同僚等への働きかけという「軽い選挙運動」，10%が集会・デモやビラの配布など「活動家的選挙活動」，39%がインターネット使用の「ネット選挙運動」であった。中心はこれまで政治参加では周辺的であった女性（58%）と青年で，その32%は30歳以下，特に学生と労働者が多かった。選挙運動に参加した人全体では，「活動家的選挙運動」18.8%，「軽い選挙運動」50%，「ネット選挙運動」31.2%であった。ネット選挙運動は，メールやフェイスブック，ユーチューブ等を通じて個人が自分のネットワークを通じて拡散する形で展開され，「見えない運動が国の変化を見えるようにした」と言われる。また，コロッセオやオリンピック・スタジアムに垂れ幕を掲げるなどの宣伝活動も展開された（Borrelli e Poli 2013: 129)。

(3) 国民投票デモクラシーの意義と展望

1986年のチェルノブイリ事故後，イタリアでは原発政策について有力政党や与党連合内で不一致が生じた。当時は政党システムは機能していたが，政府と有力政党は脱原発を求める世論の変化に的確に対応せず，議会政治を通じての政策転換ができなかったために，国民自らが国民投票という直接民主主義によって脱原発を決定した。その過程で新しい政治主体である環境団体が大きく

発展し，環境政党が形成された。

2011年には戦後一貫して政権を握っていたキリスト教民主党の一党優位体制がすでに崩壊し，政党は流動化・融解し，離合集散を繰り返していた。大衆政党は消え，指導者の個人的人気に依存した「個人政党」が誕生と消滅を繰り返し，ポピュリズム政治が蔓延していた（高橋 2013）。そのような政治状況の下で，ベルルスコーニ政権が強権的に進めてきた原発の復活と水の民営化政策の転換を求めた国民投票運動が市民運動主導で広範に展開され，野党もこれに参加して廃止を勝ち取った。市民運動が世論を動かし，国民の意思と合致しない政策を国民投票で転換させたのである。そして，今回は1987年とは異なり，脱原発を具体的に実現するための政策が進められた。EU指令もあり，再生可能エネルギー推進政策が積極的に展開され，新たな雇用も創出した。イタリアは2011年に太陽光発電が爆発的に増加し（増加量は世界1位），総発電容量もドイツに次いで世界2位に上昇した。2012年には全電力消費に占める太陽光発電の割合が5.6%になった（風力4.0%，地熱1.6%，水力13.3%，計18.9%）。だが，原発の復活をめざす利益集団，マスコミ，学者・技術者等はその活動を停止しておらず，今日もせめぎ合いが続いている。

国民投票運動を通じて直接民主主義，参加民主主義が活発化し，「新しい参加主体」が登場した。これは，一方では2013年総選挙でのベッペ・グリッロの「5つ星運動」の大躍進を，他方では市民の各種の政治参加の増大をもたらしている。その意味でイタリアの国民投票は政策転換を実現しただけでなく，民主主義政治の主体形成の大きな場となっており，政党政治に新たなインパクトを与えている。そこから，歴史学者パウル・ギンズバーグが言うような，ポピュリズム政治を乗り越え，デモクラシーを再生する政治主体として「内省的な中間層」が形成されてくるのか，これからも注目する必要がある（高橋 2013: 187）。

注
1) 本章は，高橋（2012）を修正・加筆した。詳しい注や参照文献はそれを参照。
2) 自由党と共和党は脱原発に関わる3項目すべてに反対し，キリスト教民主党とイタリア社会運動は⑤にだけ反対した（福島 1988: 33）。

3) 法律第 368 号制定前の 2003 年 11 月，政府は突然，南部のバジリカータ州スカンザーノに放射性廃棄物貯蔵施設の建設を定めた暫定措置令を制定したが，州と市の猛烈な反対，住民の国道占拠や暴動により撤回を余儀なくされた。他の州もこのようなやり方に強く反発した。
4) 政党の思惑に振り回されないために，原発と水の両方の「国民投票推進委員会」は，中央の推進委員会には政党の参加を認めず，その参加を地域の「支持委員会」に限定した。「価値あるイタリア」は環境・市民団体との事前の調整を拒否し，単独で原発，水，「正当な拒否」の 3 つの国民投票請求の署名運動を行った。そのため，一時，市民・環境団体と対立したが，後に「原発阻止に賛成投票委員会」を共同で作った。
5) 例外的に，与党の「自治運動」が地方自治擁護の立場から全項目に賛成，野党の急進党が③の原発項目に賛成，①②の水問題に市場主義の立場から自由投票であった。
6) 全国紙の原発問題の取り扱い方については，Borrelli e Felici（2012）を参照。

第 11 章

翼賛体制
フランス

畑山敏夫

1　経済成長の時代と原子力大国化への道

　戦後のフランスにおいて脱植民地化が難航したのは，植民地がフランスの「偉大さ」の一要素であり「文明化」に等しいという意識が国民に共有されていたからであった（渡辺 2013: 60）。脱植民地化を唱えることは「神話」に挑戦することであっが，そのような構図はフランスの「偉大さ」と文明化の象徴としての科学技術信仰の組み合わせとして原発を支えていた。原発も植民地と同様に，その正統性への挑戦を許さないテーマとしてフランス政治を縛りつづけてきた。脱植民地化は実現したが脱原発は遅々として進まなかった。
　その結果，フランスは世界で有数の原子力大国になった。現在のヨーロッパでは 152 基の原発が稼動中であるが（世界で稼動している原発の 3 分の 1 にあたる），フランスでは 19 カ所の原子力発電所で 58 基の原子炉が稼動している。その原子炉数はヨーロッパの 3 分の 1 以上，世界の 13% を占めている。フランスの原子力大国化は，原発推進側から見れば「サクセス・ストーリー」(Rucht 1994: 129) であった。
　そのような「サクセス・ストーリー」は，経済的な豊かさへの国民の願望に応えるため，生産性と効率性の強化に向けて介入することが国家の新しいミッションとなった結果であった (Smith 1989: 184-185)。そのようなミッションを

図 11-1 フランスの原子炉と原子力開発施設

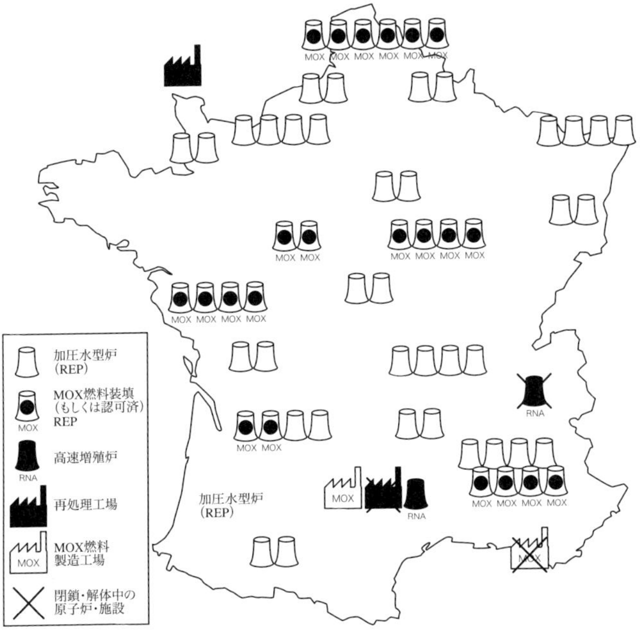

凡例：
- 加圧水型炉（REP）
- MOX燃料装填（もしくは認可済）REP
- 高速増殖炉（RNA）
- 再処理工場
- MOX燃料製造工場
- 閉鎖・解体中の原子炉・施設

出典：Dessus et Laponche 2011: 162.

果たすために，国家は原子力の開発・推進に邁進した。

　フランスの原子力に関する重要な決定は中央省庁と原子力関連企業やフランス電力公社（2004年に民営化）などによって行なわれていた（Rucht 1994: 151）。フランスのような中央集権型国家では中央省庁のエリート官僚が強大な権力を握ってきたが，原子力の領域では「原子力庁（Commisariat à l'Énergie Atomique: CEA）」が大きな権限と潤沢な予算を与えられて原発推進ネットワークの要となってきた。核兵器を含めてフランスの核開発における CEA の突出したリーダーシップは他国と比べても際立っている（真下 2012: 315）。国策企業であるフランス電力公社（EDF）や原子力関連企業を傘下に収めて，「原子力ムラ」が形成されてきた。その結果，ウラン採掘・製錬から原発の研究開発，原発の商業運転と送電，使用済み核燃料の再処理，高速増殖炉の研究開発まで，市場競争に曝されることなく採算度外視で事業を展開することができた。

第 11 章　翼賛体制：フランス　　211

原発推進には，大学とは別にエリート養成の高等教育機関として設けられている「グランゼコール（grands écoles）」の卒業生からリクルートされた「鉱山技師団（corps des mines）」が重要な役割を果たしてきた。彼／彼女らが中心となった「ニュークレオクラット（nucléocrates）＝原子力官僚」は強力な権力集団で，その秘密主義と集団利権には政府も手をつけられないほどの「国家の中の国家」を構成してきた[1]。

　第二次大戦後，歴代の保守政権は経済成長を追求してきたが，シャルル・ドゴールからジョルジュ・ポンピドゥまでの大統領は，厳しい国際競争に直面するなかで産業競争力の強化に尽力してきた。国家が介入して産業にてこ入れして，産業の集中と強化によって競争力のある企業を育成し，コンコルドや原発のような分野で国家資金を大量に投入して高度なテクノロジーを開発してきた。1973年の石油危機により低成長の時代に入るが，そのような国家主導の手法はヴァレリー・ジスカール・デスタン政権でも変わらなかった（Smith 1989: 185-186）。

　石油危機を経験するなかでエネルギー安全保障の観点から原発推進は正当化され，1974年にはピエール・メスメル首相の下で積極的な原発増設を掲げる「メスメル計画」が決定された。同計画では2年毎に13基，2000年までに170基の原発を稼動させて電力の85%を生産することが明記されていた（Rucht 1994: 138-9; Laurent 2011: 35）。石油危機は原子力を重視したエネルギー政策への転換に拍車をかけた。

　1981年の大統領選挙でフランソワ・ミッテランが勝利して左翼政権が誕生し，国有化政策を積極的に推進した。一見それは社会主義的政策に思えるが，実際には競争力のない産業セクターの救済・強化策という意味合いをもっていた。産業競争力の強化という現実的で切実な要請が政府の方針を支配し，左翼としてのイデオロギー的課題は後景に退いていった。

　そのような経済優先の姿勢では，左翼政権が反原発運動側の期待を裏切ることになるのは目に見えていた。原発なしではエネルギー源を国外に依存してしまうし，電力価格の上昇が産業競争力を低下させて失業者を増加させるといった声が社会党から聞かれるようになった（Christofferson 1991: 80-81）。

以上のように，政治的立場の違いを超え，保守―左翼の政権は一貫して原発を推進してきた。それを可能にしたのは原発推進の言説によって国民世論が原発を容認していたからであった。

2 原子力大国化の論理と推進言説の支配

戦後フランスで，為政者と国民を支配してきた原子力大国化の主要な論理＝推進言説は以下のようなものであった。

第 1 に，外交・安全保障の観点からのものである。大国としての地位と対米自立を重視するドゴール外交にとって，核兵器はそれを達成する有効な手段であった。ドゴールは，そのために軍事用，民生用を問わず核の独自開発を最優先した（真下 2012: 321）。つまり，米ソの谷間でフランスが第三極の地位を確保する外交的手段として核開発が推進されてきたのである。

保守政治家ドゴールだけではなく，フランス共産党も核をアメリカに対抗する独立のシンボルと考えていた（Anger 2002: 22）。政治的立場の違いを超えてナショナリズムに立脚した核兵器へのコンセンサスが成立していたが，それは後の原発翼賛体制の原型であった。

第 2 に，科学技術信仰や進歩主義的価値観が原発を受容する土壌となっていた。フランスは科学技術大国として強烈な自負をもっており，それは原子力の領域も例外ではなかった。原子力研究に関して本家意識があり，アメリカへの対抗意識が見られた（応用システム研究所 1985: 2）。確かに，マリー・キュリーやアンリ・ベクレルの名前が象徴するように，フランスは 19 世末から 20 世紀初めにかけて放射線研究では最先端の国であった。また，核兵器の開発でも，第二次世界大戦前は最先端を走っていた（Laurent 2011: 13-14）。

そのような本家意識と科学技術への信仰から，フランスでも原発の「安全神話」が流通してきた。チェルノブイリ原発事故が発生した時にも，世界で最も安全なテクノロジーを備えたフランスのような先進国で，そのような事故は起こらないという言説が流布された（Lepage 2011: 17）[2]。

また，フランスに根強い進歩主義信仰も，原子力への抵抗力を殺ぐことに貢

献した[3]。西欧近代社会は，科学理論を生産現場の技術に意識的に応用してきた（＝科学技術主義）。フランス革命は，人間の能力に無限の信頼を置くことで科学技術による自然の征服と支配への夢も搔き立てた。そのような科学技術信仰は，強力な国家権力とその目的意識（生産力の拡大と豊かな社会の追求）に支えられて原子力の開発・利用へと結実していった（山本 2011: 59-83）。

第3に，経済成長と生活の豊かさという目標が原発推進を正当化してきた[4]。既成政党が産業主義的で物質主義的な社会経済モデルから脱却できないことは，国民の価値観や意識のあり方を反映したものと言える。1997年8月に実施された世論調査によると，「大気汚染は健康に脅威」であると82％が認めている。にもかかわらず，「都市中心部への車の乗り入れ禁止」「ディーゼル車の使用制限」への肯定的回答は少数派であった（18％と12％）。別の世論調査でも，77％がディーゼル燃料の価格引き上げが大気汚染対策として有効とは考えず，89％はそれを拒絶していた（Szac 1998: 208）。環境問題を一般論としては理解しながら，自らの行動やライフスタイルの変更は望まないという意識が，示されている。

1998年に実施された調査では（表11-1参照），原発の増強や放棄ではなく現状維持を求める声が国民の多数派であった（58％）。脱原発を掲げてきたエコロジストの支持者ですら脱原発に43％しか賛成していないことにも，フランス人の原発支持の強固さが示されている。

第4に，前節で述べたように，1973年の石油危機を契機にした「エネルギー安全保障」の観点である。国内に石油資源をもたないフランスにとって，それを外国に依存しないことが強迫観念となり原発推進にとって強烈な追い風となった。

第5に，競争力のある産業セクターとして原子力産業の存在が正当化されてきたことである。2012年の大統領選挙で，「減原発」（社会党）や「脱原発」（ヨーロッパエコロジー・緑の党）といった政策に対してサルコジはそのような政策転換は国際競争力をもった産業セクターを破壊し，雇用に打撃を与えると批判した。たしかに，原子力産業はフランスの重要な産業セクターであり，原発自体は多くの雇用をもたらしていないが（2006年時点で4万人），多くの

表 11-1 原発の将来についての意見
質問：国のエネルギーの必要に対応するために，これから数十年でフランスは次のどの選択をすべきですか。

	原発の増設	古い原発を更新しつつ現状維持	脱原発
全体	9%	58%	30%
共産党	4	55	41
社会党	5	59	33
エコロジスト	8	49	43
UDF	14	68	15
RPR	15	63	19
国民戦線	7	37	51

出典：CSC-CMP EDF-GDF 調査（1998 年 3 月 13〜14 日実施）。

下請け労働者を含めると原子力産業全体では 12 万人を雇用している[5]。また，自治体も，原発の誘致による税収や雇用への期待から受け入れたのも確かである[6]。

第 6 に，地球温暖化の有効な抑止策という言説である。1990 年代に入ると地球温暖化ガスを抑制・削減する切り札として「原子力ルネッサンス」が喧伝され始め，多くの国で原発推進側の有力な根拠として使われている。

フランス政府は近年では「脱炭素化エネルギー（l'énergie décarbonée）」という用語を使用している。2007 年 3 月 8〜9 日に開催された欧州理事会でドイツのメルケル首相が EU で再生可能エネルギーの割合を 2020 年に 20% にすると言明したとき，フランスのシラク大統領は地球温暖化ガスの排出を削減する有効な手段として原発の活用を提案し，この新しい用語を使うように推奨している。サルコジ大統領もその名称を使いつづけ，ついに EU も「CO_2 低排出テクノロジー」として再生可能エネルギーと並んで原発を指定することになった（Lepage 2011: 99-101）。

このように，国家の自立とフランスの進歩＝近代化，産業競争力の強化，雇用創出，地球温暖化の緩和といった多様な論点が原発の推進を正当化し，国民の批判意識を抑制した。原子力が「進歩の象徴であり，安価で無尽蔵，安全であるという広範なコンセンサスが確立された」。原発推進に関する本格的な議論は国会でも国民のなかでも交わされることはなく，原発は専門家・技術者だ

けに関わる科学技術の問題として非政治化され，国民のなかに疑問や異議申し立ては広がらなかった（Rucht 1994: 130, 136）。

　原子力はエリート官僚や専門家に属する技術的問題とされてきた。彼／彼女たちは専門知識を武器に市民だけでなく政治家も政策決定の空間から締め出してきた。結果として，脱原発の可能性はタブーとなり，原子力に対する批判は国益を損なうものと見なされるようになった（Mouvement Utopia 2011: 11; Laurent 2011: 38）。

3　政党システムにおける原子力翼賛体制の支配

　国民のコンセンサスに支えられて，「原子力ムラ」が推進する原子力大国化の方針を民主主義的に正当化するのは政党と政治家の役割であった。といっても，原発に関して政治家が積極的な役割を果したわけではない。政治家と政党は原発に関してアクターであるよりは観客の役割に徹してきたのであり，少なくとも1981年までは議会においてエネルギー政策が本格的に議論されることはなく，「原子力ムラ」はフリーハンドを与えられていた（Rucht 1994: 153）。

　前述のメスメル計画が発表されたときも，原発への過度の依存に警鐘を鳴らして歯止めをかけようとする議員はいなかった。国会での議論は形式的なものに終始し，議会審議の前日に与党議員の1人は『ルモンド』紙のインタビューで，「フランスのエネルギーはすでに選択済である」と述べていた（Rucht 1994: 142）。国会とは別の場所でエネルギーの選択はなされていたのである。

　国会をバイパスして原発政策が決定されたのは，左翼―保守の違いを超えて原発を肯定する意見が支配的であったからである。1970年代には，国会で原発推進に明確に反対していた政党は小政党の統一社会党（PSU）だけであった。

　マルクスにも見られたように，左翼は生産力主義や経済決定論，科学技術信仰の虜になり，富を無限に拡大することが人間の幸福と進歩の前提だと信じてきた。第二次大戦後も，既成左翼にとって経済成長は社会的公正の前提条件であり，優先的な政治目標であった（Azam 2009: 144-145）。国家の威信や地球温暖化対策への関心，雇用への影響も考慮すると，なぜ左翼政党が原発を容認し

たのか理解できる。

　フランス共産党とは対照的に，社会党は 1971 年のエピネー大会を転機に再生の道を辿る。1968 年に激化した学生・労働者の運動から影響を受け，新しい社会運動と連携する PSU が合流することで，社会党は「自主管理社会主義」という新鮮な変革理念を掲げるようになった。そのようなイメージの刷新によって，社会党は明確な反原発の姿勢をとらずに反原発運動を味方につけることに成功した。

　1981 年の大統領選挙では社会党のミッテランが当選し，左翼政権が誕生した。選挙キャンペーンで，ミッテランは原発建設の抑制やラアーグにある再処理施設の拡張計画を中止することを表明し，原発に関する国民投票の実施を約束していた。だが，左翼政権が成立すると，「自主管理」と同様に原発についての公約もほとんど履行されることはなかった。計画段階であった 5 カ所の原発建設計画の凍結，再生可能エネルギー予算の増額，サン゠プリエ゠ラ゠プリュニュでの核廃棄物処理施設の建設断念などが実現したが，ラアーグの再処理施設や高速増殖炉スーパー・フェニックスの閉鎖，国民投票の実施といった公約は反故にされてしまった（Bell and Criddle 1988: 157）。

　左翼政権の公約違反は，反原発運動が後退する契機となった。反原発運動は社会党に期待して支持してきたが，政権に就いた社会党は保守政権の原発政策を基本的に踏襲した。社会党の「裏切り」に直面した反原発運動側は，保守側を利することを恐れて左翼政権への批判を自制してしまい，反原発運動の動員力は大きく低下していった（Rucht 1994: 147-148, 151; Duyvendak 1995: 176-179）。

　原発への容認姿勢は，1997 年に成立したリオネル・ジョスパン政権（「多元的左翼」政権）でも基本的に変わらなかった。ジョスパン政権は社会党を中心に緑の党，共産党，旧社会党幹部ジャン゠ピエール・シュヴェヌマンの「市民運動」によって構成されていた。脱原発を唱える緑の党にとって初めての政権参加であり，緑の党はそれに向けて社会党と政策協定を結んだ。協定には，省エネと再生可能エネルギー予算の大幅増額，MOX 燃料の製造と原発の新規建設を 2010 年まで棚上げすること，スーパー・フェニックスの閉鎖，ラアーグでの再処理の見直しと新規契約の禁止，ライン・ローヌ運河計画の中止，鉄道

輸送の充実，高速道路建設の中止と予算の削減，ディーゼル燃料の税制見直しと自動車排気量の制限，生産優先で環境を汚染する農業の転換，環境税の拡充，環境・国土開発・エネルギー・運輸・住宅の分野を統合した巨大省庁の創設などの政策が並んでいた。そのなかでも高速増殖炉の閉鎖は簡単には進まなかった[7]。

高速増殖炉の閉鎖は緑の党が強く求めてきた課題であったが，それは直接雇用だけでも700名を擁し，商業・サービス業部門でも関連する雇用を抱えていた。再処理工場のあるラアーグでは閉鎖反対運動が活発に展開され，行政や保守政治家，原発関連産業だけではなく，雇用の確保を訴えて共産党とその影響が強い労働総同盟（CGT）も閉鎖に強く反対していた（コバヤシ 1998: 85–86）。

緑の党から国土整備・環境大臣に就任したドミニク・ヴォワネは，核廃棄物の地下貯蔵や高速増殖炉の原型炉（「フェニックス」）の運転再開，ラアーグ再処理施設での放射線漏れ事件への対応をめぐって「原子力ムラ」の強大さを実感していた。「政府の中で，原発問題に関して私は孤立している。私のオプションは閣内で共有されていない」と非力さを認めていた（Szac 1998: 192–198）。

確かに，ジョスパン首相は2010年まで原発の新規建設の棚上げを表明した。だが，基本的に社会党は原発からの撤退については消極的であり[8]，環境問題を重視する党の姿勢は原発問題には反映されていなかった。たとえば，1995年大統領選挙向けの小冊子では環境問題に1つの章が当てられていたが，原発・エネルギー政策については①原発に関する評価と情報提供のための透明性のある独立機関の設置，②バイオ燃料，再生可能エネルギー，地熱エネルギーなどに関する研究，③長期的な政策選択を可能とするエネルギー基本法の制定などに言及するにとどまり，脱原発の可能性については触れられていなかった（Jospin 1995: 65–82）。

社会党（および共産党）の原発に対する容認姿勢は，現状打破の難しさを示していた。ドイツに比べても原発への依存度が圧倒的に高く，多くの雇用も支えていることから，緑の党が「ロビー」と呼んでいる原子力庁やフランス電力，アレヴァ社などの巨大な原子力関連機関・企業の存在がジョスパン政権の方向転換をきわめて困難にしていた[9]。

政権内では圧倒的に緑の党の議席が少なく（8/577 議席），政権を脱原発に向かわせるのは至難の業であった。エネルギー政策の転換に関する決定は閣僚間の議論ではなく力関係で決められていたと，ヴォワネも認めていた（Vert-Contact 1999: no. 521）[10]。

政権初期には，スーパー・フェニックスの閉鎖，ライン・ローヌ運河計画の中止など，政策協定に掲げられたいくつかの課題が緑の党に配慮して実現された。しかし，その後は，環境関連予算の増額やカルネ原発計画の中止のようないくつかの成果を除いて，ジョスパン政権は大した成果をあげなかった。

フクシマ後に誕生した社会党を中心としたオランド政権でも，脱原発への明確な方向転換が起きているわけではない[11]。脱原発に熱心な緑の党と明確な姿勢をとれない社会党という構図は，基本的にはジョスパン政権と変わっていない。緑の党は飽くことなく脱原発を主張し，フラマンヴィルでのヨーロッパ加圧水型炉（EPR）の建設中止を強く求めていた。福島の原発事故を経験した後だけに，社会党も 2025 年までに発電に占める原発の割合を減らすことを打ち出している。

しかし，「減原発」路線に転じたかに見える社会党であったが，その転換はきわめて不明瞭であった。そのことは，緑の党と社会党との政策協定の締結が社会党内からの強い抵抗によって難航したことが象徴している。社会党幹部のマルティーヌ・オブリのイニシアティヴで政策協定の交渉は進められたが，社会党には原発を擁護する無視できない勢力が存在していた。

たとえば，ジャン゠ピエール・ミニャール，ラファエル・ロミ，セバスチャン・マビール（弁護士），ミッシェル・マビール（原子力庁元技師）など多くの社会党幹部や社会党に近い人物が，2011 年 3 月 17 日の『ルモンド』紙上に「原子力は世界的な公共善」というタイトルで見解を表明している（Lepage 2011: 42）。同様に，原子力庁に近い社会党幹部は原発の即時停止ではなく，5〜6 年かけて非常に漸進的に脱原発のプロセスに着手するといったシナリオを描いている（Malaurie 2011: 27）。

緑の党との交渉の過程では，オランドの側近たちは可能な限り妥協しないというスタンスをとっていた。党としては使用済み核燃料の再処理や MOX 燃料

の製造の中止ではなく「減原発」の進行に応じた再処理と MOX 燃料の製造の縮小が基本的立場であった。

　政策協定の締結後にも紆余曲折があった。協定の内容が明らかになるやアレヴァ社と連携した社会党幹部の反撃が始まった。特に，MOX 燃料の製造中止をめぐって激しい批判が党内から噴出した。そのような突き上げを受けたオランドは緑の党幹部のセシル・デュフロに電話をして「プルサーマルの即時停止とラアーグやマルクールでの人員解雇は望んでいない」と発言し，「それは協定文書に記載されていることと違う。議論はいいが協定は既に存在している」と反論されている。テレビ番組に出演したオランドは「MOX 燃料部門の将来は原発の削減具合に従わせるが，政策協定から1行たりとも削除するとは言っていない」と曖昧な形で混乱の終息を図ろうとした（Courage et Thierry 2011: 24-25）。

　以上のように，保守から左翼へと政権交代が起きても，脱原発に向かうことは簡単ではなかった。

　原発の存在は原子力翼賛体制の支配というデモクラシーにとって深刻な問題を孕んでいた。原発について国民に情報が公開され，国民の間や議会の場で活発に議論が交わされることはなかった。国民の参加を遮断した上で，「原子力ムラ」のアクターが閉鎖的空間で政策決定を独占してきた。そのような民主主義の及ばない「聖域」をつくり出したことが原発の大きな問題点である（畑山 2012a: 27）。そのことに対しては，左翼―保守を超えて政党，政治家の責任はきわめて重い。

4　試練のなかの原子力大国

　世界の原子力産業は非常に目覚しい発展の後に，1980年代はじめから明確な後退期に入った。地球温暖化が取り沙汰されると，アメリカが原発の建設を再開する姿勢を見せ，中国や韓国，ロシア，インドなどでも建設が進み，束の間の「原子力ルネッサンス」が訪れたように見えた。フランスでも2007年に大統領に就任したサルコジは，2008年4月21日の政令で，原発輸出と国際協

力，原子力部門の産業政策，エネルギー政策，研究開発，安全性，環境保護に関する基本方針の決定と実現に向けて「原子力政策評議会」を設置し，原発の新規建設を再開する姿勢を示した（Lucot et Pasquinet 2012: 29-31）。

だが，フランスでも 2011 年 3 月 11 日の福島第一原子力発電所の事故によって事態は一変する。悲惨な事故の発生を受けて政府は原子力施設の安全性を点検することを決定し，原子力安全局長アンドレ＝クロード・ラコストは 2012 年 1 月にフランソワ・フィヨン首相に報告書を提出した。そこでは，原子力施設は操業を即時に停止する必要はないが，過酷事故に耐えるレベルにまで速やかに安全性を高めることが求められている。

また，同年 6 月 30 日までに，原子力関連施設は抜本的な安全対策の内容と仕様を原子力安全局に提出することが要求されている。このような安全対策には莫大なコストが必要で，事業者にとって重い負担となるのは明らかである（Le Monde, 14 janvier 2012）。

以上のように，フランスの原発を取り巻く環境は厳しさを増しており，アレヴァ社や EDF の経営環境も急速に悪化している。巨大な原子力関連企業であるアレヴァ社は 2010 年に 20～25 億ユーロの増資を予定していたが，9 億ユーロしか集まらなかった。格付け会社スタンダード・アンド・プアーズは 2010 年 6 月にアレヴァ社の格付けを A から BBB+ に引き下げていたが，2011 年 12 月にはヨーロッパ加圧水型炉の建設をめぐる混乱を理由に，同社の長期社債を消極的監視下に置いた（Lepage 2011: 149-151）。

2011 年 11 月，アレヴァ社が投資の 40% 削減，国外にある 4 工場の閉鎖，従業員 2,700～2,900 人の解雇（そのうち 1,000～1,200 人は国内雇用）といった大規模なリストラ計画に乗り出すことが報道された。高価であるが世界で最も安全な原発という触れ込みの EPR は，アレヴァ社にとって起死回生の新型炉であった。同型炉はフィンランドの受注を取りつけて建設が始まったが，予想以上に工事が難航して建設費用は膨らんでいる。

何とかアレヴァ社が存続しているのはフランス電力公社（EDF）という延命装置のおかげである。ラアーグでの再処理は EDF が最大の顧客であり，受注額の 89% を占めている。各国は再処理から撤退しており，フランスでの再処

理の継続はアレヴァ社の生き残りのための選択といえる[12]。

　EDFでも事態は同様であった。2010年1月1日付で同公社の負債は425億ユーロに達していた。EDFグループの利益も，2008年に39億ユーロから2009年には10億ユーロに減少し，2009年には格付け会社フィッチは長期社債の格付けをAAからA＋に引き下げている。EDFの株価は過去3年間で53％低下し，2011年1月1日から4月8日までの間にも10％低下している。また，核廃棄物の処理費用，フクシマ事故後の安全対策費用，フラマンヴィルに建設中のEPR建設への追加支出，原発の運転寿命延長に向けての投資が求められる一方で，頼みの電力輸出は低調で2009年は47％減少して1985年のレベルまで後退している（Lepage 2011: 142-147）。

　「原子力ムラ」の苦境にもかかわらず，フランスでは原発政策を抜本的に見直す動きは鈍い。2011年9月，フクシマの事故を受けて，2050年に向けてエネルギーに関するさまざまなシナリオを検討する「専門家委員会」が内務大臣の肝いりで設置された。同委員会は，原発の削減も含めて検討するという触れ込みであった。だが，委員の圧倒的多数は推進派であり，何人かの専門家やNGO代表は「世間を欺く芝居」への加担を拒否して参加を見送っている。予想されたことであるが，同委員会の結論は，原発を減らすことは可能だがそのコストはきわめて高く，地球温暖化ガスの排出を増やすことになるというものであった（Mouvement Utopia 2011: 12-13）。

　脱原発に舵を切ったドイツのメルケル政権と対照的に，オランド政権下では公約である「減原発」への転換は遅々として進まず，原発輸出に積極的な姿勢だけが目だっている。

　フランスの原子力大国化は，国家のエリート官僚を中心とした「原子力ムラ」という閉鎖的サークルの主導で進められてきた。原発に関する決定プロセスからは既成政党や政治家は排除され，活発な議論を議会の場で交わし，有効な規制を加えることもできなかった。反原発運動だけでなく国民全般も情報から遮断され，政策決定過程に参加する機会を奪われてきた[13]。

　先進民主主義国家でありながら，原発はデモクラシーにとって「治外法権」の領域でありつづけてきた。まさしく，フランスでも原発の問題は何よりも

「デモクラシーの赤字」の問題なのである。ゆえに，原発についての情報が公開され，国民の間や政治の場でオープンに議論され，議会を通じて民主的統制を加えることができるかどうかは，民主主義の「赤字」を解消できるかどうかの試金石なのである。

注
1) フランスの核官僚制と原子力大国化については，（畑山 2012a）で詳細に扱っている。
2) そのような「安全神話」は，2011年のフクシマを経験した現在でも擁護されている，フランスの「原子力ムラ」はフクシマ原発事故を前に，例外的な自然災害である津波に原因を帰して原子力技術の欠陥を隠蔽しようとしている。「原子力ムラ」からは，「もしフクシマにヨーロッパ加圧水型炉があったら，どんな状況でも放射能漏れは起きなかった」という発言が聞かれた（Lepage 2011: 28, 35）。
3) 原発＝進歩といった定式は，現在でも原発を肯定する言説に見られる。たとえば，2012年の大統領選挙で保守系候補ニコラ・サルコジは「進歩の理念自体を疑問視する多くの言説を耳にする」と嘆いて，脱（減）原発の主張を進歩に逆行するものと決めつけている（Le Monde, 3 décembre 2011）。
4) 20世紀の後半には経済成長が国家の優先目標となり，その実現のために政府による大規模な研究投資が行なわれることで「経済成長の科学」という枠組みが成立していった（広井 2013: 182-185）。科学技術は「制度化」され，潤沢な国家資金が投入されたが，原子力研究はその典型的な分野であった。
5) 2012年の大統領選挙で，サルコジは「（原発への攻撃は）重要な争点である。というのは，それが何十万人の雇用を抱える産業セクター全体に関わるからである。国益がかかっている場合はコンセンサスが存在すべきである」と，雇用と経済の観点から原発を擁護している。与党「民衆運動連合（UMP）」の国民議会会派代表クリスティアン・ジャコブも「20万人以上の雇用が脅かされている。……左翼の提案，それは一つの産業部門を破壊するものである」と呼応している。経済不況の中で，保守陣営は脱（減）原発政策による雇用破壊を非難していた。地域の雇用と輸出市場の喪失，電力料金の50％上昇，地球温暖化の悪化を軸に，与党陣営は社会党―緑の党に対して原発を擁護する論陣を張っていた（Le Monde, 3 décembre 2011）。
6) 地方政界でも社会党の政治家は雇用と税収に配慮して原発誘致に積極的な役割を果たしている。たとえば，社会党の有力政治家ロラン・ファビウスは地元のセーヌ・マリティーム県に EPR を誘致することに尽力している（Laurent 2011: 38）。
7) スーパー・フェニックスの閉鎖については現地の労働組合や住民が激しい反対運動を展開したが，政治の場でも強い抵抗が見られた。上院では「エネルギー政策に関する政府決定の経済社会的，財政的影響について突っ込んだ検討を行う」という触れ込みで調査委員会が設置され，下院会でも「国民議会エネルギー委員会」が設置されて

現地調査も実施された。1998年1月，同委員会は国民議会で国のエネルギー政策が審議されるまで，スーパー・フェニックスの閉鎖についてはいかなる決定も行わないようにジョスパン首相に求めている（真下 1999: 34）。
8) ジョスパン（当時は社会党第一書記）は，1983年3月に「私たちは決して原発には反対してこなかった。(……) 私たちは経済成長や失業との闘い，国家の独立に責任をもっている。環境主義者の感情と合わない要素が存在していた」と発言しているが（Rucht 1994: 143），それは社会党が原子力翼賛体制の一員であることを示している。
9) 原発については果たせなかった公約は多い。高速原型炉フェニックスの改修・運転再開，核廃棄物の地下埋設実験への許可，ラアーグ再処理施設の稼働継続，マルクール（Marcoule）の MOX 燃料製造工場の拡張といったように，ジョスパン政権は多くの課題で現状を追認している（畑山 2012b: 149-154）。
10) フランスの電力需要は飽和状態にあった。フランスの発電量は国内需要を十分に満たし，イギリス，ベネルクス三国，ドイツ，スイス，イタリア，スペインに輸出していた。原発は過剰で，基本的に原子炉の新規建設は必要でなかったのである（真下 1999: 31）。
11) 緑の党の大統領候補ノエル・マメールが20年間での脱原発計画を打ち出したのに対して，社会党候補ジョスパンは反対を明言し，緑の党側の憤激を買っている（Le Monde, 26 mars 2002）。
12) アレヴァ社と EDF の関係にもすきま風が吹き始めている。濃縮ウラン燃料の販売はアレヴァ社にとって唯一の黒字部門で，同社は2007年に250億ユーロを費やしてウラン鉱山を購入し，ウラン濃縮の新工場も建設した。ところが，大口契約者である EDF は契約満期を機にウラン燃料の購入先をアレヴァ社からロシアの企業に変えてしまった（Lepage 2011: 153-159）。
13) フランスは典型的な行政優位の国であり，政策決定過程から排除されてきた社会運動にとって，自らの声を政策決定に反映させるには街頭での示威行動しか残されていなかったため，運動は急進化・暴力化する傾向があった（畑山 2012b: 47）。

インド南部に建設されたクダンクラム原子力発電所。福島第一原発の事故の後，稼働に反対する住民運動が再燃した。スマトラ島沖の地震で津波に襲われた経験があり，住民たちの不安は根強い（2012年9月9日，Amirtharaj Stephen 撮影）

第12章

開発と抵抗
インド

竹内幸史

　2011年3月11日の福島第一原子力発電所の事故は，インドに大きな衝撃を与えた。稼働中の原発や建設計画があるアジアの国々の中で，「フクシマ」の最大の影響を受けたのはインドだったのではないだろうか。

　インドには，草の根レベルの民主主義と自由闊達な表現活動が息づいている。原発の発電規模はすでに世界9位となり，「原発大国」の道を歩んでいるが，日本から伝わる津波と原発事故の情報は，自国の原発の安全性について大きな疑問を投げかけた。立地が計画される地域では激しい反対運動が起き，西ベンガル州では建設計画が白紙撤回された。

　しかしながら，インド政府による原発増設の計画見直しはまだない。12億人の国民経済の発展に電力需要は大きく，政府は今後も原発の旗を堅持していくのだろう。

　本章では，インドのエネルギー事情における原発の位置づけ，それをめぐる政治力学，立地地域の住民の動きを検証しながら，原発の将来への論議，インド民主主義への影響，そして日本の関わりについて考えてみたい。

1　福島第一原発の事故への反応

　福島の事故が伝わると，マンモハン・シン首相はただちに国内の全原発の安全性を総点検するよう指示した。災害対策や原発の操業管理に優れていると思

図12-1 インドの民生用原子力発電所

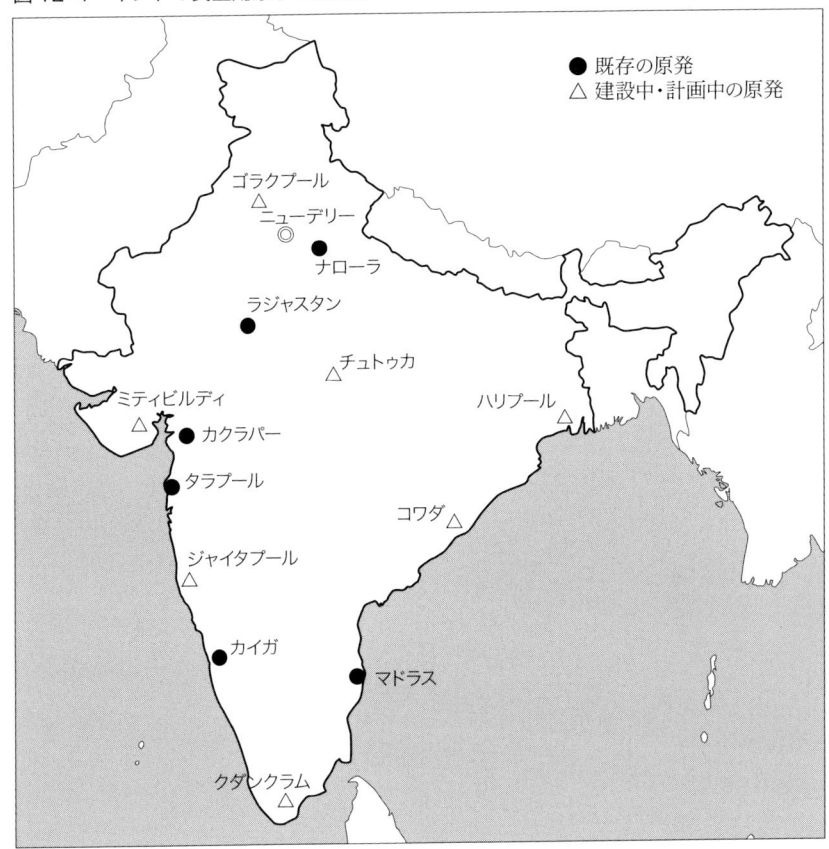

● 既存の原発
△ 建設中・計画中の原発

われた日本の事故の衝撃は大きかった。インドもヒマラヤ山脈に近い北部は地震がある。海岸部の原発には津波の生々しい記憶も残っている。

2004年12月26日にインドネシアのスマトラ島沖で起きたインド洋地震では，津波がマドラス原発周辺に及び，建設中だった高速増殖炉の工事現場や宿舎で37人の犠牲者が出た。原発本体は海面から20 m以上高い場所で1基が稼働していたが，手動で停止させた。ポンプ施設が浸水した程度で，放射能漏れなどはなかったが，大きな教訓を残した[1]。

インドには2014年2月現在，6カ所の原発に稼働中の原子炉が20基ある。建設，運転管理の責任を持つインド原子力発電公社（NPCIL）のS. K. ジェイン会長は2011年3月13日の記者会見でこう語った。「日本と同じ状況に直面した場合，われわれの原発にまったく問題が起きないと直ちに言うことはできない。日本の事故について十分な分析をしながら，わが国の全施設について安全性の総点検をしていく」[2]。その一方，同会長は，ムンバイのNPCIL本部には全原発を衛星通信でつないで集中監視するモニタリング・システムがあり，万一，事故が起きても，専門の保安要員が瞬時に集まり，現場と緊密に連絡をとりながら，あらゆる対策ができると説明した。

会見には，原発を規制する側の原子力規制委員会（AERB）からS. S. バジャージ委員長も同席していた。非常時の対策が不十分な原発を稼働させることはあり得ないし，避難訓練は2年おきに実施している，と説明した。

インドでは原発，核関連の科学者や幹部技術者らは「ニュークリア・エスタブリッシュメント」と呼ばれ，核軍備にも影響力がある。日本でも産官学の原発推進体制は「原子力ムラ」と呼ばれるが，インドではずっと強い権力を持つエリート集団だ。この会見では推進組織も，規制組織も一堂に集まり，立地環境も，技術面もインドの原発は問題ない，と宣言した形だった。

だが，メディアの論調は厳しいものがあった。ヒンドゥー紙は「フクシマから学ぶ」と題した同年3月20日付の社説で指摘した。「産業が発展し，安全性についての意識が高い日本でさえ起きたことが，もしインドで起きれば，どんな大変な事態になるか容易に想像がつく」「教訓は，必ずしも原子力の選択肢を逆回転させることではない。発生の可能性は低くとも，大きな潜在的な危険がある想定外のことも安全性の分析をすることである」。

市民団体はさらに強い懸念を訴えた。「平和と発展のためのインド医師の会（IDPD）」のアルン・ミトラ事務局長は述べていた。「原発事故は核爆発とほぼ同じものだ。生態系に深刻な影響を及ぼす。原発そのものが放射能の潜在的脅威だ」「原発は危険で，高くつく。チェルノブイリの事故が世界に示した通り，廃炉と除染も大変な懸念材料だ。インド政府はわが国に豊富な（太陽光，風力など）再生可能エネルギーを選択するべきだ」[3]。

こうした国民の視線のもと，原子力規制委員会の調査チームは2011年8月，インド国内の原発について報告書をまとめ，2つの原発の安全性強化が必要と勧告した。ひとつはアラビア海に面したタラプール原発。福島第一原発より2年早く，1969年に稼働したインド初の商用原発だが，洪水や高波が起きた場合に電源系統が影響を受ける可能性があった。もうひとつはマドラス原発。インド洋津波の教訓を生かし，施設内の配置の改善を求めた[4]。その一方，インド洋津波の震源地であるアンダマン―ニコバル―スマトラ海溝がインドの海岸からは800km以上離れているとし，「福島のように地震と津波が立て続けに起きる事態はまずあり得ない」と報告した。

　政府内では原子力行政の組織改革の必要性も論議された。原子力省の下部組織である原子力規制委員会の独立性強化だった。これには日本の原子力規制委員会設立の動きも参考にされた。日本では原子力安全・保安院が経産省の資源エネルギー庁の組織で，原発推進行政と一体だったため，2012年9月に環境省の外局として原子力規制委員会が発足した。インドでも推進と規制の組織が一体なため，当時のジャイラム・ラメシュ環境森林相から組織改革の必要性が提案された。

　世界で原発規制機関のモデルとされる米国の原子力規制委員会（NRC）はエネルギー省からは完全に独立した組織で，委員長は大統領の指名と議会の合意で選ばれる。地質学者で廃棄物問題に詳しいアリソン・マクファーレン現委員長をはじめ，多様な専門知識を持つ約4,200人で構成し，厳格な安全性の判断ができる。しかし，インドでは専門的な人材の層が薄く，仮に規制委員会を独立させても，トップに誰を選ぶかという問題が残るという。

　また，2012年の政府人事では新設の太陽エネルギー公社の会長にアニル・カコドカル前原子力委員会委員長が就任した。優れた科学者でエネルギー全般に詳しいが，長らく原子力行政の中核にいた人を選ぶのが適切な判断だったか，疑問視されている。カコドカル氏に直接，尋ねると，「再生可能エネルギーの拡大は不可欠だ。原子力の専門家である自分が就任しても，何ら利害相反はない」と答えた。

　再生可能エネルギーの拡大を望む声はインドでも広がりつつあるが，政府に

よるエネルギー長期計画の見直しは進んでいない。経済成長を維持するため，電力不足の克服に原発増設は不可欠だし，温暖化ガス排出削減のためにも必要という考えを堅持している。

しかし，州政府の中には原発の見直し機運も現れた。西ベンガル州のママタ・バネジー州首相は2011年8月，州内のハリプールにロシアの協力で進められた原発建設の計画を白紙撤回した。彼女は同年5月，州議会選挙で大勝し，政権に就いたばかりだった。野党時代には州政府の輸出加工区建設に反対する農民運動を支援した。このため，彼女の原発撤回が，どこまで反原発の考えに基づくのか，あるいは大規模な土地収用に反対しただけなのか，見極めにくいところだ。インド政府は代替の候補地選びを進めている。

2　原子力開発の歴史と概況

(1)　独立直後からの取り組み

インドの原子力開発が日本よりずっと早く着手されたことは，意外に知られていない。独立の翌1948年に原子力法が制定され，原子力委員会が発足した。1955年に原子力委員会が設立された日本より7年も早かった。

指導したのはジャワハルラル・ネール初代首相（1889～1964）と，「インド原子力の父」と呼ばれる科学者ホミ・バーバー博士（1909～1966）である。ネールは英国留学中に法律とともに科学を学び，インド独立後の科学技術振興を思い描いた。バーバー博士は英国で物理学や放射線を研究して帰国後，ネールの支援を得た。タタ財閥の協力でタタ基礎研究所を設け，これを「バーバー原子力研究センター（BARC）」（ムンバイ）に発展させた（西脇 1998: 72-91）。

同研究所は原発のみならず，核兵器開発の拠点にもなったが，インドの原子力開発は当初，エネルギー利用が主目的だった。1947年の独立時，人口は約3億人で中国（約5億人）に次いで多く，国民を食わせていくうえで国産のエネルギー資源は乏しかった。

インドは英国，カナダの技術を導入し，原子力開発の基礎を固めた。そして民生用の原発を建てるため1963年，米国との最初の原子力協定を結び，タラ

プールにゼネラルエレクトリック（GE）の沸騰水型軽水炉を導入し，1969年にインド初の商用炉を稼働させた。これは福島第一原発（1971年稼働）に導入された「マーク I」の前のモデルだった。

　一方，ネールは平和主義を掲げ，広島，長崎への米国の原爆投下を強く非難した。冷戦下，米ソが核軍拡に進んでも，インドの核武装に否定的だった（Elbaradei 2011: 224–225）。そのインドが舵を切り替えるのは，ネールの死から 5 カ月後の 1964 年 10 月，中国が核実験をして以降のことだ。

　5 大国の核保有を認めた核不拡散条約（NPT）が 1970 年に発効した。インドはこれを「核のアパルトヘイト」と批判し，1974 年 5 月，核実験に踏み切った。ところが，これを機に世界の不拡散体制が一層強化され，翌 1975 年に原子力供給国グループ（NSG）が発足した。NPT 非加盟国への原子力協力が禁じられ，インドは国際社会から孤立を深めた。タラプール原発への米国からのウラン燃料供給は途絶え，苦境に陥った（Schaffer 2009: 89）。

　インドが独自の核燃料サイクルに力を入れたのは，こうした孤立状況が背景にあった。もともと国産のウラン資源は少ないが，トリウムは世界有数の埋蔵量があるため，1950 年代にバーバー博士が「トリウム燃料サイクル」を提唱した。これは，①天然ウランを重水炉で燃焼させ，使用済み燃料を再処理してプルトニウムを得る，②プルトニウムとトリウムを高速増殖炉で燃焼させ，再処理によってウラン燃料（U-233）を得る，③これをさらに高速増殖炉で燃焼を繰り返す，というものだ。政府は 1970 年代から高速増殖炉の実験炉，原型炉の建設を進め，2050 年以降にトリウム燃料サイクルを実現する構えだ。

(2) 国際的孤立からの脱却

　商用原発の技術潮流については，米欧や日本など主要先進国では原子炉の大型化を進めやすい軽水炉が主流になっていった。対照的に，インドは国内産の天然ウランを使える重水炉に固執し続け，大型炉の建設は進まなかった。このため，最新の軽水炉技術と濃縮ウラン燃料を手に入れることが，切実な課題になった。

　インドは 1998 年に再び核実験に踏み切った。74 年の実験以降，核の兵器化

については公然と進めない「あいまい戦略」をとったが，今回は水爆実験も実施した。先進各国は非難し，米国や日本が経済制裁を発動したのに対し，ロシアとフランスは手を差し伸べた（Mohan 2003: 91）。

後節で詳述するが，ロシアは旧ソ連が1988年に合意したクダンクラム原発の建設協力を引き継ぎ，インド核実験の翌月の1998年6月，その最終文書に調印した。

一方，フランスは当時，シラク大統領がインドとの関係強化を進め，1998年9月にはインドのバジパイ首相をパリに招き，包括的な戦略対話をした。当時の米国務副長官，ストローブ・タルボットによると，フランスはこのころ，インドに対する原子力協力を独自に進めようとしていた。これは米国を強く刺激した（Talbott 2004: 142–143）。米上院が1999年に包括的核実験禁止条約（CTBT）の批准を否決すると，米政府はインドに対する態度を軟化させ，関係改善を進めた。2000年にクリントン大統領が訪印し，インド重視を明確にした。

そして，原子力開発にブレークスルーをもたらしたのは，ジョージ・W.ブッシュ政権が進めた原子力協力だった。2007年8月に締結した協定の主な内容は以下の通りだ[5]。

1. インドは建設中を含めて原子炉22基を民生用14基，軍事用8基に区分し，米国は民生用について協力する。民生用には国際原子力機関（IAEA）の保障措置（査察）を入れる。
2. インドは使用済み核燃料再処理とウラン濃縮の権利を持つ。
3. 協定の停止については，安全保障をめぐる環境変化を念頭に置いて検討した後，1年前に相手国に通告する。協定が停止された場合，それに基づいて提供された設備機器の返還を要求することができる。

2005年7月18日にブッシュ大統領とシン首相の首脳会談で実現したこの合意は，世界を驚かせた。NPT非加盟のインドを特例に，原子力協力が可能になるようNSGに働きかけるという話に，米国の専門家からも「核不拡散の秩

序が崩壊する」との懸念が出た。

　米国には多角的な戦略があった。第1に，インドを中国に匹敵する新興大国に育て，南アジアのバランサーにする政治的戦略。第2に，インドの経済成長に必要な電力を確保すると同時に，原発の大市場に育てる経済的な戦略。第3に，NPTの外にいたインドの原発をIAEAの保障措置下に置くことによって核不拡散体制を少しでも強化する安全保障上の戦略。第4に，インドの温暖化ガス排出の削減につながるという環境戦略もあった（Rice 2011: 436-441）。

　米印間では冷戦時代や経済制裁の期間にハイテク交流に規制があったため，宇宙・防衛産業などにも商機が拡がるという期待が膨らんだ。原発メーカーや軍需産業も加盟する米印ビジネス評議会（USIBC）のロン・サマーズ会長に聞くと，「かつて世界を驚かせたニクソン大統領の中国訪問にも匹敵する。歴史的なパラダイム・シフトだ」と語った。

　ところが，米印協定ではインドが再び核実験をした場合について直接の言及はなく，一般的な表記にとどまった。もしインドが核実験をしたら，米国は協力をストップする権利があるが，即刻停止でなく，インドに1年間の猶予が与えられた。米国がインドに大きく譲歩する協定文書になっていた（広瀬 2012: 46）。

　2004年のブッシュ第2次政権の発足時，多国間関係と不拡散秩序を重視するコリン・パウエルが国務長官を退任し，ブッシュの懐刀であるコンドリーザ・ライスが後任に就いた。不拡散体制の維持を重視していたジョン・ボルトン国務次官は国連大使に転出した。ブッシュ大統領がどこまで意図したか不明だが，不拡散の取り組みが弱体化した態勢で米印協力が進められた[6]。

　米印の合意後，フランス，ロシア，カナダ，韓国など原発技術を持つ主要国やカザフスタン，モンゴルなどウラン産出国も続々インドとの原子力協定締結に動いた。そして日本も2013年，東日本大震災後に止まっていた協定締結交渉を再開した。

　一方，米印協力に強く反応したのは，インドの宿敵パキスタンだった。インドと同じ待遇を求めたが，米国から拒否された。すると，中国がパキスタン南部のカラチ原発や中部のチャシマ原発の増設に支援を進めた。中国は自国がNSGに加盟する2004年より以前に合意した案件だから，NSGガイドライン

第12章　開発と抵抗：インド　　233

に違反していない，という論法をとった．

(3) インド原発の現状と将来計画

　ここで，原発の現状と将来計画を見ておこう．経済成長に伴って電力需要が急増し，発電所増設は急ピッチで続く．現在の設備容量は 22 万 5,793 MWe（2013 年 6 月末）で，世界 5 位の大きさだ．電源別の構成比は，火力 68.1%（石炭 58.6%，ガス 9.0%，石油 0.5%），水力 17.6%，再生可能エネルギー 12.2%，そして原子力 2.1%．全体の 6 割を占める石炭を含め，化石燃料に大きく依存している．

　送電効率は悪く，20% 以上の巨大な送電ロスがある．停電は慢性化し，2012 年 7 月末には全国 5 つの送電網のうち北部，北東部，東部がいっせいに停電した．メディアでは，6 億人以上に影響が出る「世界最大のブラックアウト」と呼ばれた．

　いまだに無電化で暮らす貧困層は 2011 年末の時点で，3 億人以上．電力普及は貧困問題の打開につながる重要政策だ．国民 1 人あたりの電力消費量は年 779 kWh（2009 年）で日本の 1 割弱に過ぎない．インド政府はこれを 2020 年までに倍増し，2052 年までに 5,300 kWh に拡大する方針だ．インドの人口はこのころ，中国を抜いて 15 億人に達し，年間発電量は 8 兆 kWh に膨れ上がる見通しである[7]．

　原子力は全電源のうち 2% 強に過ぎないが，インド政府は大きな力点を置く．地球温暖化の観点から化石燃料の抑制を図りたいし，輸入原油やガスの中東リスクも縮小したいところだ．また，原発に国内の地域振興を牽引させる狙いもある．出力 100 万〜160 万 kW の大型原子炉 6〜8 基を備えた工業団地を造る「原子力パーク」構想だ．クダンクラム，ジャイタプールなど 5 カ所に建設し，経済発展の拠点にしようとしている．

　インド全土では 2013 年 10 月現在，6 カ所の原発に計 20 基の原子炉があり，478 万 kW の発電容量がある．原子力省の中長期の発電計画では，2020 年に発電容量を現在の 4 倍以上にあたる 2,000 万 kW に増やし，全電源に占める比率を 10% にする構えだ．これを 2032 年に 13%，2052 年に 26% まで拡大して

いくという。

　2020年に2,000万kWにすることについて、マンモハン・シン首相は目標が低すぎると指摘し、倍増させるよう指示した[8]。2008年の秋以降、国際協力が可能になり、ウラン燃料を輸入できるようになったことがシン首相の強気を支えている。その後、原子力委員会も長期目標を見直し、2050年までに原発の発電容量を6〜7億kWに拡大し、全電源における比率を50％にまで高める大胆な目標設定案も出てきた。

　だが、全電源の中で原発が4分の1、あるいは半分も占めるシナリオが現実的なのか。経済学者でインド商工会議所連合会（FICCI）のラジーヴ・クマール事務局長に聞くと、「フクシマ後、反対運動は強まっているし、安全性確保に伴う建設コストも高まっている。原発の比率はせいぜい10％程度で、再生可能エネルギーに力を入れるべきだ」という。物理学者でネール大学のR.ラジャラマン名誉教授は科学技術の視点から、「当面は国際協力でウラン燃料を輸入しやすくなったが、長期的に高速増殖炉の技術は難しく、核燃料サイクルを構築するのは容易でない。原発で全電源の10％を担うことができれば、ラッキーとするべきだ」と語っていた。

3　クダンクラム原発の反対運動

(1)　旧ソ連との協力事業

　インド政府の原発推進に対し、立地予定地域では反対運動が高まっている。福島の事故は2つの地域の住民に大きな動揺を引き起こした。

　ひとつは、アラビア海に面したインド西部のジャイタプールである。原発大国フランスが2008年9月、インドと原子力協定を締結した後、国策企業アレヴァがジャイタプールの原発建設に動いている。計画される6基（計990万kW）が完成すれば、東京電力の柏崎刈羽原発（計821万kW）を抜き、世界最大の原発になる。ところが、予定地ではマンゴー栽培など農業や、エビ漁など水産業も盛んで、用地取得が難航している。福島の事故の翌4月には、住民による抗議デモが治安部隊と衝突し、1人が死亡する事件も起きた。

もう1カ所はインド最南端にあるクダンクラムだ。電力不足が深刻なタミルナドゥ州にあり，ロシアの支援で建てられた2基の原発（計200万kW）のドーム型建屋が立っている。2011年半ば，完工を間近にして反対運動が再燃した。1号機では2013年7月に臨界実験をし，近く本格稼働する予定だが，反対運動は続いている。

　ここでは，クダンクラムを例にインド原発をめぐる政治力学と反原発運動を見てみよう。

　この原発建設については1988年11月，当時のラジーヴ・ガンディー首相とソ連のゴルバチョフ共産党書記長が首脳会談で協力に合意した。チェルノブイリ原発事故からわずか2年後であり，1991年のソ連崩壊と冷戦終焉まであと3年という時期だ。経済不振に陥っていたソ連はなりふり構わず，原発を輸出し，少しでも外貨を稼ぎたかったのだろう。

　クダンクラムにはVVERという加圧水型炉が導入された。黒鉛を減速材に使ったチェルノブイリ原発とは異なるが，VVERの大型炉を稼働させるのは世界でインドが初めてで，インド政府も不安を感じていたかも知れない。だが，国際社会で孤立した状況では，ソ連以外に頼れる国がなかった。

　住民は反対運動を組織し，間もなく行われた着工式にラジーヴ・ガンディー首相が出席するのを食い止めた。その後，同首相も思わぬ悲劇に遭った。1991年5月，タミル人の自爆テロで殺害されたのである。犯行はスリランカ内戦をめぐるインドの武力介入に対する報復と考えられた。さらに冷戦崩壊でインドも東側陣営との貿易が行き詰まり，外貨危機に直面した。経済改革を実施したものの，原発計画は雲散霧消するかに見えた。

　ところが，計画は1993年になって再浮上する。新生ロシアの指導者，エリツィン大統領が訪印し，原発協力の再開を協議した。計画の立ち消えを期待した住民にとっては，まるで「冷戦の亡霊」が蘇ったようだった。

　ロシアは1998年6月21日，インドとの協力の最終文書に調印し，総工費31億ドルのうち26億ドルの輸出信用供与を決めた（Udayakumar 2004: 35-43）。

　これは，インドが1998年5月に実施した2度目の核実験からわずか1カ月後のことだ。核実験はロシアにも事前通知されず，エリツィン大統領は激怒し

たとされる。米国や日本は核実験を非難し，経済制裁を課したが，同じころ，ロシアは水面下で巨大な原発プロジェクトを準備していたのだ。

　おさまらないのは，米国だった。この原発輸出は「NSG ルール違反だ」と厳しく批判した。当時のビル・クリントン政権はグローバルな核不拡散体制の強化に執念を見せていた。1997 年 3 月，米ロ間の戦略核兵器削減交渉（START）があったヘルシンキで，クリントン大統領はエリツィン大統領にクダンクラム原発の建設中止を求めた。

　これに対し，NSG メンバーのロシアは NSG が 1978 年に輸出ガイドラインを作った後，1991 年まで事実上の休眠状態だった点を指摘した。91 年の湾岸戦争終了後，イラクの大量破壊兵器問題が浮上し，1992 年にガイドライン強化が図られたが，「1988 年のクダンクラム合意は 1992 年のガイドラインより前のことだった」と主張した[9]。

　こうして国際ルールがなし崩しにされ，原発は 2001 年に着工を迎えた。

(2) キリスト教徒とガンディー主義

　クダンクラムで反原発の拠点は，イディンタカライという人口約 1 万 5,000 人の村である。ここは 2004 年 12 月のインド洋地震で津波の被害に遭った。死者は数人だったが，400 軒以上が破壊され，被災者は 3,000 人を超えた。今も「ツナミナガル（津波の村）」と呼ばれる仮設住宅に住む人が多い。福島の事故は津波の恐ろしい記憶を呼び起こした。

　反原発運動の中心を担う漁民の多くはキリスト教徒で，地域の最貧困層だが，識字率が高く，英語ができる人が多い。世界の動向にも敏感だ。

　その指導者，S. P. ウダヤクマールは，マハトマ・ガンディーの非暴力思想を信奉するガンディー主義者である。1988 年の合意時はまだ学生で，インド洋諸国の軍縮運動やスリランカ和平に取り組んでいた。奨学金を得て留学した米ノートルダム大学で，ノルウェー人政治学者，ヨハン・ガルトゥングの平和学に出会い，研究に没頭した。ミネソタ大学などで教鞭をとった後，2001 年に帰国すると，クダンクラムに近い故郷に 15 エーカーの土地を買って村の子供の学校を開いた。これがガンディー主義教育の拠点である。

村では原発の稼働中止を求めるハンガーストライキを村びとのリレー方式で展開した。ハンストは、かつて英国に対する独立運動でガンディーが多用した戦術だ。ウダヤクマールの発案だった。

反原発運動にはインド南部の民族主義も下地にある。タミルナドゥ州の多数派を占めるタミル人は「ドラビダ民族主義」を掲げ、インドからの分離独立を志した歴史がある。インド独立後、ヒンディー語を唯一の公用語とする案に彼らが反発し、タミル語や英語も公用語になった。インド政府の原発政策についても「原発が安全というなら北部に造ればいい。北のアーリア系の人々はいつも南に面倒なものを押し付ける」と反感を露わにする。

タミルナドゥ州の州政府も、中央政府と一線を画し、一時は住民の意向をくみ上げる態度をとった。州のトップは「インドの鉄の女」と言われる元女優、J. ジャヤラリタ州首相である。2011年5月の州議会選挙で彼女の地域政党が多数を得て、州政権に返り咲いた。前政権が進めた原発政策に批判的で、住民との対話路線をとった。同年9月21日にはウダヤクマールらを州政府に招いて意見を聞き、翌22日、原発稼働の準備を止めるよう中央政府に要請した。中央政府と州政府、住民代表を加えた三者の対話も開催し、新たな専門家グループを発足させて対策を練ることになった。

だが、事態の打開が期待されたのはわずか半年だった。あくまで稼働ストップを求める住民側と州政府の間に妥協点は見出せなかった。その一方、中央政府は「原発が半年も動かないことによる損失は90億ルピーにのぼる」と示し、州政府の切り崩し工作を続けた。

2012年3月19日、州政府は姿勢を転じ、稼働を支持する声明を発した。この方針転換には次のような理由があった。

1. 州内にはマツダ、フォード、BMW、ノキアなど外国企業の工場や拠点があり、工業州の道を歩んでいる。灌漑用ポンプなど農業も含め、電力需要は急増している。原発で電力不足の打開が必要と考えた。
2. 3月18日、クダンクラム近郊で州議会議員の補欠選挙が終了した。
3. スリランカ政府によるタミル系住民への人権侵害を非難する国連の決議

案にインド政府が賛成票を投じ，タミル人の民族意識に配慮を示した。

州政府はさらに電源立地地域への配慮として，総額50億ルピーの地元対策予算を組んだ。漁船の修理費用の援助，海産物の冷凍工場や住宅の建設支援などだ。まるで日本の「電源三法」を想起させる。電源三法では，発電所の立地を受け入れる自治体に交付金を回し，公共施設建設，地場産業の振興，福祉サービスや人材育成事業などにあてる。インド政府は日本の仕組みを参考にしながら，制度化を研究しているという情報もある。

政府と原子力発電公社はその後，州内の村落レベルのコミュニティーや学校で「原発理解」を進める啓蒙活動を盛んに開いている。イディンタカライ村を拠点にした反原発勢力の孤立化を図り，反対運動の広がりを抑える狙いのようだ。

(3) 法廷闘争

州政府の姿勢転換に失望した住民は，稼働中止を求める法廷闘争に注力した。そこには原発を押し進める政府への根強い不信感が働いていた。

インドでも大型プロジェクトの導入時，環境影響調査と情報公開を義務づけるルールが環境保護法で定められている。ところが，制度化されたのは1994年のことだ。それ以前の1988年に計画されたクダンクラム原発はその義務を免れ，公聴会もろくに開かれないまま，建設が進んだ。原子力規制委員会も独立性を欠くため，住民たちは信頼しなかった。

その一方，2005年に市民運動の要請で「情報公開法（Right To Information Act: RTI）」が制定された。これによって政府系機関の情報開示が進み，市民による汚職追及や官僚主義の打開に活用されている。ところが，軍事や安全保障にかかわる分野は対象外とされる。原発情報も軍事技術と関連するし，テロ攻撃の警戒対象でもあるため，情報公開法で開示請求をしても受け付けられないのが実情のようだ。環境NGOグリーンピース・インディアは，原発の発電コストや原発立地地域周辺の地震データを開示するよう政府に繰り返し，求めているが，こうした分野の情報でさえ十分な開示がされていないという。

クダンクラムの住民は裁判所に提訴し，原発稼働の差し止めや，環境影響調査のデータ公開を求めるなどの法廷闘争を展開した。インドでは裁判所が行政に意見を述べる「司法積極主義」がとられ，特に大気汚染などの公害対策，環境対策に前向きなため，司法の役割に期待を寄せたのである。

　だが，2012年8月末，マドラス高裁は，当局がクダンクラムの地元対策を十分に進めることを条件に原発稼働を認める判断を示した。事故に備えた避難訓練の定期的な実施，総合病院の整備，そして漁民の生活支援，港湾と冷蔵施設の整備などにわたった。これにより，近日中に核燃料が装塡され，稼働する可能性が出て来た。住民は9月10日，数千人による抗議集会を原発周辺で開いた。

　これに対し，政府と治安当局は5,000人の治安部隊を投入し，住民を警棒と催涙弾で排除した。投石で対抗する住民への発砲で，漁民1人が死亡した。治安当局は7,000人近い住民を治安妨害罪で摘発する構えを見せたが，その中には漁民の子供や主婦も多く含まれたため，政府周辺からも「当局は忍耐を失ったのか」との批判が出た。

　住民の上告を受けた最高裁は2012年9月末，安全性について高裁より強い懸念を示し，政府の専門家グループが求めた17項目にわたる安全基準が完全に実施されなければ，稼働を認められない，と指摘した。

　しかし，最高裁も2013年5月6日，安全基準が満たされたとして稼働を認める判断を示した。裁判官は，原発は国の電力不足を解決する公益政策だと述べた。これを受けて7月13日，クダンクラム1号機の臨界実験が実施された。2014年4月にも本格稼働する予定だ。

4　今後の課題

(1)　原子力賠償法

　米国はインドへの原子力協力を可能にしたが，2013年秋の時点で，米企業はまだインド原発市場に参入していない。インドの「原子力賠償法（The Civil Liability for Nuclear Damage Act）」が障害になっている。

2010年に成立したこの原賠法では，原発事故が起きた時の賠償責任を事業者だけでなく，設備のサプライヤーであるメーカーに求めることができる。このため，米企業と政府が難色を示した。原発事故では発電事業者が賠償責任を負うのが国際的な潮流になっているからだ（第2章参照）。

　背景には，1984年にインド中部のボパールで起きた爆発事故がある。米ユニオン・カーバイド社の工場から殺虫剤用の有毒ガスが流出し，住民1万5,000人以上が死亡した。産業事故史上，世界最大の惨事である。工場側に過失があったが，最高幹部の米国人は逃亡した。しかも，30億ドルの賠償請求に対し，和解に合意した額は5億ドル足らずだった。賠償対象は，遺族と健康被害があった約55万人で，分配された賠償金は微々たるものだった。

　2010年6月，工場のインド人幹部ら7人に有罪判決が出ると，米国人トップの逃亡に改めて非難が集中した。これが原賠法審議に影響し，外国企業による大事故を防ぐため，設備メーカーにも賠償責任を問うことになった。

　インド政府は賠償金額に上限を設け，米国企業の進出に配慮した。だが，法改正を求める米国との外交問題になり，関係は冷え込んだ。原賠法は，反植民地主義的なインドの選挙民に訴えるポピュリズム政策だ，との批判もある。だが，ヒンドゥー紙のシッダルタ・バラダラジャン編集長は「外国企業がインド市場に参入する壁は高くなるが，それによって安全性が確保されればよい。これもインドの民主主義の成果だ」と述べていた。

　事態が動きを見せたのは，2013年9月27日のワシントンでの米印首脳会談の直前のことだ。インドのヴァハンヴァティ法務長官が現在の原賠法の下でも，事業者が事故発生時にメーカー責任を問わない旨を契約書に明記すればよい，との見解を示した。法改正をすれば国会が紛糾するが，司法トップが法の解釈を示し，米国の意向に応えるという苦肉の策だった。とはいえ，これによって米企業のインド原発市場への参入が本格的に始まるのか，見きわめるには時間を要する。

(2)　日本の関与

2013年5月29日，来日したマンモハン・シン首相と安倍晋三首相の首脳会

談があり，日印原子力協定の締結に向け，交渉を加速させることが確認された。交渉は3回行われた後，福島の事故が起きてから中断していた。安倍首相は「インド外交は私のライフワーク」とさえ語っており，インドとの連携に意欲的だ。

しかし，日本は2010年8月に交渉を始めたときの原則を忘れてはならない。当時，外相だった民主党の岡田克也氏はクリシュナ外相との会談で以下のような日本の主張を伝えた。

1. インドが核実験をした場合，日本は原子力協力を停止せざるを得ない。
2. 核軍縮，不拡散について，インドは更なる具体的な取り組みが必要である。
3. インドによるCTBTの早期署名・批准，兵器用核分裂性物質生産禁止条約（カットオフ条約）制定に向けた努力が不可欠である。

インドは，NPT非加盟，CTBT未署名で国際的に孤立した状態にありながらも，したたかな外交を展開してきた。1998年の核実験についてもブラジェシュ・ミシュラ元国家安全保障顧問に尋ねると「経済制裁をされても長くて1年。制裁するにはインドは大き過ぎる」と冷徹な計算をしていた。そして中国の台頭という構造の変化により，インドの重要性は着実に高まってきた（Perkovich 1999: 504-506）。

米印協力の合意があった2005年以降，主要国がインドとの関係強化を進めた。ところが，原子力協定では米国が核軍縮と不拡散に関するインドのコミットメントを曖昧にしたため，各国が「右にならえ」となった。

日本にとってインドが戦略的に重要な相手だということは疑いない。しかし，日本は「良き苦言者」となり，核軍縮と不拡散のコミットメントを協定に明記するよう強く求めていくべきだろう。インドは米国との協定内容をスタンダードにし，具体的な記述を嫌がるが，被爆国・日本の立場には一目を置いている。毎年8月6日の広島デーには，インド国会で議員たちが黙禱を捧げる。世界が目標年次を決めて核軍縮の共同歩調をとるならば，インドも協力する立場を示

している。今，議論を深めておくことによって，核軍縮と不拡散分野における将来の日印協力の可能性も大きくなるだろう。

　原発輸出の是非については，福島原発の事故後，日本国内でも議論が分かれ，もはや日本から原発を輸出するべきでない，という意見が強くある。その一方，事故の教訓を世界の原発の安全性向上に生かすことが日本の新たな国際貢献だとする意見もある。

　アジア諸国の競争が増し，日本企業の競争力が衰えるなか，東芝，日立製作所，三菱重工業，さらに日本製鋼所といった原発関連の大手企業は世界的な競争力とネットワークを持っている。日本政府は最前線で原発プラント輸出の旗振りをするのはやめ，こうした個別企業の活動にまかせるべきだろう。政府の役割は，原子力協定締結によって核拡散の防止と平和利用の徹底を図ることである。日本政府は，原発輸出に対する積極的関与を見直し，JICA などを通じた再生可能エネルギーの拡大，省エネ技術の普及といった分野の協力に軸足を移すべきだ。

　さらにもう一点は，廃炉の協力である。福島における廃炉工程はこれから先が長丁場だが，日本の他の原発もいずれ廃炉時代を迎える。インドでは原発新設が増えるものの，タラプールのように福島第一原発より古い設備が廃炉を先延ばしにされている例もある。日本の教訓を生かす新たな協力課題がこの分野にある。

(3) 変化の兆し

　10 年前，河川の環境問題を調査するため，ガンジス川中流にあるナローラ原発の周辺を訪問した。水牛が歩く農村のなかに重水炉 2 基（計 44 万 kW）の建屋がそびえ立ち，ガンジス川の水が原子炉の冷却用に使われていた。

　訪問したのは，この流域にカワイルカが多く生息していたからだ。ガンジスも工業用や生活用に取水されて流量が減り，排水流入で汚染がひどい。ところが，ナローラには原発以外に産業がなく，比較的クリーンな水質が保たれていた。下流では絶滅寸前のイルカも群れをなしていた。

　このとき，役場で村長に会うと，「ガンジスの水は聖なる水だから，放射能

で汚染されることはない」と力説した。河川環境を守る地元の NGO 幹部に会うと，原発は安全で，川に悪影響はない，と強調した。

　だが，実際にはナローラ原発で 1993 年，「レベル 3（重大な異常事象）」の事故があった（Jain 2012: 201-202）。タービン建屋の爆発で停電が起き，原子炉は炉心溶融ぎりぎりの状態になった。悠久のガンジスや長閑な田園風景を一変させかねない危険な事態だった。NGO の人は，昔のことだからわからない，というだけだった。聞いてみると，彼らは全員，ナローラ原発の職員だった。この地域で環境問題に科学的知識がある人は，原発の中にしかいないという。

　本章では，インドの原子力開発を牽引するエリート科学者の存在に触れたが，原発が立地する地方には「ムラ社会」の秩序がある。農民には識字能力も乏しい貧困層が多く，情報開示も不十分なため，原発で何が起きているか知ることもない。村の有識者も多くは原発推進体制に組み込まれている。このため，福島の原発事故も，既存の立地地域の住民への影響は小さく，反原発運動が盛り上がることはなかった。

　だが，クダンクラムやジャイタプールの例で見たように，インドでも今後の原発の新規立地は一層難しくなっていくだろう。インドでは巨大プロジェクトに環境影響調査が義務づけられる 1994 年以前は，大した地元配慮もないまま，建設が進んだ。しかし，そんな時代とは違う環境変化がある。村にもテレビやインターネットが普及し，世界の原発情報に接することが多くなった。住民のエンパワーメントは，原発行政の透明性向上，立地プロセスの住民参加や民主化に方向転換を迫っていくのではないか。

　大きな意識変化は，都市住民や経済界でも現れている。福島の事故をきっかけに，原発についてはサイレント・マジョリティーだった人々も批判的な意識を強め，再生可能エネルギーを重視する意見が増えた。インド政府は全電源における原発の比率を 4 分の 1 以上に増やす考えがあるが，本章で触れたインド商工会議所連合会（FICCI）のクマール事務局長のように，経済界にも原発の拡大を疑問視し，再生可能エネルギーを奨励する声が強まっている。

　こうした意見が，インドの長期的なエネルギー計画にも見直しを迫っていくように思う。日本のインドへのエネルギー協力も，こんな方向を見渡したもの

であるべきだろう。

注
1) 2005年3月22日付共同通信「津波襲ったインドの原発」。
2) *The Hindu,* March 13, 2011. "Indian nuclear bodies to revisit plants' safety aspects". http://www.thehindu.com/news/national/indian-nuclear-bodies-to-revisit-plants-safety-aspects/article1535077.ece
3) *The Hindu,* March 13, 2011. "Nuclear power plant blast in Japan shocking". http://www.hindu.com/2011/03/13/stories/2011031360030300.htm
4) Atomic Energy Reglatory Board. August, 2011. "Report of AERB Committee to Review Safety of Indian Nuclear Power Plants against External Events of Natural Origin". http://www.aerb.gov.in/AERBPortal/pages/English/t/publications/CODESGUIDES/report-nov.pdf
5) Talbott (2004: 142-143).
6) 2012年11月、筆者によるリチャード・アーミテージ元国務副長官、カーネギー平和研究財団のジョージ・パーコヴィッチ氏のインタビューから。
7) Department of Atomic Energy, "Strategy for growth of Electricity in India", http://dae.nic.in/?q=node/128
8) World Nuclear Association, Nuclear Power in India. http://www.world-nuclear.org/info/Country-Profiles/Countries-G-N/India/#.Ukf49r8Who4
9) *The Hindu,* October 18, 2000. G. Balachandran, "Indo-Russia Nuclear Cooperation".

あとがき

　本書は，政治学者を中心とした執筆者による，デモクラシーの観点から原発について考えようという本である。原発と政治について考える際に役に立つであろう，さまざまな視点・論点とともに，日本ではあまり情報がない国も含む，海外での「原発と政治」事情を多く集めたことが特色だと思っている。

　本書の成り立ちは，2011年の夏前に遡る。日本比較政治学会の企画委員となった私は，学会の分科会企画を考えるよう依頼を受けたが，福島第一原発の事故以来，毎日，原発と放射能のことばかり考えていたこともあり，何とかして原発に関連した分科会を設けることはできないかと考えた。事故後，ドイツやイタリアは脱原発の方向に鮮やかに舵を切る一方，フランスは原発に固執しているように見え，比較政治のテーマとしても，格好の題材であると思われた。加えて，社会科学の他の分野と比べても，政治学からの発信が少ないように感じていたこともあって，何とか実現させたいと思った。

　政治学者で原発に関連する研究をしている人がほとんどいないことはわかっていたが，当時はまだ面識がなかった本田氏の存在は知っていたので，彼を軸に企画が立てられないかと考え，思い切ってメールで依頼してみたところ，快諾が得られた。イタリアとフランスについては，それまで原発の研究をされていたわけでもないのに，高橋，畑山両先生に無理をお願いして，このような分科会が実現した。

　2012年度日本比較政治学会研究大会　分科会「脱原発の比較政治」（2012年6月23日，日本大学）
　司会：堀江孝司，報告：高橋進「原発とイタリア・デモクラシー」，本田宏「脱原子力の政治と労働組合——ドイツと日本の比較の観点から」，畑山敏夫「現代フランスの原発と政治——原子力大国の黄昏か？」，討論：渡辺

博明，尾内隆之。

　幸い分科会は多くのオーディエンスを得，またさばき切れないほどの質問が寄せられ，大盛況だった。その当日から，何人かの方に「これは本になるの？」と声をかけられた。しばらくして，竹中千春，小川有美両先生からも，出版してはどうかと勧めていただいた（小川さんには，執筆もしていただくことになった）。ちょうど本田氏にも，若尾祐司・本田宏編『反核から脱原発へ──ドイツとヨーロッパ諸国の選択』（昭和堂，2012年）とは異なる切り口で本を作る構想があったということで，本書の企画がスタートした。2012年10月の日本政治学会の際には福岡で，2013年4月には東京で編集会議を行い，内容，人選についても固められていった。こうして，とんとん拍子で本書の出版が決まったことは，言い出しっぺとしては実に喜ばしいことであった（私自身も，一章を書くことになったのは想定外であったが）。

　本書には，本田氏のように，3.11以前から原発の問題に取り組んできた執筆者と，私のように3.11後に初めて，原発のことを勉強するようになった執筆者が混じっている。長年，研究をしてきた専門家ばかりで執筆陣を固められなかったのは，政治学者に原発に関連する研究をしていた人が少ないためであるが，敢えて積極的な意味づけをするなら，これまで別の対象について研究をしてきた者の目で見ることにより，もしかしたら専門家には気づかないようなポイントが発見できる，ということはあるかもしれない。もちろん，それがどれくらい上手くいっているかは，読者に判断していただくしかないが。

　それでも，まだ書き手が見つからないテーマがいくつかあって，政治学者以外にも，何人かの方に執筆をお願いすることになった。

　その後，2013年の日本政治学会においても，本書の執筆陣で以下のような分科会をもった。

　2013年度日本政治学会研究大会　公募企画「原子力をめぐる政治と現代デモクラシー」（2013年9月16日，北海学園大学）
　司会：堀江孝司，報告：尾内隆之「福島原発事故以後の原子力の統御とデ

モクラシー」，秋元健治「日本とイギリスにおける核燃料サイクル政策」，本田宏「抗議運動，労働組合，政策対話——原子力をめぐるドイツの民主主義」，討論：高橋進，小野一。

　「また同じような顔ぶれでセッション組んだりして，『脱原子力ムラ』って呼ばれるんじゃないの」と某先生にはからかわれたが，台風が接近する日曜の午後という不利な時間帯にもかかわらず，多くの方に会場に足を運んでいただくことができた。
　実は，上のように書いたが，政治学の立場からも，原発についての発信は，その後ちらほら見られるようになっている。若干の例を挙げるなら，先述の若尾・本田編『反核から脱原発へ』に，何人もの政治学者が寄稿している他，日本政治学会 2012 年度研究大会・公募セッション「エネルギー政策と政治」，齋藤純一・川岸令和・今井亮佑『原発政策を考える 3 つの視点——震災復興の政治経済学を求めて③』(早稲田大学出版部，2013 年)，善教将大「福島第一原発事故後の原子力世論——その規定要因の実証分析」(『選挙研究』第 29 巻第 1 号，2013 年)，坪郷實『脱原発とエネルギー政策の転換——ドイツの事例から』(明石書店，2013 年)，加藤哲郎『日本の社会主義——原爆反対・原発推進の論理』(岩波書店，2013 年) などがある。だが，本書を作ってみて，政治学が取り組むべき課題はまだまだ残っているような気がしている。気が遠くなるほど長期にわたる放射性廃棄物の処分を別にしても，喫緊の汚染水の問題などに見られるように，原発事故は今なお現在進行形の問題であり続けている。これらの課題とどう取り組んでいくかということも含め，原発政策のこれからにとって，本書の重要キーワードである「デモクラシー」が，重要な意味をもちそうなことは明らかであり，政治学者にはまだ果たすべき役割があるようにも思う。
　福島第一原発事故の後，一体なぜこんなことになってしまったのか，我々はいつこんなものを作ることに同意したのか，との思いを抱いた人も少なからずいるのではないだろうか。仏文学者の海老坂武は，「いつの間にか原子力発電が全体の約 30% を占めていた。別に自分は賛成投票をしたわけでもないのに，どんどん既成事実がつくられた。自分は選択していないはずが，周りで原発が

選ばれ，日本全体を拘束していた」と書いた（『日本経済新聞』2011年5月28日付）。私たちは，果たして原発を選択したのだろうか，という問いである。私自身，似たような思いを抱いた覚えはある。

　だが，私たちは現在，原発をどうするのかを，初めて決めている最中なのではないだろうか。この初めての機会を，何となくやりすごしてしまってはならないと思う。今度こそ，情報の共有に基づいた徹底的な議論を行った上で，自分たちで決めることが必要ではないだろうか。何となく，なし崩し的に，「政治」をバイパスして，決めた自覚もないままに，いつの間にか決まっていた，というようなことが再びあってはならないだろう。もし日本でまた原発事故が起きたなら，「こんなに危険なものとは知らなかった」「知らぬ間にたくさん稼働していた」という言い訳は，もう通用しないのであるから。あのような悲惨な大事故を目の当たりにしたことで，私たちは否応なしに「当事者」にさせられてしまったのだと思う。

　そして，徹底的な議論のためには，その基礎になるような原発自体についての情報のみならず，視点，切り口，考え方などを提供する研究者，ジャーナリスト，政治家などの役割も大きいと思う。本書がささやかながらその責任の一部でも果たすものになっているならば幸いである。

　法政大学出版局には，出版事情の厳しい中で，本書の意義を認め，刊行を決断していただいたことに感謝申し上げたい。本書の編集は，本田氏と旧知であった奥田のぞみ氏に担当していただくことができた。奥田氏には，たいへん強力なパワーで編者の二人を牽引していただいた。奥田氏の惜しみない献身なくしては，この時期の出版はあり得なかった。また，本書を読みやすくする上でも，大いに貢献していただいた。記して感謝したい。

　本書は，大学の学部1, 2年生が読んでもわかる，ということを強く意識して書かれている。大学生はもとより，原発をめぐるこの間の動きに，どこかおかしいのではないかとの思いを抱いたことのある市民の方々にも，幅広くお読みいただきたいと思う。本書が多くのみなさんの手に取られ，考える材料として利用していただけることを執筆者は切望している。

（堀江孝司）

謝辞を幾つか。本書は，平成 24-26 年度科学研究費補助金・基盤研究 C「現代社会運動のアジェンダ」の成果の一つである。この助成により，2013 年 3 月 10・11 日にベルリンで行われた脱原子力政策に関する研究会議に参加することができた。主催者の Miranda Schreurs 教授（ベルリン自由大学環境政策研究センター）と吉田文和教授（北海道大学）に感謝したい。ライプツィッヒ大学社会学部の Helena Flam 教授，北大の院生時代からの師匠，田口晃先生にも感謝を申し上げたい。また，日本ビジュアル・ジャーナリスト協会（JVJA）の野田雅也さんには，官邸前デモの空撮写真を無料で提供いただいた。

昨年は恩のある方々が幾人も亡くなった。ご冥福をお祈りしたい。2 月に亡くなられた同志，越田清和さん（ほっかいどうピーストレード事務局長）。前述の科研は元々，食道がん発覚後の彼の要望もあって申請し，元気になってほしいという思いが通じたのか採択されたものである。本書の最初の構想では，原発輸出問題について執筆してもらう予定だった。科研の助成により，「社会運動のアジェンダ研究会」の主催で，台湾の反原発運動の若き活動家，陳炯霖（ダン・ギンリン）さん（彼も 7 月，不慮の事故で亡くなった）を呼ぶことができた。

3 月には元国連食糧農業機関（FAO）職員の泉かおりさんが亡くなられた。福島第一原発事故後まもなく，札幌での脱原発デモをいち早く呼びかけ，力強く主導していかれた。

8 月に亡くなられたドイツ社会民主党研究の大家，山本佐門北海学園大学名誉教授からは，あるべき政治の姿を頑固に正面から問う姿勢に多くを学ばせていただいた。

11 月に亡くなった父，本田昭夫。福島原発事故によって，彼の父，つまり私の祖父の故郷が放射能で汚染されたことを嘆いていた。安らかに眠ってほしい。

（本田宏）

2014 年 3 月
　　　　執筆者を代表して　堀江孝司・本田宏

巻末表　発電用原子炉の輸出入実績

米国

輸出先	ベルギー	イタリア	ドイツ	スペイン	スイス	日本	オランダ	スウェーデン	ブラジル	インド	韓国	スロベニア	台湾	メキシコ	英国	小計
1955	1															1
56		1														1
57																
58		1	1													2
59																
1960						1										1
61																
62			1	2												3
63						1										1
64										2						2
65				1	1											2
66					1											1
67				1	2											3
68			2		1	1										4
69								1					1			2
1970					1						1		1			3
71			3		2		2									7
72				2										1		3
73			2							1	2		1			6
74																
75			2								2					4
76																
77			1							1						2
78											2					2
79											2					2
1980																
81																
82																
83																
84																
85																
86																
87											2			1		3
88																
89																
1990																
91											2					2
合計	1	2	2	12	2	11	1	3	1	2	10	1	6	2	1	57

注1：ライセンス契約に基づいて各国内で生産されたものは除く。輸出年不明のものは着工年。
　2：建設中断されたケースは除く。そうしたケースには、たとえば米国からフィリピンへ輸出されたバターン原発（1975年に着工，1984年に完成したが1986年に中止）、ロシアからキューバへ輸出されたフラグア原発（1号機は1983年，2号機は1985年に着工，しかし資金難で中断）などがある。
　3：ドイツから輸出されたイランのブシェール原発は1975年に着工したが革命や戦争で建設中断。その後、ロシアが建設続行を請け負い，2011年に運転開始。
　4：英国はイタリア（1958年にラティナ原発）と日本（1959年に東海第一原発）へ輸出。
　5：スウェーデンからフィンランドへ輸出：1972年にオルキオト1号機，1974年に同2号機。
　6：1993～2012年の輸出例は以下のとおり。
　　・フランスからフィンランドへ輸出：オルキオト3号機（2005年着工）。
　　・中国からパキスタンへ輸出：チャシュマ原子力発電所1号機（1993年着工），同2号機（2005年着工），同3号機（2011年着工），同4号機（2012年着工）。
　　・米国（主契約者は米GE，原子炉本体製造は日本の日立・東芝）から台湾へ輸出。龍門原発1号機・2号機（1999年着工）。

出典：原子力産業会議「世界の原子力発電開発の動向　1994年次報告」（1995年，40-42頁）を元に，ATOMICA（原子力百科事典）およびIAEAのデータを参考に修正を加えた。

ロシア

輸出先	旧東ドイツ	ブルガリア	ハンガリー	フィンランド	ウクライナ	スロバキア	リトアニア	小計
1956	1							1
57								
58								
59								
1960								
61								
62								
63								
64								
65								
66								
67	2	2	4					8
68								
69								
1970				1				1
71				1	4			5
72		2						2
73	2				2			4
74					4		2	6
75								
76					2			2
77								
78					1			1
79		2			2			4
1980					3			3
81								
82					5			5
83					1			1
合計	5	6	4	2	22	2	2	43

カナダ

輸出先	インド	パキスタン	アルゼンチン	韓国	ルーマニア	小計
1964	1					1
65		1				1
66						
67	1					1
68						
69						
1970						
71						
72						
73			1			1
74						
75						
76				1		1
77						
78					1	1
79						
1980						
81					1	1
82						
83						
84						
85						
86						
87						
88						
89						
1990				1		1
91						
92				2		2
合計	2	1	1	4	2	10

フランス

輸出先	スペイン	ベルギー	南アフリカ	韓国	中国	小計
1968	1					1
69						
1970						
71						
72						
73						
74		2				2
75						
76			2			2
77						
78						
79						
1980				2		2
81						
82						
83						
84						
85						
86					2	2
合計	1	2	2	2	2	9

ドイツ

輸出先	アルゼンチン	オランダ	スイス	ブラジル	スペイン	小計
1968	1					1
69		1				1
1970						
71						
72						
73			1			1
74						
75				2	1	3
76						
77						
78						
79						
1980	1					1
合計	2	1	1	2	1	7

253

参 考 文 献

日本語文献

明るい選挙推進協会．2013．「第46回衆議院議員総選挙全国意識調査」（http://www.akaruisenkyo.or.jp/wp/wp-content/uploads/2013/06/070seihon1.pdf）．
アクターズ・ラボ．2011．「原発と震災に関する意識調査」（http://www.setuden.jp/enquete/press110603.php）．
浅田次郎ほか著，今井一構成．2013．『原発，いのち，日本人』集英社新書．
朝日新聞青森総局．2005．『核燃マネー——青森からの報告』岩波書店．
朝日新聞経済部．2013．『電気料金はなぜ上がるのか』岩波新書．
安俊弘「高レベル放射性廃棄物地層処分——概念発展史と今日の課題」『科学』第83巻第10号，1152-1163頁．
安全なエネルギー供給に関する倫理委員会．吉田文和・M. シュラーズ編訳．2013．『ドイツ脱原発倫理委員会報告——社会共同によるエネルギーシフトの道すじ』大月書店．
飯田哲也・今井一・杉田敦・マエキタミヤコ・宮台真司．2011．『原発をどうするか，みんなで決める——国民投票へ向けて』岩波書店．
井川充雄．2013．「戦後日本の原子力に関する世論調査」加藤・井川編（2013）．
市川浩．2013．「ソ連版『平和のための原子』の展開と『東側』諸国，そして中国」加藤・井川編（2013）．
猪口孝．2004．『「国民」意識とグローバリズム——政治文化の国際分析』NTT出版．
岩田修一郎．2010．『核拡散の論理——主権と国益をめぐる国家の攻防』勁草書房．
応用システム研究所．1985．『米国・フランスの原子力政策の形成——その政治社会学的考察』総合研究開発機構（NIRA）．
大磯眞一．2011．「福島第一発電所事故後の原子力発電に対する海外世論の動向」『INSS ジャーナル』第18号．
大島堅一．2011．『原発のコスト——エネルギー転換への視点』岩波新書．
岡田広行．2013．「『子ども被災者支援法』が骨抜きの危機 原発事故被災者や自治体が，国に"異議申し立て"」東洋経済オンライン10月7日 http://toyokeizai.net/articles/-/21068

岡本浩一．2013．「つきまとうリスクと向き合う——定量的思考の必要性」『アステイオン』第78号．
岡本浩一・宮本聡介編．2004．『JCO事故後の原発世論』ナカニシヤ出版．
岡山裕．2012．「専門性研究の再構成」内山融・伊藤武・岡山裕編『専門性の政治学——デモクラシーとの相克と和解』ミネルヴァ書房．
尾内隆之．2007．「日本における『熟議＝参加デモクラシー』の萌芽——原子力政治過程を通して」小川有美編『ポスト代表制の比較政治』早稲田大学出版部．
尾内隆之・調麻佐志編．2013．『科学者に委ねてはいけないこと——科学から『生』をとりもどす』岩波書店．
小野一．2009．『ドイツにおける「赤と緑」の実験』御茶の水書房．
小野一．2012．『現代ドイツ政党政治の変容——社会民主党，緑の党，左翼党の挑戦』吉田書店．
開沼博．2011．『「フクシマ」論——原子力ムラはなぜ生まれたのか』青土社．
科学技術庁原子力局．1962．『原子力損害賠償制度』通商産業研究社．
垣花秀武・川上幸一編．1986．『原子力と国際政治——核不拡散政策論』白桃書房．
賀来健輔・丸山仁編．1997．『環境政治への視点』信山社．
加藤哲郎・井川充雄編．2013．『原子力と冷戦——日本とアジアの原発導入』花伝社．
烏谷昌幸．2012．「戦後日本の原子力に関する社会的認識——ジャーナリズム研究の視点から」大石裕編『戦後日本のメディアと市民意識——「大きな物語」の変容』ミネルヴァ書房．
川上幸一．1993．『原子力の光と影』電力新報社．
ギャスティル，ジョン／レヴィーン，ピーター編．津富宏ほか監訳．2013．『熟議民主主義ハンドブック』現代人文社．
椚座圭太郎・清河成美．2012．「福島原発事故は原発政策についての世論を変えなかった」『富山大学人間発達科学部紀要』第7巻第1号．
熊谷徹．2012．『なぜメルケルは「転向」したのか』日経BP社．
原子力安全システム研究所・社会システム研究所編．2004．『データが語る原子力の世論——10年にわたる継続調査』プレジデント社．
原子力委員会．1966-1998．『原子力白書』大蔵省印刷局．
原子力開発十年史編纂委員会．1965．『原子力開発十年史』社団法人日本原子力産業会議．コーエン，スティーブン．堀本武功訳．2004．『アメリカはなぜインドに注目するのか——台頭する大国インド』明石書店．
ゴールドシュミット，ベルトラン．矢田部厚彦訳．1970．『核開発をめぐる国際競

争――秘録』毎日新聞社.
小林傳司. 2004.『誰が科学技術について考えるのか――コンセンサス会議という実験』名古屋大学出版会.
小林傳司. 2007.『トランス・サイエンスの時代――科学技術と社会をつなぐ』NTT 出版.
小林傳司. 2010.「『参加』する市民は誰か」『アステイオン』第 72 号.
コバヤシ, コリン. 1998.「欧州エコロジー運動の現在」『現代思想』第 26 巻第 6 号.
近藤正基. 2009.『現代ドイツ福祉国家の政治経済学』ミネルヴァ書房.
斉藤淳. 2010.『自民党長期政権の政治経済学――利益誘導政治の自己矛盾』勁草書房.
斎藤貴男. 2012.『「東京電力」研究 排除の系譜』講談社.
佐藤卓己. 2008.『輿論と世論――日本的民意の系譜学』新潮社.
塩谷喜雄. 2013.『「原発事故報告書」の真実とウソ』文春新書.
篠原一. 2004.『市民の政治学――討議デモクラシーとはなにか』岩波書店.
篠原一編. 2012.『討議デモクラシーの挑戦――ミニ・パブリックスが拓く新しい政治』岩波書店.
柴田鐵治・友清裕昭. 1999.『原発国民世論――世論調査にみる原子力意識の変遷』ERC 出版.
清水修二. 1999.『NIMBY シンドローム考――迷惑施設の政治と経済』東京新聞出版局.
下村健一. 2013.『首相官邸で働いて初めてわかったこと』朝日新聞出版.
ジョンソン, ジュヌヴィエーヴ・フジ. 舩橋晴俊・西谷内博美監訳. 2011.『核廃棄物と熟議民主主義――倫理的政策分析の可能性』新泉社.
新藤宗幸. 2012.『司法よ!おまえにも罪がある――原発訴訟と官僚裁判官』講談社.
鈴木達治郎. 2000.「米国における原子力の動向――自由化市場で生き残りをかける原子力大国」『原子力 eye』第 46 巻第 3 号, 日刊工業新聞社.
総理府. 1999.「エネルギーに関する世論調査」(http://www8.cao.go.jp/survey/h10/energy-h11.html).
曽根泰教・柳瀬昇・上木原弘修・島田圭介. 2013.『「学ぶ, 考える, 話しあう」討論型世論調査――議論の新しい仕組み』木楽舎.
高木仁三郎. 1981.『プルトニウムの恐怖』岩波新書.
高橋進. 2009.「イタリア――レフェレンダムの共和国」坪郷實編著『比較・政治

参加』ミネルヴァ書房.
高橋進. 2012.「脱原発とイタリア・デモクラシー――伊独日仏の比較のために」『龍谷法学』第 45 巻第 3 号.
高橋進. 2013.「ポピュリズムの多重奏――ポピュリズムの天国：イタリア」高橋進・石田徹編『ポピュリズム時代のデモクラシー』法律文化社.
谷藤悦史. 2002.「INTERVIEW 変わる「世論」と世論調査」『放送研究と調査』第 52 巻第 1 号.
タロー, シドニー. 大畑裕嗣監訳. 2006.『社会運動の力――集合行為の比較社会学』彩流社.
ダール, ロバート・A. 河村望・高橋和宏監訳. 1988.『統治するのはだれか――アメリカの一都市における民主主義と権力』行人社.
ダール, ロバート・A. 中村孝文訳. 2001.『デモクラシーとは何か』岩波書店.
津田敏秀. 2013.『医学的根拠とは何か』岩波新書.
土屋由香. 2013.「アイゼンハワー政権期におけるアメリカ民間企業の原子力発電事業への参入」加藤・井川編（2013）.
坪郷實. 1989.『新しい社会運動と緑の党――福祉国家のゆらぎの中で』九州大学出版会.
坪郷實. 2013.『脱原発とエネルギー政策の転換――ドイツの事例から』明石書店.
電気事業連合会. 2003a.『再処理工場の操業費用等の見積もりについて』.
電気事業連合会. 2003b.『原子燃料サイクルバックエンド事業費の見積もりについて』.
ドイツ社会民主党. 住沢博紀訳. 2008.「ドイツ社会民主党基本綱領――ハンブルク綱領(1)-(4)」『生活経済政策』第 132-135 号.
東京電力福島原子力発電所事故調査委員会（国会事故調）. 2012.『国会事故調報告書』徳間書店.
東京電力福島原子力発電所における事故調査・検証委員会（政府事故調）. 2012.『政府事故調中間報告書――概要・本文編・資料編（平成 23 年 12 月 26 日）』メディアランド／全国官報販売協同組合.
同盟 90／ドイツ緑の党. 今本秀爾監訳. 2007.『未来は緑――ドイツ緑の党新綱領』緑風出版.
ドライゼク, ジョン. 丸山正次訳. 2007.『地球の政治学――環境をめぐる諸言説』風行社.
内閣府. 2009.「「原子力に関する特別世論調査」の概要」(http://www8.cao.go.jp/survey/tokubetu/h21/h21-genshi.pdf).

直野章子．2011．『被ばくと補償　広島，長崎，そして福島』平凡社新書．
永井清彦編．1990．『われわれの望むもの——西ドイツ社会民主党新綱領』現代の理論社．
永井清彦．2012．「ドイツの脱原発，そして倫理」『桃山学院大学キリスト教論集』第 47 号．
西尾漠．1988．『原発の現代史』技術と人間．
西村厚．1970．『原子力産業』東洋経済新報社．
西脇文昭．1998．『インド対パキスタン——核戦略で読む国際関係』講談社現代新書．
日本科学技術ジャーナリスト会議．2013．『4 つの「原発事故調」を比較・検証する』水曜社．
日本経済団体連合会．2013．「国益・国民本位の質の高い政治の実現に向けて」（http://www.keidanren.or.jp/policy/2013/001.html）
日本原子力産業協会政策推進部編．2011．『原産協会メールマガジン別冊特集　あなたに知ってもらいたい原賠制度』日本原子力産業協会．
日本弁護士連合会公害対策・環境保全委員会編．1987．『核燃料サイクル施設問題に関する調査研究報告書』．
長谷川公一．2003．『環境運動と新しい公共圏——環境社会学のパースペクティブ』有斐閣．
畑山敏夫．2012a．「現代フランスの原発と政治——原子力大国の黄昏か？」『佐賀大学経済論集』第 45 巻第 4 号．
畑山敏夫．2012b．『フランス緑の党とニュー・ポリティクス——近代社会を超えて緑の社会へ』吉田書店．
バクラック，P., M. S. バラッツ．2009．「権力の二面性」加藤秀治郎・岩渕美克編『政治社会学　第 4 版』一藝社．
バリバール，エティエンヌ．松葉祥一・亀井大輔訳．2007．『ヨーロッパ市民とは誰か——境界・国家・民衆』平凡社．
ピアソン，ポール．粕谷祐子監訳．2010．『ポリティクス・イン・タイム』勁草書房．
日隅一雄編訳．青山貞一監修．2009．『審議会革命——英国の公職任命コミッショナー制度に学ぶ』現代書館．
日野行介．2013．『福島原発事故　県民健康管理調査の闇』岩波新書．
広井良典．2013．『人口減少社会という希望——コミュニティ経済の生成と地球倫理』朝日新聞出版．

広瀬崇子．2012．「インドの原子力政策——福島後の原子力発電の推進」『政治学の諸問題 VIII』専修大学法学研究所紀要第 37 号．

フィシュキン，ジェイムズ・S．岩木貴子訳．曾根泰教監修．2011．『人々の声が響き合うとき——熟議空間と民主主義』早川書房．

福島徳良夫．1988．「イタリアの原発および司法問題に関する国民投票——1987 年 11 月実施」『レファレンス』第 38 巻第 11 号．

福島原発事故独立検証委員会（民間事故調）．2012．『福島原発事故独立検証委員会調査・検証報告書』ディスカヴァー・トゥエンティワン．

藤岡美恵子・中野憲志編．2012．『福島と生きる——国際 NGO と市民運動の新たな挑戦』新評論．

舟田正．1990．『イタリア・緑の運動』技術と人間．

舩橋晴俊・長谷川公一・飯島伸子．2012．『核燃料サイクル施設の社会学——青森県六ヶ所村』有斐閣．

ベック，ウルリヒ．東廉・伊藤美登里訳．1998．『危険社会——新しい近代への道』法政大学出版局．

ベック，ウルリッヒ．2005．木前利秋・中村健吾訳『グローバル化の社会学——グローバリズムの誤謬，グローバル化への応答』国文社．

ベック，ウルリッヒ．島村賢一訳．2010．『世界リスク社会論——テロ，戦争，自然破壊』ちくま学芸文庫．

ベック，ウルリッヒ．鈴木宗徳・伊藤美登里編．2011．『リスク化する日本社会——ウルリッヒ・ベックとの対話』岩波書店．

堀江孝司．2009．「福祉国家と世論」『人文学報』第 409 号．

堀江孝司．2012a．「日本のジェンダー平等政策・少子化対策における『女性』像と政党」日本選挙学会報告論文．

堀江孝司．2012b．「福祉政治と世論——学習する世論と世論に働きかける政治」宮本太郎編『福祉政治』ミネルヴァ書房．

本田宏．2001．「原子力をめぐるドイツの紛争的政治過程(2)——反原発運動の全国化（1975-77）」『北海学園大学法学研究』第 36 巻第 3 号．

本田宏．2005．『脱原子力の運動と政治——日本のエネルギー政策の転換は可能か』北海道大学図書刊行会．

本田宏．2012．「原子力問題と労働運動・政党——その歴史的展開」大原社会問題研究所編・発行『日本労働年鑑』第 82 集．

本田宏．2013．「欧米諸国の労働組合と原子力問題」『大原社会問題研究所雑誌』第 658 号．

本田宏．2014．「原子力をめぐるドイツの政治過程と政策対話」『経済學研究』（北海道大学大学院経済学研究科）第 63 巻第 3 号．
牧野淳一郎．2013．「3.11 以後の科学リテラシー no. 13」『科学』第 83 巻第 10 号．
真下俊樹．1999．「変わり始めたフランスの原子力政策——原子力大国の足元を掘りくずす民主化の波」『技術と人間』第 293 号．
真下俊樹．2012．「フランスの原子力政策史——核武装と原発の双璧」若尾・本田編（2012）．
宮本太郎編．2006．『比較福祉政治——制度転換のアクターと戦略』早稲田大学出版部．
三輪和宏・山岡規雄．2009．「諸外国の国民投票法制及び実施例」『調査と情報』（国立国会図書館）第 650 号．
森一久編．1986．『原子力は，いま——日本の平和利用 30 年　上』日本原子力産業会議．
森政稔．2008．『変貌する民主主義』筑摩書房．
森川澄夫．1955．「売りつけられる日本！　米原子力法 123 条と日米原子力協定」『ジュリスト』第 93 号，有斐閣．
矢ヶ﨑克馬．2010．『隠された被曝』新日本出版社．
山崎正勝．2011．『日本の核開発：1939〜1955——原爆から原子力へ』績文堂出版．
山田健太．2013．『3・11 とメディア——徹底検証　新聞・テレビ・WEB は何をどう伝えたか』トランスビュー．
山本義隆．2011．『福島の原発事故をめぐって——いくつか学び考えたこと』みすず書房．
ユンク，ロベルト．山口祐弘訳．1989．『原子力帝国』社会思想社・現代教養文庫．
吉岡斉．1999．『原子力の社会史——その日本的展開』朝日新聞社．
吉岡斉．2011．『新版　原子力の社会史——その日本的展開』朝日新聞社．
吉岡斉編．2011．『原発と日本の未来』岩波書店．
吉岡斉．2012．『脱原子力国家への道』岩波書店．
ルークス，スティーブン．中島吉弘訳．1995．『現代権力論批判』未來社．
レイプハルト，アレンド．粕谷祐子訳．2005．『民主主義対民主主義——多数決型とコンセンサス型の 36 ヶ国比較研究』勁草書房．
若尾祐司・本田宏編．2012．『反核から脱原発へ——ドイツとヨーロッパ諸国の選択』昭和堂．
脇阪紀行．2012．『欧州のエネルギーシフト』岩波書店．
渡辺和行．2013．『ド・ゴール——偉大さへの意志』山川出版社．

渡辺博明．2009．「北欧諸国」網谷龍介・伊藤武・成廣孝編『ヨーロッパのデモクラシー』ナカニシヤ出版．

渡辺富久子．2011．「ドイツにおける脱原発のための立法措置」『外国の立法』第250号．

外国語文献

Adam, Barbara, Ulrich Beck and Joost van Loon. 2000. *The Risk Society and Beyond: Critical Issues for Social Theory*, London: Sage.

Altenburg, Cornelia. 2010. *Kernenergie und Politikberatung: Die Vermessung einer Kontroverse*, Wiesbaden: VS Verlag.

Anger, Didier. 2002. *Nucléaire: la démocratie bafouée. La Hague au cœur du débat*, Paris: Éditions Yves Michel.

Azam, Geneviève. 2009. "Environnement", in Alain Caillé, et Roger Sue (sous la direction de), *De gauche?*, Fayard.

Bäck, Henry och Torbjörn Larsson. 2006. *Den svenska politiken: Struktur, processer och resultat, Malmö*: Liber.

Beck, Ulrich. 1993. *Die Erfindung des Politischen: zu einer Theorie reflexiver Modernisierung*, Frankfurt am Main: Suhrkamp.

Beck, Ulrich. 1999. *World Risk Society*, Cambridge: Polity.

Beck, Ulrich. 2000. *What is Globalization?*, Cambridge: Polity.

Bell, David S. and Criddle, B. 1988. *The French Socialist Party*, Oxford: Oxford University Press.

Bersani, Marco. 2011. *Come abbiamo vinto il referendum: Dalla battaglia per l'aqua pubblica alla democrazia dei beni comuni*, Roma: Alegre.

Boin, Arjen, Allan McConnell and Paul 'tHart. eds. 2008. *Governing after Crisis: The Politics of Investigation, Accountability and Learning*, Cambridge: Cambridge University Press.

Borrelli, Gaetano e Bruna Felici. 2012. *Da Chernobyl a Fukushima passando per Scanzaro. Opinione pubblica e nucleare in Italia*, Roma: Datanews.

Borrelli, Gaetano, e Tanja Poli. 2013. *Il nucleare al tramonto. Referendum, media e nuovo sentimento degli italiani*, Roma: Datanews.

Borrelli, Stephen A. and Brad Lockerbie. 2008. "Framing Effects on Public Opinion during Prewar and Major Combat Phases of the US Wars with Iraq", *Social Science Quarterly*, 89(2).

Carra, Luca, e Margherita Fronte. 2011. *Enigma nucleare.Cento risposte dopo Fukushima*, Milano: Scienza Express.

Carrozza, Chiara. 2012. "I referendum di giugno: una vittoria a metà", in Anna Bosco e Duncan McDonnell (cur.), *Politica in Italia. Edizione 2012*, Bologna: il Mulino.

CDU/CSU, FDP. 2009. Wachstum, Bildung, Zusammenhalt: Koalitionsvertrag zwischen CDU, CSU und FDP 17. Legislaturperiode.

CDU/CSU, SPD. 2005. Gemeinsam für Deutschland: Mit Mut und Menschlichkeit: Koalitionsvertrag von CDU, CSU und SPD.

CDU/CSU, SPD. 2013. Deutschlands Zukunft gestalten: Koalitionsvertrag zwischen CDU, CSU, und SPD.

Christofferson, Thomas. 1991. *The French Socialists in Power 1981–1986: From Autogestion to Cohabitation*, University of Delaware Press.

Courage, Sylvain et Thierry, Maël. 2011. "L'histoire secrète d'un vaudeville nucléaire", *La Nouvelle Observateur*, No. 2455.

De Paoli, Luigi. 2011. *L'energia nucleare*, Bologna: il Mulino.

Dessus, Benjamin et Bernard Laponche. 2011. *En finir avec le nucléaire Pourquoi et comment*, Paris: Seuil.

Diamanti, Ilvo. 2011. "Mappe", *la Repubblica*, 2011.6.27.

Diani, Mario. 1994. "The Conflict over Nuclear Energy in Italy", in Helena Flam ed. (1994).

Duyvendak, Jan Willem. 1995. *The Power of Politics: New Social Movements in France*, Boulder: Westview Press.

Elbaradei, Mohamed. 2011. *The Age of Deception: Nuclear Diplomacy in Treacherous Times*, New York: Metropolitan Books.

Esaiasson, Peter. 1990. *Svenska valkampanjer 1866–1988*, Stockholm: Allmänna Förlaget.

Flam, Helena ed. 1994. *States and Anti-Nuclear Movements*, Edinburgh: Edinburgh University Press.

Flam, Helena and Andrew Jamison. 1994. "The Swedish Confrontation over Nuclear Energy: A Case of a Timid Anti-nuclear Opposition", in Helena Flam ed. (1994).

Grandi, Alfiero. 2011. *Referendum e alternativa politica*, Roma: Ediesse.

Hajer, Maarten A. 2011. *Authoritative Governance: Policy-making in the Age of Mediatization*, Oxford: Oxford University Press.

Hall, Peter A. 1993. "Policy Paradigms, Social Learning, and the State: The Case of Economic Policymaking in Britain", *Comparative Politics* 25(3).

Holmberg, Sören. 2011. Kärnkraftsopinionen pre-Fukushima, Holmberg, Lennart Weibull och Henrik Oscarsson (red.) *Lycksalighetens ö: Fyrtioen kapitel om politik, medier och samhälle*, Göteborg: SOM Institutet.

Holmberg, Sören and Per Hedberg. 2012. The Will of the People?: Swedish Nuclear Power Policy, Holmberg and Hedberg eds., *Studies in Swedish Energy Opinion*, Göteborg: SOM Institutet.

Hood, Christopher, Henry Rothstein, and Robert Baldwin. 2004. *The Government of Risk: Understanding Risk Regulation Regimes*, Oxford: Oxford University Press.

IAEA. 2013. *Energy, Electricity and Nuclear Power Estimates for the Period up to 2050*. http://www.iaea.org/OurWork/ST/NE/Pess/assets/rds1-33_web.pdf

Isola, Piero. 2004. *Odissea Garigliano*, Roma: Vecchiarelli.

Jahn, Detlef. 1993. *New Politics in Trade Unions: Applying Organization Theory to the Ecological Discourse on Nuclear Energy in Sweden and Germany*, Aldershot: Dartmouth.

Jain, Neeraj. 2012. *Nuclear Energy: Technology from Hell*, Delhi: Aakar Books.

Jasper, James. 1990. *Nuclear Politics: Energy and the State in the United States, Sweden and France*, Princeton: Princeton University Press.

Jospin, Lionel. 1995. *1995—2000, Propositions pour la France*, Paris: Stock.

Kasuya, Yuko and Yuriko Takahashi. 2012. "Streamlining Accountability: Concepts, Subtypes, and Empirical Analyses", paper presented at 2012 IPSA World Congress, Madrid, July 12.

Kolb, Felix. 2007. *Protest and Opportunities: The Political Outcomes of Social Movements*, Frankfurt a. M.: Campus.

Laurent, Jilien. 2011. *Le livre noire du nucléaire français: Environnement, santé, sécurité: ce que l'on ne vous dit pas*, City Editions.

Lepage, Corinne. 2011. *La vérité sur le nucléaire: Le choix interdit*, Paris: Albin Michel.

Lucot, Pierre et Jean-Luc Pasquinet. 2012. *Nucléaire arrêt immédiate: Pourquoi, comment? le scénario qui refuse la catastrophe*, Éditions Golias.

Malaurie, Guillaume. 2011. "Ce que les Verts et le PS ont vraiment signé", *La Nouvelle Observateur*, no. 2455.

Mohan, C. Raja. 2003. *Crossing the Rubicon*, New Delhi: Penguin Books India.

Mohr, Markus. 2001. *Die Gewerkschaften und der Atomkonflikt*, Münster: Westfälisches Dampfboot.

Möller Tommy. 2011. *Svensk politisk historia: Strid och samverkan under tvåhundra år*,

Lund: Studentlitteratur.

Mouvement Utopia. 2011. *Nucléaire: Pour lutter contre les idées reçues*, Les Éditions Utopia.

Nebbia, Giorgio. 2009. "Capitolo 1: La storia del nucleare non depone a suo favore", in Virginio Bettini e Giorgio Nebbia (cur.), *Il nucleare impossibile*, Milano: Utet.

Nelkin, Drothy and Michael Pollak. 1981. *The Atom Besieged: Extra-parliamentary Dissent in France and Germany*. Cambridge, Massachusetts: MIT Press.

NOVUS. 2012. *General Public Opinion on Nuclear Power May 2011*, Nyköping: Kärnkraftsäkerhet och utbildning AB.

O'Donnell, Guillermo. 1988. "Bureaucratic Authoritarianism: Argentina, 1966–1973", in *Comparative Perspective*, Berkeley: University of California Press.

O'Donnell, Guillermo. 1999. "Horizontal Accountability in New Democracies", in Schedler, Diamond and Plattner eds. (1999).

OECD. 2010. *Public Attitudes to Nuclear Power*, NEA No. 6859, Nuclear Energy Agency, Organization for Economic Co-operation and Development (http://www.oecd-nea.org/ndd/reports/2010/nea6859-public-attitudes.pdf).

Perkovich, George. 1999. *India's Nuclear Bomb: The Impact on Global Proliferation*, Berkeley: University of California Press.

Poguntke, Thomas. 2003. "Bündnisgrünen nach der Bundestagswahl 2002: Auf dem Weg zur linken Funktionspartei?", in Oskar Niedermayer ed., *Die Parteien nach der Bundestagswahl 2002*, Leverkusen: Leske + Budrich.

Radetzki, Marian. 2004. *Svensk energipolitik under tre decennier: En studie i politikermisslyckanden*, Stockholm: SNS förlag.

Rice, Condoleezza. 2011. *No Higher Honor: A Memoir of My Years in Washington*, New York: Crown Publishers.

Rinkevicius, Leonardas. 2000. "Public Risk Perception in a 'Double-Risk' Society: The Case of the Ignalina Nuclear Power Plant in Lithuania", *Innovation*, Vol. 13, No. 3.

Rossi, Roberto. 2011. *Bidone nucleare*, Milano: RIZZORI.

Rucht, Dieter. 1994. "The Anti-nuclear Power Movement and the State in France", in Helena Flam ed. (1994).

Rüdig, Wolfgang. 1990. *Anti-Nuclear Movements: A World Survey of Opposition to Nuclear Energy*, Harlow, Essex: Longman.

Rüdig, Wolfgang. 2000. "Phasing Out Nuclear Energy in Germany", *German Politics* 9 (3).

Schaffer, Teresita. 2009. *India and the United States in the 21st Century: Reinventing Partnership*, Washington D.C.: Center for Strategic and International Studies.

Schedler, Andreas. 1999. "Conceptualizing Accountability", in Schedler, Diamond and Plattner eds. (1999).

Schedler, Andreas ed. 2006. *Electoral Authoritarianism: The Dynamics of Unfree Competition*, Boulder: Lynne Rienner.

Schedler, Andreas, Larry Diamond and Marc F. Plattner eds. 1999. *The Self-restraining State: Power and Accountability in New Democracies*, Boulder: Lynne Rienner.

Schneider, Mycle et al. 2013. *The World Nuclear Industry Status Report 2013*, WNISR.

Smith, W. Rand. 1989. "We can make the Ariane, but we can't make Washing machines: the State and Industrial performance in Postwar France", in Jolyon Howorth and George Ross eds., *Contemporary France*, Vol. 3, Pinter Publishers.

SPD. 1986. *Protokoll vom Parteitag der SPD in Nürnberg*, 25.–29.8.1986.

SPD, Grünen. 1998. Aufbruch und Erneuerung: Deutschlands Weg ins 21. Jahrhundert: Koalitionsvereinbarung zwischen der Sozialdemokratischen Partei Deutschlands und BÜNDNIS 90/DIE GRÜNEN.

Stadt Frankfurt a. M., Umweltdezernat, Tom Koenigs, and Roland Schaeffer, eds. 1993. Energiekonsens? Der Streit um die zukünftige Energiepolitik. Gesellschaftliche Verständigung: Aufgaben und Lösungsmöglichkeiten. Symposium Energiepolitische Verständigungsaufgaben des Umwelt Forum Frankfurt a. M. am 26. Februar 1993.

Statistiska centralbyrån. 2013. *Statistiskårsbok för Sverige 2013*, Stockholm: SCB.

Sundqvist, Göran. 2002. *The Bedrock of Opinion: Science, Technology and Society in the Siting of High-Level Nuclear Waste*, Dordrecht: Kluwer Academic Publishers.

Szac, Murielle. 1998. *Dominique Voynet: Une vraie nature*, Paris: Plon.

Talbott, Strobe. 2004. *Engaging India: Diplomacy, Democracy and the Bombs*, Washington D.C.: Brookings Institution Press.

Tellis, Ashley J. 2001. *India's Emerging Nuclear Posture: Between Recessed Deterrent and Ready*, Arsenal: Rand.

Udayakumar, S. P. 2004. *The Koodankulam Handbook*, Transcend South Asia.

Wallace, Michael et al. 2013. *Restoring U.S. Leadership in Nuclear Energy: A National Security Imperative*, Washington D.C.: Center for Strategic and International Studies.

Wildavsky, Aaron. 1997. *But is It True?: A Citizen's Guide to Environmental Health and Safety Issues*, Cambridge: Harvard University Press.

Zunino, Corrado. 2011. "La Rete", *la Repubblica*, 2011.6.15.

事項索引

ABCC（原爆傷害調査委員会）15
AERB（原子力規制委員会，インド）228-229, 239
AKE（従業員代表委員・エネルギー行動会議）137
BAG（バイエルン電力）131, 133, 143, 149
BARC（バーバー原子力研究センター）230
BBU（全国環境保護市民イニシアチヴ連盟）134
BMFT（連邦研究技術省）134, 136
BNFL（英国核燃料公社）67-68
BUND（ドイツ環境自然保護連盟）137, 145
BWR（沸騰水型軽水炉）45-46, 73, 132, 194, 231
CDU　135-138, 142, 145, 156, 159, 169
CDU/CSU（キリスト教民主・社会同盟）13, 32, 131, 134, 140-142, 147, 153-154, 162-165
CEA（原子力庁）211, 218-219
CGT（労働総同盟，フランス）218
CISE（情報・研究・実験センター）190
CNEN（核エネルギー全国委員会）191, 193-194
CNRN（核研究全国委員会）190-192
COGEMA（コジェマ，フランス核燃料公社）67-68, 178
CTBT（包括的核実験禁止条約）53, 232, 242
DGB（ドイツ労働総同盟）134, 138, 141, 143, 145
DWK（ドイツ再処理会社）143-144
EDF（フランス電力公社）51, 53, 148, 202, 211, 221-222, 224
ENEA（新技術・エネルギー・環境公社）194-195, 198
ENEL（全国電力公社）192-193, 195, 197, 199, 201-202
ENI（イタリア炭化水素公社）191, 193, 195
E.ON（エーオン）148, 165, 202
ERP（ヨーロッパ加圧水型（原子）炉）202, 219, 221, 223
EU（欧州連合）31, 148, 152, 208, 215
FBR（高速増殖炉）3, 11, 54-58, 60-61, 66, 84, 102, 133, 139, 140-142, 144, 147-148, 159, 196, 211, 217-218, 227, 231, 235
FDP（ドイツ自由民主党）32, 134, 137-138, 140-142, 145, 152-154, 156-157, 159, 162, 165
FICCI（インド商工会議所連合会）235, 244
FOE（地球の友）7, 198
GCR（黒鉛減速・炭酸ガス冷却炉）73
GE（ゼネラルエレクトリック）43, 61, 191, 231
GHQ（連合国最高司令官総司令部）71, 73
IAEA（国際原子力機関）8, 34, 36, 39, 42, 47, 53, 95, 232, 233
ICRP（国際放射線防護委員会）6, 128
IDPD（平和と発展のためのインド医師の会）228
IGBE（鉱山エネルギー産業労組）141, 143, 145, 160
IGCPK（化学製紙窯業産業労組）143, 145
IGM（金属産業労組）143
IPPNW（核戦争に反対する国際医師の会）145
IRI（産業復興公社）191-192
ISIS（科学国際安全保障研究所）40
JCO（旧日本核燃料コンバージョン）84, 100-101, 118
JICA（国際協力機構）243
JRR（日本研究炉）41-42, 73
MOX（ウラン・プルトニウム混合酸化物）57, 59, 66, 84, 89, 217, 219-220, 224
NIMBY（Not in my backyard）100
NPCIL（インド原子力発電公社）228
NPT（核（兵器）不拡散条約）14, 40, 231-233, 242
NRC（原子力規制委員会，米国）49, 229
NSG（原子力供給（国）グループ）40, 231-233, 237

267

NUMO（原子力発電環境整備機構）68-69
ÖTV（公務運輸労組）143, 145
PDS（民主社会主義党、ドイツ）154
PSU（統一社会党、フランス）216-217
PWR（加圧水型軽水炉）65, 73, 192, 195, 236
RSK（原子炉安全委員会）166-168
RWE（ライン・ヴェストファーレン電力）131, 133-134, 145, 148, 165
SEI（イタリア原子力発電会社）192
SENN（全国原子力発電会社）192
SGN社（旧サン・ゴバン社）64
SIMEA（イタリア南部核エネルギー社）191
SNR-300→カルカー
SPD（ドイツ社会民主党）13, 27, 134, 136-143, 145-146, 148-149, 151, 153, 155-160, 162, 165, 168, 170, 173
SPEEDI（放射能拡散予測）10
START（戦略核兵器削減交渉）237
TPP（環太平洋パートナーシップ協定）84
UKAEA（英国原子力公社）62
USEC（ユーゼック）50, 53
USIBC（米印ビジネス評議会）233
Vattenfall（ヴァッテンファル）148, 165, 174
VEBA（合同電力鉱山株式会社）134, 137, 144-145
VVER（ソ連型加圧水型炉）236
WH（ウェスチングハウス）43-46, 192, 194, 202
WWF（世界自然保護基金）198, 204

あ　行

アカウンタビリティ　11, 26-27, 29-34
赤緑連立　131, 146, 153-157, 159-165, 168, 170
アジェンダ　5, 13, 32, 163, 199, 207
新しい社会運動　136, 153, 160, 162, 217
アドボカシー連合　162
アメリカ　2, 11, 14, 35-47, 49-53, 71-73, 77, 82, 131, 139, 148, 158, 163, 170, 191-192, 196, 202, 229-233, 237, 240-242
アレヴァ（AREVA）　50, 202, 218, 220-222, 224, 235
アルケム　156, 159
安全なエネルギー供給に関する倫理委員会（倫理委員会）13, 20, 30, 125-126, 148, 166-168
イギリス　29, 35, 38-39, 42, 44, 56, 62-63, 67-68, 73, 84, 128, 168, 191, 224, 230, 238
イグナリナ原発　24, 31
イタリア　13-14, 40, 172, 190-209, 224
イラン　40-41, 178
インターネット　85, 207, 244
インド　1, 14, 40, 50, 220, 225-245
ヴァッカースドルフ　143-144, 147
ヴィール　132, 135-137, 147
ウラン濃縮　35, 38, 46-47, 50-52, 55, 74, 224, 232
エコ研究所　135, 141-142
エコロジー的近代化　158-159
エネルギー基本計画　1, 119
エネルギー・コンセンサス会議　144, 146, 148
エネルギー政策再編成法　201
エネルギー政策法　49
エネルギー省（米国）　50-51, 229
エリート　12-13, 16, 32, 102-103, 111, 137, 147, 149, 157, 211-212, 216, 222, 228, 244
円卓会議　85, 117-118, 127, 145
大飯原発　37, 70, 86, 89, 96, 101-102, 106, 109-110
オーストリア　139-140, 144

か　行

カオルソ原発　193-195, 200
科学技術庁　2, 27, 60, 64, 72, 86, 117, 127
核エネルギー　35-38, 40-41, 52, 155-156, 165, 190-191, 194, 198
核禁会議（核兵器禁止平和建設国民会議）77
核実験　14, 35, 40, 53, 231-233, 236-237, 242
革新的エネルギー・環境戦略　119, 127
核廃棄物、放射性廃棄物　1-3, 16, 28, 47, 54-55, 59, 62, 66-69, 73, 78, 98, 110, 114, 127, 137, 139, 145-147, 149, 160, 175-177, 183, 187, 201-204, 206, 209, 217-218, 222, 224, 229
核兵器、核爆弾　1-2, 11, 14, 35, 37, 39-41, 50, 61, 63, 72, 77, 97-98, 174, 191, 211, 213, 230, 237
核燃料サイクル　1, 3, 10-11, 54-56, 60-64, 68-69, 74, 85, 121, 123, 169, 200-201, 231, 235

核燃料サイクル開発機構　61, 85
柏崎刈羽原発　9, 16, 76, 84-85, 127, 235
カットオフ条約（兵器用核分裂性物質生産禁止条約）　241
カナダ　38, 42, 44, 46, 114, 148, 230, 233
ガラス固化体　55, 64, 66, 68
カルカー（高速増殖炉）　139, 144, 159
環境アセスメント　78, 85
環境党（スウェーデン）　181, 185-186, 189
環境保護運動　13, 158, 160, 162-163, 175-176, 196
韓国　40, 46-47, 50, 94, 220, 233
キャニスター　67-68, 149
9電力体制　3, 80
共産党（イタリア）　197-198
共産党（スウェーデン）　13, 175, 178-179, 181, 185
共産党（日本）　77-82, 87
共産党（フランス）　213, 217-218
漁業権　27, 76
キリスト教民主・社会同盟→CDU/CSU
キリスト教民主党（イタリア）　197-198, 208
キリスト教民主党（スウェーデン）　185
クダンクラム原発　225, 232, 234-237, 239-240
グリーンピース　29, 145, 204, 239
グリーン・ニューディール　158, 163
経済産業省（経産省）　2, 16, 66, 68, 85-86, 88, 110, 229
経済団体連合会（経団連）　72, 82-83
軽水炉　11, 37, 43-45, 53, 57, 59, 73-74, 77, 131, 174, 194, 231
経路依存　125
原子燃料公社　60, 73
原子力安全委員会　7, 31, 59, 78, 86, 96
原子力安全・保安院　31, 85-86, 229
原子力委員会（日本）　42, 60-61, 72-73, 85, 119, 123, 127
原子力委員会（インド）　229-230, 235
原子力開発利用長期基本計画（長計）　60
原子力規制委員会（インド）　228-229, 239
原子力規制委員会（日本）　9-10, 49, 86, 89
原子力規制庁　31, 87
原子力協定　39, 41-42, 44, 50-51, 61-62, 86, 202, 230, 233, 235, 242-243
原子力産業　11, 36, 38, 41, 43, 45-47, 50-52, 60-62, 66, 73-74, 131, 143-145, 161, 214-215, 220
原子力三原則　72
原子力資料情報室　78
原子力船むつ　63, 76, 78, 116
原子力（損害）賠償法（日本，インド）　7, 14-15, 42, 240
原子力損害賠償支援機構　41860
原子力複合体，原子力利益共同体　2, 4, 11-12, 14-15, 71-72, 74, 76, 88, 195, 199, 202, 206
原子力法（米国，ドイツ，インド）　37, 39, 43, 49, 131, 134-135, 137, 143, 145-147, 158, 160, 163-164, 170, 230
原子力ムラ　25, 27, 34, 104, 109, 211, 216, 218, 220, 222-223, 228
原子力輸出入　35-36, 39, 41, 43, 52
原水協（原水爆禁止日本協議会）　77
原水禁（原水爆禁止日本国民会議）　77-78
原爆　8, 15, 37-38, 63, 98, 198, 231
原発事故子ども・被災者支援法　1, 7
憲法裁判所　140, 203-205
ゴアレーベン　137-139, 146-147
公開ヒアリング　78, 82, 116-117
高速増殖炉　3, 11, 54-58, 60-61, 66, 84, 102, 133, 139-142, 144, 147, 159, 211, 218, 227, 231, 235
公明党　1, 79, 81, 83, 87, 92
綱領（バート・ゴーデスベルク綱領，ベルリン綱領）　155-159
国際プール構想　39
国策民営　2, 27, 34
国民的議論　111, 113, 119, 121-122, 126
国民投票　13-14, 31, 102, 107, 111-114, 125, 140, 148, 171-172, 174, 178-180, 183-187, 189-190, 194-200, 203-209, 217
国連総会　35, 170
コスト（費用）　3, 11, 32-34, 43, 62-63, 66-67, 74, 85-86, 122-123, 125, 127, 138-139, 147, 184, 188, 192-193, 221-222, 235, 239
コーポラティズム　148, 162, 166
ゴールドスタンダード　51-52

事項索引　**269**

コンセンサス会議　30, 116, 144, 146, 148
コンセンサス型民主主義　5

さ　行

再稼動　9-10, 12, 16, 70, 86, 89, 96, 101-106, 108-110, 119, 127, 165, 169, 192, 200
再帰的/反省的近代化　21
最終処分　2, 67-69, 85, 137-139, 145-146, 161, 165
再処理　3, 11, 25, 35, 46, 51-52, 54-55, 59-69, 74, 84-86, 123, 137-139, 143-147, 158, 161, 178, 211, 217-221, 224, 231-232
再生可能エネルギー　31, 89, 141, 146, 155-156, 164-165, 170, 202, 204, 208, 215, 217, 218, 228-229, 234-235, 243-244
裁判・裁判所　13-14, 23, 32, 59, 78, 85, 135-137, 140, 142-144, 146-149, 161, 165, 203-205, 240
さきがけ（新党さきがけ）　79, 83
サブ政治　29-30, 33
左翼党（スウェーデン）　181
左翼党（ドイツ）　152-156
3.11　10, 109-110, 113-115, 116
シェールガス　51, 53
事故調査委員会（事故調、調査委員会）　9-10, 27, 34
地震　1, 9-10, 14-15, 28, 85, 109, 127, 183, 225, 227, 229, 237, 239
下請け労働者（原発労働者）　6, 82, 215
司法消極主義　78
司法積極主義　14, 240
市民イニシアチヴ　134, 139
市民対話　135-136, 139, 147
自民党（自由民主党、日本）　1, 7, 11-12, 72, 74, 76-79, 81-89, 92-93, 98, 101, 105
ジャイタプール原発　234-235, 243
社会党（イタリア）　197-198, 204
社会党（日本）　11, 71-72, 77-83, 88
社会党（フランス）　14, 212, 214, 217-220, 223, 224
社会民主党（スウェーデン）　13, 173
社会民主党（ドイツ）→SPD
社民党（日本）　80

従業員代表委員会　148
集計民主主義　111
自由党（スウェーデン）　13, 177-179, 185-186
住民投票　4, 84, 100, 113, 118, 127, 135, 148, 196, 204
受益圏と受苦圏　4, 25
熟議　5, 12, 109, 111-114, 116, 118-122, 124-127
出力調整　15, 79
使用済み核燃料　3, 11, 54-55, 58-64, 66-69, 85, 123, 137-138, 146, 158, 160-161, 169, 178, 211, 219, 231-232
小選挙区比例代表併用制　152
小選挙区比例代表並立制　83
情報公開　5, 14, 24, 30, 33, 85, 172, 239
新自由主義　79, 81-83, 163
新進党　83
新生党　82-83
スイス　16, 40, 135, 172, 201, 224
水爆　38, 53, 76-77, 232
スウェーデン　13, 40, 44, 136, 148, 171-189
スーパーフェニックス　196-197, 217, 219, 223-224
スリーマイル島原発　13, 90, 139, 178, 182, 187, 192, 196
生活クラブ生協　78-79, 88
政策対話　13, 16, 136, 141, 147, 162
政治的機会構造　5
石油危機（石油ショック）　73, 78, 81, 142, 157, 176, 184, 193, 212, 214
セラフィールド　62-63, 67-68
世論　12-14, 22, 78, 81, 84, 90-95, 97, 99, 101-104, 106-107, 111-113, 122, 137, 147, 149, 152, 155-157, 159, 168-169, 171-172, 178-183, 186-187, 189, 198-199, 205, 207-208, 213
世論調査　12, 24, 32, 90, 94-100, 102, 107, 113-114, 119-122, 127, 138, 182, 198, 205-206, 214
1955年体制　71, 76, 80
全国特定郵便局長会（全特）　83
総括原価方式　73
総合（資源）エネルギー調査会　3, 66, 119, 127
組織された無責任　19, 21, 30
ソビエト連邦　14, 24, 35, 38-40, 42, 45, 52-53,

191, 194, 197, 232, 235-236
ソープ（THORP） 62-63, 68

た 行

大企業労使連合 12, 81, 88
第五福竜丸 72, 77
第二臨時行政調査会 81
大連立 134, 152-154, 163, 165
台湾 36, 40, 42, 46
タウンミーティング 119-120
多数決型民主主義 5
ダブル・リスク社会 25-26, 33
ターンキー 44
チェルノブイリ原発事故 4, 8, 14, 19, 24, 45, 78, 90, 92, 95, 101, 104, 106, 126, 129, 137, 140, 143-144, 147, 154-155, 157, 159, 180, 182, 190, 194, 197-199, 206-207, 213, 228, 236
地球温暖化 20, 90, 94, 96-97, 99, 163-164, 170, 182, 202, 204, 215-216, 220, 222-223, 230, 233-234
中越沖地震 9, 85, 127
中央党（スウェーデン） 13, 175-179, 181, 185-186
中華人民共和国 40, 47, 50, 52, 220, 230, 231, 233-234, 242
中間貯蔵 16, 54, 67, 69, 137-139, 146, 161
中距離核ミサイル 142, 197
中選挙区制 82, 89
聴聞会 144, 147
通商産業省（通産省） 2, 11, 27, 62-63, 73, 78-79, 85-86
津波 9-10, 14-15, 27, 106, 109, 115, 223, 225-227, 229, 237
テクノクラシー 12, 114-116
デモ 10, 76, 82, 86, 96, 103, 109, 126, 136-137, 139, 144, 180, 198, 207, 235
電気事業連合会（電事連） 3, 63-64, 66, 85, 96
電気料金 3, 89, 11, 38, 67, 73-74, 76, 78, 96-98, 109, 149, 164
電機労連（電機連合） 81, , 82
電源開発促進税 3, 76
電源開発調整審議会（電調審） 76, 80
電源三法（交付金） 3-4, 13, 64, 76, 116, 149,

239
ドイツ 10, 12-13, 16, 19-20, 27, 29-30, 32, 40, 44, 72-73, 88, 93, 109, 125-126, 131-170, 172, 187, 208, 215, 218, 222, 224
東海再処理工場 62, 85
討議 13, 16, 111, 125-127, 204
東京電力（東電） 7-11, 16-17, 27, 32, 44, 74, 82, 84, 86, 103-104, 127, 235
東芝 44, 50, 58, 61, 64, 243
動力炉・核燃料開発事業団（動燃） 56, 58-62, 64, 73, 84-85
討論型世論調査 96, 113, 119-121, 127
特別調査委員会 139-142, 147-148
トランス・サイエンス 30

な 行

内部被曝 7, 15, 85, 105
長崎 6, 8, 37, 63, 174, 231
日米安全保障条約 71, 97
日本科学者会議 78
日本学術会議 72
日本原子力研究開発機構 42, 61
日本原子力研究所（原研） 42, 60-61, 73
日本原子力産業会議 60
日本原子力発電（原電） 8, 44, 73
日本新党 83
日本発送電株式会社（日発） 80
ニュークリア・ルネサンス（原子力ルネサンス） 46, 49, 51
ニュークレオクラット（原子力官僚） 212
ヌーケム社 133, 159
濃縮ウラン 37, 41-42, 44, 50, 53, 57, 61, 174, 191-192, 224, 231

は 行

パキスタン 233
バシェベック原発 177, 180-181
パブリックコメント 1, 109, 119-120
浜岡原発 84-86, 106
ハム・ユーントロップ高温炉 148, 159
反核平和運動 72, 134, 197
非核三原則 72
東ドイツ 131, 138, 148, 152-153

事項索引　271

非決定権力　4
日立製作所　31, 44, 58, 61, 66, 243
非難回避　22-23
避難の権利　7
広島　6, 8, 37, 174, 198, 231, 242
不安からの連帯　10, 21, 197
フィンランド　94, 221
フェニックス　218
福島第一原発　2, 7, 11, 14, 17, 20, 34, 44, 86,
　88-89, 99, 101, 109, 123, 127, 146, 171, 182,
　204, 221, 225-226, 229, 231, 243, 247
負の社会資本　26-27
プライス・アンダーソン法　43
フランス　14, 40, 44, 46-47, 50-51, 56, 62-64,
　66-68, 73, 94, 135, 143-144, 148, 165, 169, 172,
　178, 184, 196, 201-202, 210-224, 232-233, 235
プルサーマル　11, 59, 74, 84, 220
フレーミング　12, 22, 97-99, 107
ブロクドルフ原発　137, 140, 142
平和のための核　12, 35-38, 41, 46, 52-53, 98,
　191
平和利用　2, 11, 35-40, 42, 90, 98-100, 157, 170,
　191, 243
ベースロード電源　1, 15
ベトナム　50, 77, 86
保守党（スウェーデン）　13, 176-180, 185-186
保障措置　39, 232-233
ホットスポット　15, 105
ボパール爆発事故　241
ポピュリズム（大衆迎合主義）　103, 208, 241

ま 行

巻町　4, 84, 118
マグノックス炉　191
松下政経塾　83
マンハッタン計画　35, 37-38
三菱重工業　44, 58, 61, 64, 243
緑の党（ドイツ）　13, 27, 88, 126, 136, 138, 140,
　143, 145-146, 149, 151, 153-155, 157, 159-163,
　165, 169-170
緑の党（日本）　87, 89
緑の党（フランス，ヨーロッパエコロジー・緑

の党）　14, 214, 217-220, 223-224
緑のリスト（イタリア）　196, 198, 200
ミニ・パブリックス　114, 125
民営化　11, 81, 83, 204-208, 211
民主社会党（日本）　12, 72, 77, 81, 83
民主党（日本）　3, 7, 12, 78, 80, 82-84, 86-89,
　92, 98, 110, 113, 119, 126
民有化　44-45, 61
むつ小川原開発計画　63-64
メディア　2, 11-12, 22, 27, 29-30, 79, 89, 113,
　117, 121, 141, 168, 170, 176, 179, 228, 234
免責条項　11, 15, 42-43
もんじゅ　56, 58-59, 82, 84, 102, 117-118

や・ら 行

やらせ　8, 120
ラアーグ再処理施設　63, 67-68, 143, 217-218,
　220-221, 224
利益集団民主主義　111
利益誘導　14, 26, 32, 71, 74, 76, 82, 85
リスク社会　10-11, 19-34
リトアニア　23-25, 31, 34
冷戦構造　36, 39, 52, 71, 79-80, 82, 88, 231, 233,
　236
連邦参議院　143, 153, 163, 165
労働組合　5, 77, 80-82, 158, 175, 181, 185, 187,
　190, 204, 206, 223
　公共企業体等労働組合協議会（公労協）　81
　国鉄労働組合（国労）　81
　全国電力労働組合連合会（電労連）　80
　全日本自治団体労働組合（自治労）　78, 81
　全日本電力労働組合協議会（全電力）　82
　全日本労働総同盟（同盟）　77, 81, 83, 88
　日本官公庁労働組合協議会（官公労）　78, 81,
　　83
　日本電気産業労働組合（電産）　80, 82
　日本労働組合総評議会（総評）　77, 80-82, 88
　日本労働組合総連合会（連合）　81, 86, 88
ロシア　14, 31, 47, 50, 94, 165, 202, 220, 224,
　230, 232-233, 236-237
六ヶ所村　8, 25, 55-56, 63-64, 66-69, 85

人名索引

あ 行

アイゼンハワー　Dwight D. Eisenhower　2, 35, 37-39, 41, 53, 98, 170, 191
アデナウアー　Konrad Adenauer　153
安倍晋三　1, 87-88, 92, 105, 241-242
アーミテージ　Richard Armitage　245
有澤廣巳　60
アルトナー　Günter Altner　141
アルブレヒト　Ernst Albrecht　138-139
飯田哲也　87
池田勇人　61
今井一　102
ヴァハンヴァティ　Goolamhussein Essaji Vahanvati　241
ウィルダフスキー　Aaron Wildavsky　32
ヴォワネ　Dominique Voynet　218-219
ウダヤクマール　S. P. Udayakumar　237-238
宇都宮健児　87
ウーロフソン　Maud Olofsson　182
エリツィン　Boris Yeltsin　236-237
大江健三郎　86
岡田克也　242
小沢一郎　7, 82-84, 87
オドネル　O'Donnell, Guillermo　30-31, 34
オバマ　Barack Obama　53, 163
オランド　François Hollande　14, 219-220, 222

か 行

開沼博　25
カコドカル　Anil Kakodkar　229
嘉田由紀子　87, 102
ガブリエル　Sigmar Gabriel　165
鎌仲ひとみ　85-86
河瀬一治　102
菅直人　7, 27, 86, 106, 122
ガンディー，マハトマ　Mahatma Gandhi　237-238

ガンディー，ラジーヴ　Rajiv Gandhi　236
ガルトゥング　Johan Galtung　237
北村正哉　63
キュリー　Marie Skłodowska-Curie　213
ギンズバーグ　Paul Ginsborg　208
熊谷徹　170
クマール　Rajiv Kumar　235, 244
クリシュナ　S. M. Krishna　242
グリッロ　Beppe Grillo　208
クリントン　Bill Clinton　232, 237
小泉純一郎　83, 87, 106
コール　Helmut Kohl　29, 142, 145-146, 153, 155, 160
ゴルバチョフ　Mikhail Sergeyevich Gorbachev　24, 236

さ 行

斉藤淳　26
坂本龍一　85
佐藤栄作　61-62
佐藤栄佐久　84
サマーズ　Ron Somers　233
サルコジ　Nicolas Sarkozy　214-215, 220, 223
ジェイン　S. K. Jain　228
シェドラー　Shedler, Andreas　30-31, 34
シェーファー　Harald B. Schäfer　141-142, 145
ジスカール・デスタン　Valéry Giscard d'Estaing　212
ジャコブ　Christian Jacob　223
ジャスパー　James Jasper　184
ジャヤラリタ　J. Jayalalitha　238
シュヴェヌマン　Jean-Pierre Chevènement　217
シュトラウス　Franz Josef Strauß　143-144
シュミット　Helmut Schmidt　135, 138-139, 142, 153, 157
シュレーダー　Gerhard Schröder　126, 145, 153, 155, 160-161, 163, 167
正力松太郎　42, 73

ジョスパン　Lionel Jospin　14, 217-219, 224
ジョンソン　Genevieve Fuji Johnson　114
シラク　Jacques Chirac　215, 232
シン　Manmohan Singh　226, 232, 235, 241

た行

高木仁三郎　79
田中角栄　76, 78, 83
田母神俊雄　88
ダール　Robert A. Dahl　4
タルボット　Strobe Talbott　232
チュー　Steven Chu　51
坪郷實　32, 170, 249
テプファー　Klaus Töpfer　145, 166
土井たか子　79
ドライゼク　John Dryzek　115
ドゴール　Charles de Gaulle　40, 212-213
トリッティン　Jürgen Trittin　161
トルーマン　Harry S. Truman　37

な行

中曽根康弘　72, 81
西川一誠　102
ネール　Jawaharlal Nehru　230-231
野田佳彦　86, 102-103, 105-106, 109-110

は行

パウエル　Colin Powell　233
バーケ　Rainer Baake　161
パーコヴィッチ　George Perkovich　245
バーバー　Homi Bhabha　230-231
橋本龍太郎　83, 85
繽繽（はなぶさ）あや　86
バジャージ　S. S. Bajaj　228
バネジー　Mamata Banerjee　330
ババラダラジャン　Siddharth Varadarajan　241
パルメ　Olof Palme　178
ハンブレーウス　Birgitta Hambraeus　175
ピアソン　Paul Pierson　27
ピエトロ　Antonio Di Pietro　204
平岩外四　63, 82
ピルツ　Klaus Piltz　145
広瀬隆　79

フィッシャー　Joschka Fischer　145, 159
フィヨン　François Fillon　221
フィルビンガー　Hans Karl Filbinger　135
フェルディーン　Thorbjörn Fälldin　175, 177
ブッシュ　George Walker Bush　49-50, 232-233
舩橋晴俊　25
ブラント　Willy Brandt　134, 153
ベクレル　Henri Becquerel　213
ベック　Ulrich Beck　10-11, 19-21, 23, 29, 33, 34
ベルナー　Holger Börner　159
ベルルスコーニ　Silvio Berlusconi　14, 201-203, 205-208
細川護熙　82-83, 87
ボッシ　Umberto Bossi　205
ホール　Hall, Peter　168
ボルトン　John Bolton　233
ポンピドゥ　Georges Pompidou　212

ま行

牧野淳一郎　34
マクファーレン　Alison Macfarlane　229
舛添要一　87
マッテイ　Enrico Mattei　191, 193
マットヘーファー　Hans Hermann Matthöfer　136, 139
マビール　Sébastien Mabile　219
マビール　Michel Mabile　219
ミッテラン　François Mitterrand　212, 217
ミトラ　Arun Mitra　228
ミシュラ　Brajesh Mishra　242
ミニャール　Jean-Pierre Mignard　219
ミュラー　Werner Müller　161
メルケル　Angela Merkel　13, 20, 27, 32, 126, 146, 148, 154-155, 163-168, 215, 222
メスメル　Pierre Messmer　212, 216

や・ら行

山岸章　82
ユーバーホルスト　Reinhard Ueberhorst　140
ユンク　Robert Jungk　136, 143
横路孝弘　78
ライス　Condoleezza Rice　233

ラコスト　André-Claude Lacoste　221
ラジャラマン　R. Rajaraman　235
ラメシュ　Jairam Ramesh　229
リューディヒ　Wolfgang Rüdig　162
リンケヴィチウス　Rinkevicius, Leonardas　23,
　25
レイプハルト　Arend Lijphart　5
ロビンズ　Amory Lovins　139
ロミ　Raphaël Romi　219

著者紹介（執筆順）

小川有美（おがわ　ありよし）**第1章**
1964年生まれ。立教大学法学部教授（ヨーロッパ政治論）。『ポスト代表制の比較政治——熟議と参加のデモクラシー』（編著）早稲田大学出版部，2007年，『グローバル対話社会——力の秩序を超えて』（共編著）明石書店，2007年ほか。

鈴木真奈美（すずき　まなみ）**第2章**
フリーランス・ジャーナリスト，英語・中国語翻訳者。『プルトニウム＝不良債権』三一書房，1993年，『核大国化する日本——平和利用と核武装論』平凡社新書，2006年，ウィリアム・ウォーカー『核の軛——英国はなぜ核燃料再処理から逃れられなかったのか』（翻訳）七つ森書館，2006年ほか。

秋元健治（あきもと　けんじ）**第3章**
1959年生まれ。日本女子大学家政学部教授（地域経済論）。『むつ小川原開発の経済分析——巨大開発と核燃サイクル事業』創風社，2003年，『覇権なきスーパーパワー・アメリカの黄昏』現代書館，2009年，『原子力事業に正義はあるか——六ヶ所核燃サイクルの真実』現代書館，2011年ほか。

尾内隆之（おない　たかゆき）**第6章**
1968年生まれ。流通経済大学法学部准教授（政治学）。「環境と政治：自然，人間，社会」川崎修・杉田敦編『現代政治理論 新版』有斐閣，2012年，『科学者に委ねてはいけないこと——科学から「生」をとりもどす』（共編著）岩波書店，2013年ほか。

小野　一（おの　はじめ）**第8章**
1965年生まれ。工学院大学基礎・教養教育部門准教授（政治学・国際関係論）。『ドイツにおける「赤と緑」の実験』御茶の水書房，2009年，『現代ドイツ政党政治の変容——社会民主党，緑の党，左翼党の挑戦』吉田書店，2012年ほか。

渡辺博明（わたなべ　ひろあき）**第9章**
1967年生まれ。龍谷大学法学部教授（政治学）。『スウェーデンの福祉制度改革と政治戦略』法律文化社，2002年，『ヨーロッパのデモクラシー』（共著）ナカニシヤ出版，2009年，『紛争と和解の政治学』（共著）ナカニシヤ出版，2013年ほか。

高橋　進（たかはし　すすむ）**第10章**
1949年生まれ。龍谷大学法学部教授（西洋政治史）。『イタリア・ファシズム体制の思想と構造』法律文化社，1997年，「イタリア——レファレンダムの共和国」坪郷實編著『比較・政治参加』ミネルヴァ書房，2009年，『ポピュリズム時代のデモクラシー』（共編著）法律文化社，2013年ほか。

畑山敏夫（はたやま　としお）**第11章**
1953年生まれ。佐賀大学経済学部教授（政治学）。『現代フランスの新しい右翼——ルペンの見果てぬ夢』法律文化社 2007年，『包摂と排除の比較政治学』（共著）ミネルヴァ書房，2010年，『フランス緑の党とニュー・ポリティクス——近代社会を超えて緑の社会へ』吉田書店，2012年ほか。

竹内幸史（たけうち　ゆきふみ）**第12章**
1956年生まれ。拓殖大学大学院講師（南アジア研究），岐阜女子大学南アジア研究センター客員教授。元朝日新聞社編集委員・ニューデリー支局長。2011-2013年，米国ライシャワー東アジア研究所客員研究員。『浮上するインドとどうつき合う』（編著）朝日新聞社アジアネットワーク，2006年ほか。

編著者紹介

本田 宏（ほんだ　ひろし）序章・第4章・第7章・あとがき
1968年生まれ。北海学園大学法学部政治学科教授（政治過程論）。『脱原子力の運動と政治――日本のエネルギー政策の転換は可能か』北海道大学図書刊行会，2005年，『反核から脱原発へ――ドイツとヨーロッパ諸国の選択』（共編著）昭和堂，2012年ほか。

堀江孝司（ほりえ　たかし）第5章・あとがき
1968年生まれ。首都大学東京人文科学研究科教授（政治学・福祉国家論）。『現代政治と女性政策』勁草書房，2005年，『模索する政治――代表制民主主義と福祉国家のゆくえ』（共編著）ナカニシヤ出版，2011年，『紛争と和解の政治学』（共著）ナカニシヤ出版，2013年ほか。

脱原発の比較政治学

2014年5月1日　　初版第1刷発行
2015年5月30日　　　第2刷発行

編著者　本田宏／堀江孝司
発行所　一般財団法人　法政大学出版局
　　　　〒102-0071 東京都千代田区富士見 2-17-1
　　　　電話03（5214）5540　振替00160-6-95814
印刷：三和印刷，製本：根本製本
装幀：竹中尚史
©2014 Hiroshi Honda, Takashi Horie
Printed in Japan

ISBN 978-4-588-62526-8

好評既刊書

危険社会 新しい近代への道
U. ベック著／東廉・伊藤美登里訳　5000 円

世界リスク社会
U. ベック著／山本啓訳　3600 円

世界内政のニュース
U. ベック著／川端健嗣・S. メルテンス訳　2800 円

政党支配の終焉 カリスマなき指導者の時代
M. カリーゼ著／村上信一郎訳　3000 円

市民の外交 先住民族と歩んだ 30 年
上村英明・木村真希子・塩原良和編著　2300 円

正義の秤 グローバル化する世界で政治空間を再想像すること
N. フレイザー著／向山恭一訳　3300 円

グローバリゼーション 人間への影響
Z. バウマン著／澤田眞治・中井愛子訳　2600 円

反市民の政治学 フィリピンの民主主義と道徳
日下渉著　4200 円

国家のパラドクス ナショナルなものの再考
押村高著　3200 円

標的とされた世界 戦争・理論・文化をめぐる考察
レイ・チョウ著／本橋哲也訳　2400 円

表示価格は税別です